高等院校应用型本科"十三五"规划教材

微积分
CALCULUS
（下）

主　编　孙新蕾　童丽珍
编　委　（按姓氏笔画排序）
　　　　马建新　李　甜　李丽容
　　　　肖　艳　吴小霞　黄　敏
　　　　蒋　磊　程淑芳　强静仁

华中科技大学出版社
http://www.hustp.com
中国·武汉

图书在版编目(CIP)数据

微积分.下/孙新蕾,童丽珍主编.—武汉:华中科技大学出版社,2019.1(2024.12重印)
ISBN 978-7-5680-4272-7

Ⅰ.①微… Ⅱ.①孙… ②童… Ⅲ.①微积分-高等学校-教材 Ⅳ.①O172

中国版本图书馆 CIP 数据核字(2019)第 005802 号

微积分(下) 孙新蕾 童丽珍 主编
Weijifen(xia)

策划编辑:曾 光
责任编辑:史永霞
封面设计:孢 子
责任监印:朱 玢

出版发行:华中科技大学出版社(中国·武汉) 电话:(027)81321913
武汉市东湖新技术开发区华工科技园 邮编:430223
录 排:华中科技大学惠友文印中心
印 刷:武汉洪林印务有限公司
开 本:710mm×1000mm 1/16
印 张:13
字 数:247 千字
版 次:2024 年 12 月第 1 版第 6 次印刷
定 价:36.00 元

本书若有印装质量问题,请向出版社营销中心调换
全国免费服务热线:400-6679-118 竭诚为您服务
版权所有 侵权必究

序

课本乃一课之"本"。虽然高校的教材一般不会被称为"课本",其分量也没有中小学课本那么重,但教材建设实为高校的基本建设之一,这大概是多数人都接受或认可的。

无论是教还是学,教材都是不可或缺的。一本好的教材,既是学生的良师益友,亦是教师之善事利器。应该说,这些年来,我国的高校教材建设工作取得了很大的成绩。其中,举全国之力而编写的"统编教材"和"规划教材",为千百万人的成才作出了突出的贡献。这些"统编教材"和"规划教材"无疑具有权威性;但客观地说,随着我国社会改革的深入发展,随着高校的扩招和办学层次的增多,以往编写的各种"统编教材"和"规划教材",就日益显露出其弊端和不尽如人意之处。其中最为突出的表现在于两个方面。一是内容过于庞杂。无论是"统编教材"还是"规划教材",由于过分强调系统性与全面性,以至于每本教材都是章节越编越长,内容越写越多,不少教材在成书时接近百万字,甚至超过百万字,其结果既不利于学,也不便于教,还增加了学生的经济负担。二是重理论轻技能。几乎所有的"统编教材"和"规划教材"都有一个通病,即理论知识的分量相当重甚至太重,技能训练较少涉及。这样的教材,不要说"二本"、"三本"的学生不宜使用,就是一些"一本"的学生也未必合适。

现代高等教育背景下的本专科合格毕业生应该同时具备知识素质和技能素质。改革开放以后,人们都很重视素质教育;毫无疑问,素质教育中少不了知识素质的培养,但是仅注重学生知识素质的培养而轻视实际技能的获得肯定是不对的。我们都知道,在任何国家和任何社会,高端的研究型人才毕竟是少数,应用型、操作型的人才才是社会所需的大量人才。因此,对于"二本"尤其是"三本"及高职高专的学生来说,在大学阶段的学习中,其知识素质与技能素质的培养具有同等的重要性。从一定意义上说,为了使其动手能力和实践能力明显强于少数日后从事高端研究的人才,这类学生技能素质的培养甚至比知识素质的培养还要重要。

学生技能素质的培养涉及方方面面,教材的选择与使用便是其中重要的一环。正是基于上述考虑,在贯彻落实科学发展观的活动中,我们结合"二本"尤其是"三本"及高职高专学生培养的实际,组织编写了这一套系列教材。这一套教材与以往的"统编教材"和"规划教材"有很大的不同。不同在哪里?其一,体例与内容有所不同。每本教材一般不超过40万字。这样,既利于学,亦便于教。其二,理论与技能并重。在确保基本理论与基本知识不能少的前提下,注重专业技能的训练,增加专业技能训练的内容,让"二本"、"三本"及高职高专的学生通过本专科阶段的学习,在动手能力上明显强于研究生和"一本"的学生。当然,我们的这些努力无疑也是一种摸索。既然是一种摸索,其中的不足和疏漏甚至谬误就在所难免。

中南财经政法大学武汉学院在本套教材的组织编写活动中,为了确保质量,成立了以主管教学的副院长徐仁璋教授为主任的教材建设委员会,并动员校内外上百名专家学者参加教材的编写工作。在这些学者中,既有曾经担任国家"规划教材"、"统编教材"的主编或撰写人的老专家,也有教学经验丰富、参与过多部教材编写的年富力强的中年学者,还有很多博士、博士后及硕士等青年才俊。他们之中不少人都已硕果累累,因而仅就个人的名利而言,编写这样的教材对他们并无多大意义。但为了教育事业,他们都能不计个人得失,甘愿牺牲大量的宝贵时间来编写这套教材,精神实为可嘉。在教材的编写和出版过程中,我们还得到了众多前辈、同仁及方方面面的关心、支持和帮助。在此,对为本套教材的面世而付出辛勤劳动的所有单位和个人表示衷心的感谢。

最后,恳请学界同仁和读者对本套教材提出宝贵的批评和建议。

中南财经政法大学武汉学院院长

2011.7.16

前　言

随着高等院校教育观念的不断更新、教学改革的不断深入和办学规模的不断扩大,作为数学教学三大基础之一的微积分开设的专业覆盖面也在不断扩大.针对这一发展现状,本教材在编写时,既做到教学内容在深度和广度方面达到教育部高等学校"微积分"教学的基本要求,又注重微积分概念的直观性引入,加强学生分析和解决实际问题能力的培养,力求做到易教、易学.

本书的主要特点如下.

● 理论与实际应用有机结合,大量的实际应用贯穿于理论讲解的始终,体现了微积分在各个领域的广泛应用.

● 习题安排科学合理,每一节的后面给出了同步习题,并做了分类,其中(A)部分为基础题,(B)部分为提高题,每一章后面还有涵盖全章内容重难点的总习题,可根据学生自身基础和要求进行针对性练习,达到触类旁通的效果.

● 紧密结合数学软件 Mathematica.最后一章介绍了目前国际公认的优秀工程应用开发软件——Mathematica 的基本用法与微积分相关的基本命令,并将其更新为主流的 Mathematica 10.4 版本.

● 数学名家介绍.每章最后都介绍了一位数学名家的历史故事,以增强读者的学习兴趣,丰富读者的数学修养.

本书是对武汉学院马建新等主编的《微积分(下)》的修订,改正了原版的一些错误和不妥之处,并对内容做了重新调整;每章均有一些增删,在原版风格与体系的基础上做了进一步完善和更新,力求结构严谨、叙述清晰、例题典型、习题丰富,可供高等学校经管类专业和工科学生选作教材或参考书.通过修订,内容会更加实用,读者使用起来会更加方便.

在教材的修订过程中,我们得到了武汉学院校领导的大力支持,也得到许多同行的热切帮助,在此表示衷心感谢!

教材中难免有疏漏和不足之处,欢迎广大读者、专家批评指正.

编　者

2018 年 11 月

目 录

第 7 章 定积分 (1)
- 7.1 定积分的概念 (1)
- 7.2 定积分的性质 (6)
- 7.3 定积分的基本公式 (8)
- 7.4 定积分的换元积分法和分部积分法 (14)
- 7.5 广义积分与 Γ 函数 (20)
- 7.6 定积分的应用 (26)
- 数学家莱布尼茨简介 (37)
- 第 7 章总习题 (38)

第 8 章 无穷级数 (42)
- 8.1 常数项级数 (42)
- 8.2 正项级数 (49)
- 8.3 任意项级数 (55)
- 8.4 幂级数 (59)
- 8.5 函数展开成幂级数 (64)
- 8.6 幂级数的应用举例 (69)
- 数学家阿贝尔简介 (71)
- 第 8 章总习题 (72)

第 9 章 多元函数微积分 (76)
- 9.1 空间解析几何 (76)
- 9.2 多元函数 (80)
- 9.3 二元函数的极限与连续 (85)
- 9.4 偏导数与全微分 (90)
- 9.5 多元复合函数求导法则 (98)
- 9.6 隐函数及其求导法则 (104)
- 9.7 二元函数的极值 (111)
- 9.8 二重积分 (117)
- 数学家陈省身简介 (129)
- 第 9 章总习题 (130)

第10章 微分方程与差分方程 ································ (135)
10.1 微分方程的一般概念 ································ (135)
10.2 一阶微分方程 ···································· (138)
10.3 几种二阶微分方程 ································ (146)
*10.4 二阶常系数线性微分方程 ·························· (149)
10.5 差分方程 ·· (156)
*10.6 一阶常系数线性差分方程 ·························· (159)
数学家拉普拉斯简介 ···································· (162)
第10章总习题 ·· (164)

第11章 Mathematica 10.4 简介(续) ························ (166)
11.1 Mathematica 在定积分中的应用 ······················ (166)
11.2 Mathematica 在多元函数微积分中的应用 ··············· (170)
11.3 Mathematica 在无穷级数中的应用 ····················· (174)
11.4 Mathematica 在微分方程中的应用 ····················· (176)
数学家约翰·冯·诺依曼简介 ····························· (177)

部分参考答案 ·· (179)

第7章 定 积 分

> 不发生作用的东西是不会存在的.
> —— 莱布尼茨

不定积分是微分法逆运算的一个侧面,定积分则是它的另一个侧面.本章先引入定积分的概念,然后讨论定积分的性质、计算方法,以及定积分在几何、经济方面的应用.

7.1 定积分的概念

7.1.1 定积分产生的实际背景

1. 曲边梯形的面积

设 $y = f(x)$ 是定义在 $[a,b]$ 上的非负连续函数.由曲线 $y = f(x)(f(x) \geqslant 0)$,直线 $x = a$, $x = b$ 及 x 轴所围成的平面图形称为曲边梯形(见图 7-1).曲边梯形的面积可用下述方法计算.

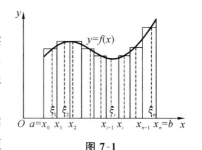

图 7-1

如果曲边梯形在底边上各点处的高 $f(x)$ 在 $[a,b]$ 上是常数,则曲边梯形是一个矩形,其面积容易求得.而现在底边上的高 $f(x)$ 在区间 $[a,b]$ 上是变化的,因此它的面积不能按矩形面积来计算.然而,曲边梯形的高 $f(x)$ 在区间 $[a,b]$ 上是连续的,当 x 变化很小时,$f(x)$ 的变化也很小,如果把 x 限制在一个很小的区间上,曲边梯形就可以近似看做矩形来处理.设想把曲边梯形沿 x 轴方向切割成许多窄长条,把每个窄长条按矩形近似计算其面积,求其和便得到曲边梯形面积的近似值.分割越细,误差越小,于是当窄长条宽度趋近于零时,就可以得到曲边梯形面积的精确值.

由此,得到计算曲边梯形面积的步骤如下.

第一步:分割. 在区间 $[a,b]$ 中任意插入 $n-1$ 个分点
$$a = x_0 < x_1 < x_2 < \cdots < x_{n-1} < x_n = b,$$
这些分点把区间 $[a,b]$ 分成 n 个小区间
$$[x_0, x_1], [x_1, x_2], \cdots, [x_{n-1}, x_n],$$
它们的长度依次是
$$\Delta x_1 = x_1 - x_0, \Delta x_2 = x_2 - x_1, \cdots, \Delta x_n = x_n - x_{n-1}.$$
过各分点作垂直于 Ox 轴的直线,相应的曲边梯形被分割成 n 个窄小曲边梯形(见图 7-1).

第二步:近似. 当每个小区间 $[x_{i-1}, x_i]$ 的长度很小时,它所对应的每个小曲边梯形的面积可以用矩形面积近似替代. 小矩形的宽为 Δx_i,在 $[x_{i-1}, x_i]$ 上任取一点 ξ_i,以对应的函数值 $f(\xi_i)$ 为高,则小曲边梯形面积 ΔA_i 的近似值为 $f(\xi_i)\Delta x_i$,即
$$\Delta A_i \approx f(\xi_i)\Delta x_i \quad (i = 1, 2, \cdots, n).$$

第三步:求和. 把 n 个小矩形的面积相加,得到曲边梯形面积 A 的近似值,即
$$A \approx f(\xi_1)\Delta x_1 + f(\xi_2)\Delta x_2 + \cdots + f(\xi_n)\Delta x_n = \sum_{i=1}^{n} f(\xi_i)\Delta x_i.$$

第四步:取极限. 为了保证所有的小区间长度 Δx_i 都无限缩小,要求小区间长度的最大值 $\lambda = \max_{1 \leqslant i \leqslant n}\{\Delta x_1, \Delta x_2, \cdots, \Delta x_n\}$ 趋近于零(这时分点数无限增大,即 $n \to \infty$),则和式 $\sum_{i=1}^{n} f(\xi_i)\Delta x_i$ 的极限就是曲边梯形的面积,即
$$A = \lim_{\lambda \to 0} \sum_{i=1}^{n} f(\xi_i)\Delta x_i.$$

2. 变速直线运动的路程

设某物体作变速直线运动,已知速度 $v = v(t)$ 是时间间隔 $[T_1, T_2]$ 上的连续函数,且 $v(t) \geqslant 0$,计算在这段时间内物体运动的路程.

第一步:分割. 在时间间隔 $[T_1, T_2]$ 中任意插入 $n-1$ 个分点
$$T_1 = t_0 < t_1 < t_2 < \cdots < t_{n-1} < t_n = T_2,$$
这些分点把 $[T_1, T_2]$ 分成 n 个小段,各小段的时间长度依次是
$$\Delta t_1 = t_1 - t_0, \Delta t_2 = t_2 - t_1, \cdots, \Delta t_n = t_n - t_{n-1}.$$

第二步:近似. 每小段 $[t_{i-1}, t_i]$ 上的运动可近似看成匀速直线运动,在 $[t_{i-1}, t_i]$ 上任取一点 ξ_i,作乘积 $v(\xi_i)\Delta t_i$,则在这一小段时间内该物体运动的路程
$$\Delta s_i \approx v(\xi_i)\Delta t_i \quad (i = 1, 2, \cdots, n).$$

第三步:求和. 把 n 个小段所有路程 Δs_i 加起来,得到全部路程 s 的近似值,即
$$s \approx v(\xi_1)\Delta t_1 + v(\xi_2)\Delta t_2 + \cdots + v(\xi_n)\Delta t_n = \sum_{i=1}^{n} v(\xi_i)\Delta t_i.$$

第四步：取极限. 当 $\lambda = \max\limits_{1 \leqslant i \leqslant n}\{\Delta t_1, \Delta t_2, \cdots, \Delta t_n\}$ 趋近于零时，和式 $\sum\limits_{i=1}^{n} v(\xi_i)\Delta t_i$ 的极限就是全部路程 s 的精确值，即

$$s = \lim_{\lambda \to 0} \sum_{i=1}^{n} v(\xi_i)\Delta t_i.$$

从以上两个例子可以看出，虽然研究的具体问题不同，但解决问题的方法是相同的，即采用分割、近似、求和、取极限四个步骤，且最后所得的数学表达式为具有相同结构的一种特定和式的极限. 在科学技术和实际生活中，许多问题都可以归结为这种特定和式的极限，由此可以抽象出定积分的定义.

7.1.2 定积分的定义

定义 7.1.1 设函数 $f(x)$ 为区间 $[a,b]$ 上的有界函数，在 $[a,b]$ 中任意插入 $n-1$ 个分点

$$a = x_0 < x_1 < x_2 < \cdots < x_{n-1} < x_n = b,$$

把区间 $[a,b]$ 分成 n 个小区间

$$[x_0,x_1],[x_1,x_2],\cdots,[x_{n-1},x_n],$$

各小区间的长度依次为

$$\Delta x_1 = x_1 - x_0, \Delta x_2 = x_2 - x_1, \cdots, \Delta x_n = x_n - x_{n-1}.$$

在每个小区间 $[x_{i-1},x_i]$ 上任取一点 $\xi_i(x_{i-1} \leqslant \xi_i \leqslant x_i)$，作函数值 $f(\xi_i)$ 与小区间长度 Δx_i 的乘积 $f(\xi_i)\Delta x_i (i=1,2,\cdots,n)$，并作和式

$$\sum_{i=1}^{n} f(\xi_i)\Delta x_i,$$

$\sum\limits_{i=1}^{n} f(\xi_i)\Delta x_i$ 通常称为 $f(x)$ 的积分和. 记 $\lambda = \max\limits_{1 \leqslant i \leqslant n}\{\Delta x_1, \Delta x_2, \cdots, \Delta x_n\}$，如果不论对区间 $[a,b]$ 怎样的分法，也不论在小区间 $[x_{i-1},x_i]$ 上点 ξ_i 怎样的取法，极限 $\lim\limits_{\lambda \to 0} \sum\limits_{i=1}^{n} f(\xi_i)\Delta x_i$ 总是确定的值，则称这个极限值为 $f(x)$ 在区间 $[a,b]$ 上的定积分，记作 $\int_a^b f(x)\mathrm{d}x$，即

$$\int_a^b f(x)\mathrm{d}x = \lim_{\lambda \to 0} \sum_{i=1}^{n} f(\xi_i)\Delta x_i,$$

其中称 $f(x)$ 为**被积函数**，$f(x)\mathrm{d}x$ 为**被积表达式**，x 为**积分变量**，$[a,b]$ 为**积分区间**，a 为**积分下限**，b 为**积分上限**.

关于定积分的定义，作以下几点说明.

(1) 定积分值只与被积函数 $f(x)$ 和积分区间 $[a,b]$ 有关，与积分变量用哪个字母表示无关，即

$$\int_a^b f(x)\mathrm{d}x = \int_a^b f(t)\mathrm{d}t = \int_a^b f(u)\mathrm{d}u.$$

(2) 在定积分的定义中,假设 $a < b$,为了方便计算与运用,作以下两点补充规定:

① 当 $a > b$ 时,$\int_a^b f(x)\mathrm{d}x = -\int_b^a f(x)\mathrm{d}x$;

② 当 $a = b$ 时,$\int_a^b f(x)\mathrm{d}x = 0$.

下面给出函数 $f(x)$ 在 $[a,b]$ 上可积的两个充分条件.

定理 7.1.1 设 $f(x)$ 在区间 $[a,b]$ 上连续,则 $f(x)$ 在 $[a,b]$ 上可积.

定理 7.1.2 设 $f(x)$ 在区间 $[a,b]$ 上有界,且只有有限个间断点,则 $f(x)$ 在 $[a,b]$ 上可积.

上面讨论的两个实际问题用定积分的定义表述如下:

由连续曲线 $y = f(x)(f(x) \geqslant 0)$,两条直线 $x = a, x = b$ 及 x 轴所围成的平面图形的面积 A 等于函数 $f(x)$ 在区间 $[a,b]$ 上的定积分,即

$$A = \int_a^b f(x)\mathrm{d}x.$$

某物体以 $v = v(t)(v(t) \geqslant 0)$ 作变速直线运动,从时刻 T_1 到时刻 T_2 物体运动的路程 s 等于速度函数 $v = v(t)$ 在区间 $[T_1, T_2]$ 上的定积分,即

$$s = \int_{T_1}^{T_2} v(t)\mathrm{d}t.$$

7.1.3 定积分的几何意义

由前面曲边梯形面积的计算可以看到:

当 $f(x) \geqslant 0$ 时,定积分 $\int_a^b f(x)\mathrm{d}x$ 表示由曲线 $y = f(x)$,两条直线 $x = a, x = b(a \leqslant b)$ 及 x 轴所围成的曲边梯形的面积 A,即 $\int_a^b f(x)\mathrm{d}x = A$.

当 $f(x) \leqslant 0$ 时,$\int_a^b f(x)\mathrm{d}x = -A$.

定积分 $\int_a^b f(x)\mathrm{d}x$ 的几何意义:由曲线 $y = f(x)$,两条直线 $x = a, x = b$ 及 x 轴所围成的平面图形的各部分面积的代数和. 其图形在 x 轴的上方时取正号,在 x 轴的下方时取负号.

如图 7-2 所示,函数 $y = f(x)$ 在区间 $[a,b]$ 上的定积分为

$$\int_a^b f(x)\mathrm{d}x = A_1 - A_2 + A_3.$$

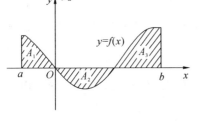

图 7-2

例1 利用定义计算定积分 $\int_0^1 x^2 \mathrm{d}x$.

解 因为被积函数 $f(x) = x^2$ 在积分区间 $[0,1]$ 上连续,而连续函数是可积的,所以积分与区间 $[0,1]$ 的分法和点 ξ_i 的取法无关.因此,为了便于计算,不妨把区间 $[0,1]$ 分成 n 等份,分点为 $x_i = \dfrac{i}{n}(i=1,2,\cdots,n-1)$. 这样,每个小区间 $[x_{i-1}, x_i]$ 的长度 $\Delta x_i = \dfrac{1}{n}(i=1,2,\cdots,n)$,取 $\xi_i = x_i (i=1,2,\cdots,n)$,得和式

$$\sum_{i=1}^n f(\xi_i)\Delta x_i = \sum_{i=1}^n \xi_i^2 \Delta x_i = \sum_{i=1}^n x_i^2 \Delta x_i = \sum_{i=1}^n \left(\dfrac{i}{n}\right)^2 \cdot \dfrac{1}{n} = \dfrac{1}{n^3}\sum_{i=1}^n i^2$$

$$= \dfrac{1}{n^3} \cdot \dfrac{1}{6}n(n+1)(2n+1) = \dfrac{1}{6}\left(1+\dfrac{1}{n}\right)\left(2+\dfrac{1}{n}\right).$$

当 $\lambda \to 0$,即 $n \to \infty$ 时,对上式取极限,由定积分的定义,即得所要计算的积分

$$\int_0^1 x^2 \mathrm{d}x = \lim_{\lambda \to 0}\sum_{i=1}^n \xi_i^2 \Delta x_i = \lim_{n\to\infty}\dfrac{1}{6}\left(1+\dfrac{1}{n}\right)\left(2+\dfrac{1}{n}\right) = \dfrac{1}{3}.$$

例2 利用定积分的几何意义求定积分 $\int_0^2 \sqrt{4-x^2}\mathrm{d}x$.

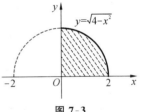

图 7-3

解 根据定积分的几何意义,该定积分是由曲线 $y = \sqrt{4-x^2}$,直线 $x=0, x=2$ 及 x 轴所围成的平面图形的面积,即以 2 为半径的四分之一圆的面积,如图 7-3 所示,则

$$\int_0^2 \sqrt{4-x^2}\mathrm{d}x = \dfrac{1}{4}\pi \cdot 2^2 = \pi.$$

习题 7.1

(A)

1. 利用定积分的几何意义说明下列等式:

(1) $\int_a^b k\mathrm{d}x = k(b-a)$;

(2) $\int_0^1 \sqrt{1-x^2}\mathrm{d}x = \dfrac{\pi}{4}$;

(3) $\int_{-\pi}^{\pi} \sin x \mathrm{d}x = 0$;

(4) $\int_{-1}^1 |x|\mathrm{d}x = 2\int_0^1 x\mathrm{d}x$.

(B)

1. 利用定积分的定义计算下列积分：

   (1) $\int_a^b x\,dx\,(a<b)$；　　　(2) $\int_0^1 e^x\,dx$.

2. 将和式极限 $\lim\limits_{n\to\infty}\dfrac{1}{n}\left[\sin\dfrac{\pi}{n}+\sin\dfrac{2\pi}{n}+\cdots+\sin\dfrac{(n-1)\pi}{n}\right]$ 表示成定积分.

3. 计算由曲线 $y=x^2$，直线 $x=1$ 及 x 轴所围成的平面图形的面积.

7.2 定积分的性质

在下面的讨论中，假定被积函数在所讨论区间上都是可积的.

性质 1 两个函数代数和的定积分等于它们定积分的代数和，即
$$\int_a^b [f(x)\pm g(x)]\,dx = \int_a^b f(x)\,dx \pm \int_a^b g(x)\,dx.$$

性质 1 可以推广到有限个函数代数和的情形.

性质 2 被积函数中的常数因子可以提到积分号前面，即
$$\int_a^b kf(x)\,dx = k\int_a^b f(x)\,dx \quad (k\text{ 为常数}).$$

性质 3 对任意的常数 a,b,c，有 $\int_a^b f(x)\,dx = \int_a^c f(x)\,dx + \int_c^b f(x)\,dx$.

性质 4 如果在区间 $[a,b]$ 上，$f(x)\equiv 1$，则 $\int_a^b f(x)\,dx = \int_a^b dx = b-a$.

性质 5 如果在区间 $[a,b]$ 上，$f(x)\geqslant 0$，则 $\int_a^b f(x)\,dx \geqslant 0$.

推论 1 如果在区间 $[a,b]$ 上，$f(x)\leqslant g(x)$，则
$$\int_a^b f(x)\,dx \leqslant \int_a^b g(x)\,dx \quad (a<b).$$

证 因为 $g(x)-f(x)\geqslant 0$，由性质 5 得
$$\int_a^b [g(x)-f(x)]\,dx \geqslant 0.$$

再利用性质 1，便得到要证的不等式.

性质 6 (估值定理) 如果函数 $f(x)$ 在 $[a,b]$ 上的最大值为 M，最小值为 m，则
$$m(b-a) \leqslant \int_a^b f(x)\,dx \leqslant M(b-a) \quad (a<b).$$

证 因为 $\forall x\in[a,b]$，$m\leqslant f(x)\leqslant M$，所以
$$\int_a^b m\,dx \leqslant \int_a^b f(x)\,dx \leqslant \int_a^b M\,dx,$$

再由性质 2 及性质 4，得到所要证的不等式.

性质7(定积分中值定理) 如果函数 $f(x)$ 在 $[a,b]$ 上连续,则在区间 $[a,b]$ 上至少存在一点 ξ,使得

$$\int_a^b f(x)\mathrm{d}x = f(\xi)(b-a) \quad (a \leqslant \xi \leqslant b).$$

证 由性质6中的不等式变形,得

$$m \leqslant \frac{1}{b-a}\int_a^b f(x)\mathrm{d}x \leqslant M.$$

这表明,确定的数值 $\frac{1}{b-a}\int_a^b f(x)\mathrm{d}x$ 介于函数 $f(x)$ 的最小值 m 及最大值 M 之间.根据闭区间上连续函数的介值定理,在 $[a,b]$ 上至少存在一点 ξ,使得函数 $f(x)$ 在点 ξ 处的值与这个确定的数值相等,即应有

$$\frac{1}{b-a}\int_a^b f(x)\mathrm{d}x = f(\xi) \quad (a \leqslant \xi \leqslant b).$$

两端分别乘以 $b-a$,即得到所要证的等式.

定积分中值定理的几何意义:设 $f(x) \geqslant 0$ 在区间 $[a,b]$ 上连续,则在区间 $[a,b]$ 上至少存在一点 ξ,使得以区间 $[a,b]$ 为底边、曲线 $y=f(x)$ 为曲边的曲边梯形的面积等于以区间 $[a,b]$ 为底、$f(\xi)$ 为高的矩形的面积,如图 7-4 所示.

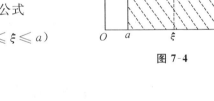

图 7-4

显然,当 $b<a$ 时,定积分中值公式

$$\int_a^b f(x)\mathrm{d}x = f(\xi)(b-a) \quad (b \leqslant \xi \leqslant a)$$

也是成立的.

由定积分中值定理所得的

$$f(\xi) = \frac{1}{b-a}\int_a^b f(x)\mathrm{d}x,$$

称为函数 $f(x)$ 在区间 $[a,b]$ 上的平均值.

习题 7.2

(A)

1. 利用定积分的性质,比较下列定积分的大小:

(1) $\int_1^2 x^2\mathrm{d}x$ 与 $\int_1^2 x^3\mathrm{d}x$;

(2) $\int_e^2 \ln x\mathrm{d}x$ 与 $\int_e^2 (\ln x)^2\mathrm{d}x$;

(3) $\int_{-\frac{\pi}{2}}^0 \sin x\mathrm{d}x$ 与 $\int_0^{\frac{\pi}{2}} \sin x\mathrm{d}x$;

(4) $\int_0^2 3x\mathrm{d}x$ 与 $\int_0^3 3x\mathrm{d}x$.

2. 估计下列积分的值：

(1) $\int_1^2 (x^2+1)\,dx$；

(2) $\int_0^2 e^{-x^2}\,dx$；

(3) $\int_{\frac{\pi}{4}}^{\frac{5\pi}{4}} (1+\sin^2 x)\,dx$；

(4) $\int_{\frac{1}{\sqrt{3}}}^{\sqrt{3}} x\arctan x\,dx$.

3. 已知 $\int_a^b f(x)\,dx = p, \int_a^b [f(x)]^2\,dx = q$，求定积分 $\int_a^b [4f(x)+3]^2\,dx$.

(B)

1. 证明下列不等式：

(1) $\dfrac{\pi}{2} < \int_0^{\frac{\pi}{2}} \dfrac{1}{\sqrt{1-\frac{1}{2}\sin^2 x}}\,dx < \dfrac{\pi}{\sqrt{2}}$；

(2) $\dfrac{2}{5} < \int_1^2 \dfrac{x}{x^2+1}\,dx < \dfrac{1}{2}$；

(3) $1 \leqslant \int_0^1 \sqrt{1+x^4}\,dx \leqslant \dfrac{4}{3}$.

2. 证明不等式 $\int_2^3 \sqrt{x^2-x}\,dx \geqslant \sqrt{2}$.

3. 设 $f(x)$ 与 $g(x)$ 在 $[a,b]$ 上连续，证明：

(1) 若在 $[a,b]$ 上，$f(x) \geqslant 0$，且 $\int_a^b f(x)\,dx = 0$，则在 $[a,b]$ 上 $f(x)$ 恒等于 0；

(2) 若在 $[a,b]$ 上，$f(x) \leqslant g(x)$，且 $\int_a^b f(x)\,dx = \int_a^b g(x)\,dx$，则在 $[a,b]$ 上 $f(x)$ 恒等于 $g(x)$.

7.3　定积分的基本公式

用定积分的定义来计算定积分是很烦琐的，本节将通过揭示定积分与原函数的关系导出定积分的基本计算公式：牛顿-莱布尼茨公式.

下面先从实际问题寻找解决定积分计算的思路与线索.以物体作变速直线运动为例.

7.3.1　变速直线运动中位置函数与速度函数之间的关系

由 7.1 节知，一物体以 $v=v(t)(v(t) \geqslant 0)$ 作变速直线运动时，在时间间隔 $[T_1,T_2]$ 内运动的路程为

$$s = \int_{T_1}^{T_2} v(t)\,dt.$$

另一方面,这段路程又可表示为位置函数在区间$[T_1,T_2]$上的增量
$$s(T_2)-s(T_1).$$
这样位置函数与速度函数之间有如下关系:
$$\int_{T_1}^{T_2}v(t)\mathrm{d}t=s(T_2)-s(T_1).$$

由于$s'(t)=v(t)$,即位置函数是速度函数$v(t)$的原函数,因此上式表明:速度函数$v(t)$在区间$[T_1,T_2]$上的定积分等于其原函数在区间$[T_1,T_2]$上的增量.

这一结论是否具有普遍意义?也就是说,函数$f(x)$在区间$[a,b]$上的定积分$\int_a^b f(x)\mathrm{d}x$是否等于$f(x)$的原函数$F(x)$在区间$[a,b]$上的增量$F(b)-F(a)$呢?

7.3.2 变上限的定积分

由 7.3.1 节知,定积分的计算可以转化为原函数的计算问题.下面先讨论原函数的存在问题.

设函数$f(x)$在区间$[a,b]$上连续,并且设x为$[a,b]$上的任一点,那么在部分区间$[a,x]$上的定积分为
$$\int_a^x f(x)\mathrm{d}x.$$

上面的x既表示积分上限,又表示积分变量,为避免混淆,将积分变量改为t(定积分与积分变量的记号无关),于是上面积分改写为
$$\int_a^x f(t)\mathrm{d}t.$$

显然,当x在$[a,b]$上变动时,对应每一个x值,积分$\int_a^x f(t)\mathrm{d}t$有一个确定的值,因此$\int_a^x f(t)\mathrm{d}t$是积分上限x的一个函数,记作$\Phi(x)$,即
$$\Phi(x)=\int_a^x f(t)\mathrm{d}t \quad (a\leqslant x\leqslant b).$$

这个积分称为$f(x)$的**积分上限函数**,也称为**变上限的定积分**.

积分上限函数的几何意义如图 7-5 所示,并且它具有以下性质.

定理 7.3.1 设函数$f(x)$在区间$[a,b]$上连续,则积分上限函数
$$\Phi(x)=\int_a^x f(t)\mathrm{d}t \quad (a\leqslant x\leqslant b)$$
在区间$[a,b]$上可导,且

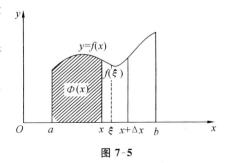

图 7-5

$$\Phi'(x) = \frac{\mathrm{d}}{\mathrm{d}x}\int_a^x f(t)\mathrm{d}t = f(x) \quad (a \leqslant x \leqslant b).$$

证 如图 7-5 所示,给 x 以增量 Δx,则函数 $\Phi(x)$ 的改变量为

$$\Delta\Phi = \Phi(x+\Delta x) - \Phi(x)$$
$$= \int_a^{x+\Delta x} f(t)\mathrm{d}t - \int_a^x f(t)\mathrm{d}t$$
$$= \int_x^{x+\Delta x} f(t)\mathrm{d}t.$$

由定积分中值定理,在 x 与 $x+\Delta x$ 之间至少存在一点 ξ,使得

$$\Delta\Phi = \int_x^{x+\Delta x} f(t)\mathrm{d}t = f(\xi)\Delta x,$$

于是
$$\frac{\Delta\Phi}{\Delta x} = f(\xi).$$

当 $\Delta x \to 0$ 时,$\xi \to x$,且 $f(x)$ 在 $[a,b]$ 上连续,所以

$$\lim_{\Delta x \to 0}\frac{\Delta\Phi}{\Delta x} = \lim_{\xi \to x}f(\xi) = f(x),$$

即
$$\Phi'(x) = f(x).$$

由定理 7.3.1 知,积分上限函数 $\Phi(x)$ 是连续函数 $f(x)$ 的一个原函数,由此得到下面关于原函数的存在定理.

定理 7.3.2 如果函数 $f(x)$ 在区间 $[a,b]$ 上连续,则积分上限函数

$$\Phi(x) = \int_a^x f(t)\mathrm{d}t \quad (a \leqslant x \leqslant b)$$

就是函数 $f(x)$ 在区间 $[a,b]$ 上的一个原函数.

推论 1 $\dfrac{\mathrm{d}}{\mathrm{d}x}\int_x^a f(t)\mathrm{d}t = -f(x).$

推论 2 $\dfrac{\mathrm{d}}{\mathrm{d}x}\int_a^{\varphi(x)} f(t)\mathrm{d}t = f[\varphi(x)]\varphi'(x).$

定理 7.3.2 一方面肯定了连续函数的原函数是存在的,另一方面初步揭示了积分学中的定积分与原函数之间的联系,从而可以通过原函数来计算定积分.

例 1 已知 $\Phi(x) = \int_0^x \sin t^2 \mathrm{d}t$,求 $\Phi'(x)$.

解 由定理 7.3.1 知,

$$\Phi'(x) = \frac{\mathrm{d}}{\mathrm{d}x}\int_0^x \sin t^2 \mathrm{d}t = \sin x^2.$$

例 2 计算下列导数:

(1) $\dfrac{\mathrm{d}}{\mathrm{d}x}\int_0^{\sin x} f(t)\mathrm{d}t$;

(2) $\dfrac{\mathrm{d}}{\mathrm{d}x}\int_{x^2}^{x^3} \mathrm{e}^{-t}\mathrm{d}t.$

解 (1) $\dfrac{\mathrm{d}}{\mathrm{d}x}\displaystyle\int_0^{\sin x} f(t)\mathrm{d}t = f(\sin x)\cdot(\sin x)' = \cos x f(\sin x)$;

(2) $\dfrac{\mathrm{d}}{\mathrm{d}x}\displaystyle\int_{x^2}^{x^3} \mathrm{e}^{-t}\mathrm{d}t = \mathrm{e}^{-x^3}\cdot(x^3)' - \mathrm{e}^{-x^2}\cdot(x^2)' = 3x^2\mathrm{e}^{-x^3} - 2x\mathrm{e}^{-x^2}$.

例 3 计算下列极限：

(1) $\displaystyle\lim_{x\to 0}\dfrac{\displaystyle\int_0^x \sin t^2\,\mathrm{d}t}{x^3}$; (2) $\displaystyle\lim_{x\to\infty}\dfrac{\left(\displaystyle\int_0^x \mathrm{e}^{t^2}\mathrm{d}t\right)^2}{\displaystyle\int_0^x \mathrm{e}^{2t^2}\mathrm{d}t}$.

解 利用洛必达法则，有

(1) $\displaystyle\lim_{x\to 0}\dfrac{\displaystyle\int_0^x \sin t^2\,\mathrm{d}t}{x^3} = \lim_{x\to 0}\dfrac{\sin x^2}{3x^2} = \dfrac{1}{3}$;

(2) $\displaystyle\lim_{x\to\infty}\dfrac{\left(\displaystyle\int_0^x \mathrm{e}^{t^2}\mathrm{d}t\right)^2}{\displaystyle\int_0^x \mathrm{e}^{2t^2}\mathrm{d}t} = \lim_{x\to\infty}\dfrac{2\displaystyle\int_0^x \mathrm{e}^{t^2}\mathrm{d}t\cdot\mathrm{e}^{x^2}}{\mathrm{e}^{2x^2}} = \lim_{x\to\infty}\dfrac{2\displaystyle\int_0^x \mathrm{e}^{t^2}\mathrm{d}t}{\mathrm{e}^{x^2}} = \lim_{x\to\infty}\dfrac{2\mathrm{e}^{x^2}}{2x\mathrm{e}^{x^2}} = \lim_{x\to\infty}\dfrac{1}{x} = 0$.

7.3.3 牛顿-莱布尼茨公式

定理 7.3.2 阐明了定积分与原函数之间的联系，利用这种联系可以给出下面利用原函数计算定积分的公式.

定理 7.3.3 如果函数 $F(x)$ 是连续函数 $f(x)$ 在区间 $[a,b]$ 上的一个原函数，则

$$\int_a^b f(x)\mathrm{d}x = F(b) - F(a).$$

证 已知函数 $F(x)$ 是连续函数 $f(x)$ 的一个原函数，根据定理 7.3.2 知，积分上限函数 $\Phi(x) = \displaystyle\int_a^x f(t)\mathrm{d}t$ 也是 $f(x)$ 在 $[a,b]$ 上的一个原函数. 于是这两个原函数之差 $F(x) - \Phi(x)$ 在 $[a,b]$ 上必定是某一个常数 C，即

$$F(x) - \int_a^x f(t)\mathrm{d}t = C \quad (a\leqslant x\leqslant b).$$

在上式中，令 $x = a$，得 $F(a) - \displaystyle\int_a^a f(t)\mathrm{d}t = C$，从而 $C = F(a)$. 则上式化为

$$F(x) - \int_a^x f(t)\mathrm{d}t = F(a).$$

再令 $x = b$，得 $F(b) - \displaystyle\int_a^b f(t)\mathrm{d}t = F(a)$，

即

$$\int_a^b f(t)\mathrm{d}t = F(b) - F(a).$$

这个式子称为**牛顿-莱布尼茨公式**,它进一步揭示了定积分与原函数之间的内在联系,表明一个连续函数在某一个区间上的定积分等于它的任何一个原函数在该区间上的改变量,这就为定积分的计算提供了一个简便的计算方法.这个公式也称为**微积分基本公式**.

有了微积分基本公式,计算定积分就比较容易,基本方法是:先用不定积分的方法求出原函数,然后计算原函数在上、下限处的函数值,求其差便得到对应的定积分的值.

为了计算方便,通常把 $F(b)-F(a)$ 记作 $F(x)\Big|_a^b$,于是牛顿-莱布尼茨公式又可写成

$$\int_a^b f(x)\mathrm{d}x = F(b)-F(a) = F(x)\Big|_a^b.$$

例 4 计算 $\int_1^2 x^3 \mathrm{d}x$.

解 由于 $\dfrac{x^4}{4}$ 是 x^3 的一个原函数,所以由牛顿-莱布尼茨公式有

$$\int_1^2 x^3 \mathrm{d}x = \dfrac{x^4}{4}\Big|_1^2 = \dfrac{2^4}{4} - \dfrac{1^4}{4} = 4 - \dfrac{1}{4} = \dfrac{15}{4}.$$

例 5 计算 $\int_1^2 \left(x+\dfrac{1}{x}\right)^2 \mathrm{d}x$.

解 $\int_1^2 \left(x+\dfrac{1}{x}\right)^2 \mathrm{d}x = \int_1^2 \left(x^2+2+\dfrac{1}{x^2}\right)\mathrm{d}x = \left(\dfrac{1}{3}x^3+2x-\dfrac{1}{x}\right)\Big|_1^2 = \dfrac{29}{6}.$

例 6 计算 $\int_{-2}^2 |x| \mathrm{d}x$.

解 $f(x) = |x|$ 在积分区间 $[-2,2]$ 上是分段函数,即

$$f(x) = \begin{cases} -x, & -2 \leqslant x < 0, \\ x, & 0 \leqslant x \leqslant 2. \end{cases}$$

所以

$$\int_{-2}^2 |x| \mathrm{d}x = \int_{-2}^0 (-x)\mathrm{d}x + \int_0^2 x \mathrm{d}x = \left(-\dfrac{1}{2}x^2\right)\Big|_{-2}^0 + \left(\dfrac{1}{2}x^2\right)\Big|_0^2 = 4.$$

例 7 计算下列定积分:

(1) $\int_1^4 \sqrt{x}\mathrm{d}x$; (2) $\int_{-1}^1 \dfrac{1}{1+x^2}\mathrm{d}x$.

解 (1) $\int_1^4 \sqrt{x}\mathrm{d}x = \dfrac{2}{3}x^{\frac{3}{2}}\Big|_1^4 = \dfrac{2}{3}(4^{\frac{3}{2}}-1) = \dfrac{14}{3}$;

(2) $\int_{-1}^1 \dfrac{1}{1+x^2}\mathrm{d}x = \arctan x \Big|_{-1}^1 = \arctan 1 - \arctan(-1) = \dfrac{\pi}{4} - \left(-\dfrac{\pi}{4}\right) = \dfrac{\pi}{2}.$

例8 计算正弦曲线 $y=\sin x$ 在 $[0,\pi]$ 上与 x 轴所围成的平面图形(见图7-6)的面积.

解 题中平面图形的面积 A 为
$$A=\int_0^\pi \sin x\,dx=(-\cos x)\Big|_0^\pi=-(-1)-(-1)=2.$$

例9 一个物体从某一高处由静止自由下落,经时间 t 后它的速度为 $v=gt$,问经过 4 s 后,这个物体下落的距离 s 是多少?(设 $g=10 \text{ m/s}^2$,下落时物体离地面足够高.)

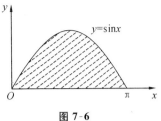

图 7-6

解 物体自由下落是变速直线运动,故物体经过 4 s 后,下落的距离可用定积分计算,即
$$s(4)=\int_0^4 v(t)\,dt=\int_0^4 gt\,dt=\int_0^4 10t\,dt=5t^2\Big|_0^4=80 \text{ m}.$$

习题 7.3

(A)

1. 设 $f(x)$ 在 $[a,b]$ 上连续,则 $\int_a^x f(t)\,dt$ 与 $\int_x^b f(u)\,du$ 是 x 的函数还是 t 与 u 的函数? 它们的导数存在吗?如果存在,等于什么?

2. 试求函数 $y=\int_0^x \sin t\,dt$ 当 $x=0$ 及 $x=\dfrac{\pi}{4}$ 时的导数.

3. 求下列函数的导数:

   (1) $y=\int_0^x e^{t^2-t}\,dt$;

   (2) $\int_{\sqrt{x}}^{x^2} \dfrac{\sin t}{t}\,dt$;

   (3) $y=\int_{\sin x}^{\cos x} \cos(\pi t^2)\,dt$;

   (4) $\int_{x^2}^{x^3} \dfrac{dt}{\sqrt{1+t^4}}$.

4. 计算定积分 $\int_0^1 \dfrac{x^2}{1+x^2}\,dx$.

5. 计算下列定积分:

   (1) $\int_0^1 (2x+3)\,dx$;

   (2) $\int_1^2 \left(x^2+\dfrac{1}{x^4}\right)dx$;

   (3) $\int_0^1 \dfrac{1-x^2}{1+x^2}\,dx$;

   (4) $\int_4^9 \sqrt{x}(1+\sqrt{x})\,dx$;

   (5) $\int_{-\frac{1}{2}}^{\frac{1}{2}} \dfrac{dx}{\sqrt{1-x^2}}$;

   (6) $\int_0^1 \dfrac{e^x-e^{-x}}{2}\,dx$;

   (7) $\int_0^{\frac{\pi}{3}} \tan^2 x\,dx$;

   (8) $\int_{-1}^0 \dfrac{3x^4+3x^2+1}{x^2+1}\,dx$;

(9) $\int_0^\pi \sqrt{1+\cos 2x}\,dx$;   (10) $\int_0^{2\pi} |\sin x|\,dx$;

(11) $\int_0^{\frac{\pi}{2}} 2\sin^2 \frac{x}{2}\,dx$;   (12) $\int_0^2 f(x)\,dx$, 其中 $f(x) = \begin{cases} x+1, & x \leqslant 1, \\ \frac{1}{2}x^2, & x > 1. \end{cases}$

(B)

1. 用定积分的定义和性质求极限
$$\lim_{n\to\infty}\left(\frac{1}{n+1}+\frac{1}{n+2}+\cdots+\frac{1}{2n}\right).$$

2. 求由方程 $\int_0^y e^t\,dt + \int_0^x \cos t\,dt = 0$ 所决定的函数的导数 $\frac{dy}{dx}$.

3. 求下列极限:

(1) $\lim_{x\to 0} \dfrac{\int_0^x \cos t^2\,dt}{x}$;   (2) $\lim_{x\to 0} \dfrac{\int_0^x \arctan t\,dt}{x^2}$;

(3) $\lim_{x\to 1} \dfrac{\int_1^x e^{t^2}\,dt}{\ln x}$;   (4) $\lim_{x\to 0} \dfrac{(\int_0^x e^{t^2}\,dt)^2}{\int_0^x te^{2t^2}\,dt}$.

4. 设 $f(x)$ 在 $[a,b]$ 上连续,且 $f(x) > 0, x \in [a,b]$,
$$F(x) = \int_a^x f(t)\,dt - \int_x^b \frac{1}{f(t)}\,dt, x \in [a,b].$$
证明:方程 $F(x) = 0$ 在区间 $[a,b]$ 上有且仅有一个根.

5. 设 $f(x) = \begin{cases} x^2, & x \in [0,1), \\ x, & x \in [1,2], \end{cases}$ 求 $\Phi(x) = \int_0^x f(t)\,dt$ 在 $[0,2]$ 上的表达式,并讨论 $\Phi(x)$ 在 $[0,2]$ 内的连续性.

6. 当 x 为何值时,函数 $I(x) = \int_0^x te^{-t^2}\,dt$ 有极值.

7.4 定积分的换元积分法和分部积分法

牛顿-莱布尼茨公式给出了计算定积分的简便方法,但有些情况下原函数很难直接求出. 本节介绍定积分的换元积分法和分部积分法.

7.4.1 定积分的换元积分法

定理 7.4.1 设函数 $f(x)$ 在区间 $[a,b]$ 上连续,函数 $x = \varphi(t)$ 满足下列条件:
(1) $x = \varphi(t)$ 在 $[\alpha,\beta]$ (或 $[\beta,\alpha]$) 上具有连续导数 $\varphi'(t)$;

(2) $\varphi(\alpha)=a, \varphi(\beta)=b$, 且 $a \leqslant \varphi(t) \leqslant b$,

则有
$$\int_a^b f(x)\mathrm{d}x = \int_\alpha^\beta f(\varphi(t))\varphi'(t)\mathrm{d}t. \tag{7.4.1}$$

式(7.4.1)称为**定积分的换元公式**.

证 设 $F(x)$ 是 $f(x)$ 的一个原函数,则有
$$\int_a^b f(x)\mathrm{d}x = F(b) - F(a).$$

由 $F(x)$ 与 $x = \varphi(t)$ 复合而成的函数 $F(\varphi(t))$,记为 $\Phi(t)$,则
$$\Phi'(t) = f(x)\varphi'(t) = f(\varphi(t))\varphi'(t).$$

这表明 $\Phi(t)$ 是 $f(\varphi(t))\varphi'(t)$ 的一个原函数,则有
$$\int_\alpha^\beta f(\varphi(t))\varphi'(t)\mathrm{d}t = \Phi(\beta) - \Phi(\alpha).$$

又由 $\Phi(t) = F(\varphi(t))$ 及 $\varphi(\alpha) = a, \varphi(\beta) = b$,得
$$\Phi(\beta) - \Phi(\alpha) = F(\varphi(\beta)) - F(\varphi(\alpha)) = F(b) - F(a),$$

所以
$$\int_a^b f(x)\mathrm{d}x = F(b) - F(a) = \Phi(\beta) - \Phi(\alpha) = \int_\alpha^\beta f(\varphi(t))\varphi'(t)\mathrm{d}t.$$

使用定积分的换元积分公式时应注意:

(1) 用 $x = \varphi(t)$ 把原来变量 x 换成新变量 t 时,积分上、下限也要换成相应的新积分变量的上、下限;

(2) 求出 $f(\varphi(t))\varphi'(t)$ 的一个原函数 $\Phi(t)$ 后,不必像计算不定积分那样把 $\Phi(t)$ 变换成原来变量 x 的函数,而只要把新变量 t 的上、下限分别代入 $\Phi(t)$ 中然后相减就可以了.

例 1 计算 $\int_0^1 \frac{1}{(1+x)^2}\mathrm{d}x$.

解 令 $t = x+1$,则 $\mathrm{d}t = \mathrm{d}x$.

当 $x = 0$ 时, $t = 1$;当 $x = 1$ 时, $t = 2$.

所以
$$\int_0^1 \frac{1}{(1+x)^2}\mathrm{d}x = \int_1^2 \frac{1}{t^2}\mathrm{d}t$$
$$= -\frac{1}{t}\Big|_1^2 = \frac{1}{2}.$$

例 2 求定积分 $\int_0^1 x^2\sqrt{1-x^2}\mathrm{d}x$.

解 令 $x = \sin t$,则 $\sqrt{1-x^2} = \sqrt{1-\sin^2 x} = \cos t$, $\mathrm{d}x = \cos t\mathrm{d}t$.

当 $x = 0$ 时, $t = 0$;当 $x = 1$ 时, $t = \frac{\pi}{2}$.

所以 $\int_0^1 x^2 \sqrt{1-x^2}\,dx = \int_0^{\frac{\pi}{2}} \sin^2 t \cdot \cos t \cdot \cos t\,dt = \int_0^{\frac{\pi}{2}} \sin^2 t \cos^2 t\,dt$

$$= \frac{1}{4}\int_0^{\frac{\pi}{2}} \sin^2 2t\,dt = \frac{1}{4}\int_0^{\frac{\pi}{2}} \frac{1-\cos 4t}{2}\,dt$$

$$= \frac{1}{8}\int_0^{\frac{\pi}{2}}(1-\cos 4t)\,dt = \frac{1}{8}\left(t - \frac{\sin 4t}{4}\right)\Big|_0^{\frac{\pi}{2}} = \frac{\pi}{16}.$$

例 3 计算 $\int_{\ln 3}^{\ln 8} \sqrt{1+e^x}\,dx$.

解 令 $\sqrt{1+e^x} = t$,则 $x = \ln(t^2-1)$,$dx = \frac{2t}{t^2-1}\,dt$.

当 $x = \ln 3$ 时,$t = 2$;当 $x = \ln 8$ 时,$t = 3$.

所以 $\int_{\ln 3}^{\ln 8} \sqrt{1+e^x}\,dx = \int_2^3 \frac{2t^2}{t^2-1}\,dt = 2\int_2^3 \left(1 + \frac{1}{t^2-1}\right)dt$

$$= \left(2t + \ln\left|\frac{t-1}{t+1}\right|\right)\Big|_2^3 = 2 + \ln\frac{3}{2}.$$

例 4 计算 $\int_0^{\frac{\pi}{2}} \cos^5 x \sin x\,dx$.

解 令 $t = \cos x$,则 $dt = -\sin x\,dx$.

当 $x = 0$ 时,$t = 1$;当 $x = \frac{\pi}{2}$ 时,$t = 0$.

所以 $\int_0^{\frac{\pi}{2}} \cos^5 x \sin x\,dx = -\int_1^0 t^5\,dt = \int_0^1 t^5\,dt = \left(\frac{t^6}{6}\right)\Big|_0^1 = \frac{1}{6}.$

在例 4 中也可以不写出新变量 t,这样积分时就不用更换定积分的上下限,计算如下:

$$\int_0^{\frac{\pi}{2}} \cos^5 x \sin x\,dx = -\int_0^{\frac{\pi}{2}} \cos^5 x (d\cos x) = -\left(\frac{\cos^6 x}{6}\right)\Big|_0^{\frac{\pi}{2}} = \frac{1}{6}.$$

例 5 计算 $\int_0^{\frac{\pi}{2}} \sqrt{\cos x - \cos^3 x}\,dx$.

解 由于 $\sin x$ 在 $\left[0, \frac{\pi}{2}\right]$ 上大于零,故有

$$\int_0^{\frac{\pi}{2}} \sqrt{\cos x - \cos^3 x}\,dx = \int_0^{\frac{\pi}{2}} \sqrt{\cos x(1-\cos^2 x)}\,dx = \int_0^{\frac{\pi}{2}} \sqrt{\cos x \sin^2 x}\,dx$$

$$= \int_0^{\frac{\pi}{2}} \sqrt{\cos x} \sin x\,dx = -\int_0^{\frac{\pi}{2}} \sqrt{\cos x}\,d(\cos x)$$

$$= -\frac{2}{3}(\cos x)^{\frac{3}{2}}\Big|_0^{\frac{\pi}{2}} = \frac{2}{3}.$$

7.4.2 定积分的分部积分法

不定积分有分部积分法,对于定积分同样有分部积分法. 设 $u(x),v(x)$ 在区间 $[a,b]$ 上有连续导数,则有
$$(uv)' = u'v + uv'.$$
对上式两边同时在 $[a,b]$ 上求定积分,即
$$\int_a^b (uv)' \mathrm{d}x = \int_a^b u'v \mathrm{d}x + \int_a^b uv' \mathrm{d}x,$$
并注意到
$$\int_a^b (uv)' \mathrm{d}x = (uv)\Big|_a^b,$$
得
$$(uv)\Big|_a^b = \int_a^b u'v \mathrm{d}x + \int_a^b uv' \mathrm{d}x,$$
于是
$$\int_a^b uv' \mathrm{d}x = (uv)\Big|_a^b - \int_a^b u'v \mathrm{d}x, \tag{7.4.2}$$
即
$$\int_a^b u \mathrm{d}v = uv\Big|_a^b - \int_a^b v \mathrm{d}u. \tag{7.4.3}$$
式(7.4.2)和式(7.4.3)就是定积分的分部积分公式.

例 6 计算 $\int_0^1 x\mathrm{e}^x \mathrm{d}x$.

解 $\int_0^1 x\mathrm{e}^x \mathrm{d}x = x\mathrm{e}^x \Big|_0^1 - \int_0^1 \mathrm{e}^x \mathrm{d}x = \mathrm{e} - \mathrm{e}^x\Big|_0^1 = 1$.

例 7 计算 $\int_1^2 x\ln x \mathrm{d}x$.

解 $\int_1^2 x\ln x \mathrm{d}x = \frac{1}{2}\int_1^2 \ln x \mathrm{d}x^2 = \frac{1}{2}x^2 \ln x\Big|_1^2 - \frac{1}{2}\int_1^2 x \mathrm{d}x$
$= 2\ln 2 - \frac{1}{4}x^2\Big|_1^2 = 2\ln 2 - \frac{3}{4}$.

例 8 计算 $\int_0^{\frac{\pi}{2}} x^2 \cos x \mathrm{d}x$.

解 $\int_0^{\frac{\pi}{2}} x^2 \cos x \mathrm{d}x = \int_0^{\frac{\pi}{2}} x^2 \mathrm{d}(\sin x) = x^2 \sin x\Big|_0^{\frac{\pi}{2}} - \int_0^{\frac{\pi}{2}} 2x\sin x \mathrm{d}x$
$= \frac{\pi^2}{4} + 2\int_0^{\frac{\pi}{2}} x\mathrm{d}(\cos x) = \frac{\pi^2}{4} + 2x\cos x\Big|_0^{\frac{\pi}{2}} - 2\int_0^{\frac{\pi}{2}} \cos x \mathrm{d}x$
$= \frac{\pi^2}{4} - 2\sin x\Big|_0^{\frac{\pi}{2}} = \frac{\pi^2}{4} - 2$.

例 9 计算 $\int_0^{\frac{1}{2}} \arcsin x \mathrm{d}x$.

解
$$\int_0^{\frac{1}{2}} \arcsin x \, dx = (x \arcsin x)\Big|_0^{\frac{1}{2}} - \int_0^{\frac{1}{2}} \frac{x}{\sqrt{1-x^2}} dx$$
$$= \frac{1}{2} \cdot \frac{\pi}{6} + \sqrt{1-x^2}\Big|_0^{\frac{1}{2}} = \frac{\pi}{12} + \frac{\sqrt{3}}{2} - 1.$$

例 10 计算 $\int_0^1 e^{\sqrt{x}} dx$.

解 令 $\sqrt{x} = t$,则 $x = t^2$, $dx = 2t dt$.
当 $x = 0$ 时,$t = 0$;当 $x = 1$ 时,$t = 1$.
所以
$$\int_0^1 e^{\sqrt{x}} dx = 2\int_0^1 t e^t dt = 2\int_0^1 t \, de^t$$
$$= 2\left[(te^t)\Big|_0^1 - \int_0^1 e^t dt\right] = 2\left(e - e^t\Big|_0^1\right)$$
$$= 2[e - (e-1)] = 2.$$

习题 7.4

(A)

1. 设函数 $f(x)$ 在 $[a,b]$ 上可导,且 $f(b) = B, f(a) = A$,则 $\int_a^b f(x)f'(x)dx =$ _____.

2. $\int_0^1 x e^{-x} dx =$ _____ $+ \int_0^1 e^{-x} dx$.

3. 设 $f''(x)$ 在 $[0,1]$ 上连续,且 $f(0) = 1, f(2) = 3, f'(2) = 5$. 求 $\int_0^1 x f''(2x) dx$.

4. 计算下列定积分:

(1) $\int_{\frac{\pi}{3}}^{\pi} \sin(x + \frac{\pi}{3}) dx$;

(2) $\int_{-2}^1 \frac{dx}{(1+5x)^3}$;

(3) $\int_0^{\pi} (1 - \sin^3 \theta) d\theta$;

(4) $\int_0^5 \frac{x^3}{x^2+1} dx$;

(5) $\int_1^{\sqrt{3}} \frac{dx}{x^2 \sqrt{1+x^2}}$;

(6) $\int_1^{e^2} \frac{dx}{x\sqrt{1+\ln x}}$;

(7) $\int_1^4 \frac{dx}{1+\sqrt{x}}$;

(8) $\int_0^{\sqrt{2}a} \frac{x dx}{\sqrt{3a^2 - x^2}}$;

(9) $\int_0^1 t e^{-\frac{t^2}{2}} dt$;

(10) $\int_0^1 \frac{\sqrt{x}}{2 - \sqrt{x}} dx$;

(11) $\int_{-3}^{0} \dfrac{x+1}{\sqrt{x+4}} \mathrm{d}x$;

(12) $\int_{4}^{9} (\sqrt{x} + \dfrac{1}{\sqrt{x}}) \mathrm{d}x$;

(13) $\int_{0}^{2} \dfrac{\mathrm{d}x}{\sqrt{1+x} + \sqrt{(1+x)^3}}$;

(14) $\int_{-3}^{2} \min(2, x) \mathrm{d}x$.

5. 用分部积分法计算下列定积分：

(1) $\int_{0}^{1} x\mathrm{e}^{-x} \mathrm{d}x$;

(2) $\int_{1}^{\mathrm{e}} x\ln x \mathrm{d}x$;

(3) $\int_{0}^{1} x\arctan x \mathrm{d}x$;

(4) $\int_{1}^{2} x\log_2 x \mathrm{d}x$;

(5) $\int_{1}^{4} \dfrac{\ln x}{\sqrt{x}} \mathrm{d}x$;

(6) $\int_{\frac{1}{\mathrm{e}}}^{\mathrm{e}} |\ln x| \mathrm{d}x$;

(7) $\int_{0}^{\frac{\pi}{2}} \mathrm{e}^{2x} \cos x \mathrm{d}x$.

(B)

1. 计算下列定积分：

(1) $\int_{0}^{1} x(1-x^4)^{\frac{3}{2}} \mathrm{d}x$;

(2) $\int_{-\sqrt{2}}^{\sqrt{2}} \sqrt{8-2y^2} \mathrm{d}y$;

(3) $\int_{0}^{1} (1+x^2)^{-\frac{3}{2}} \mathrm{d}x$;

(4) $\int_{0}^{\frac{\pi}{2}} \dfrac{\cos\theta}{\sin\theta + \cos\theta} \mathrm{d}\theta$;

(5) $\int_{-\frac{\pi}{2}}^{\frac{\pi}{2}} \cos x\cos 2x \mathrm{d}x$.

2. 用分部积分法计算下列定积分：

(1) $\int_{1}^{\mathrm{e}} \sin(\ln x) \mathrm{d}x$;

(2) $\int_{\frac{\pi}{4}}^{\frac{\pi}{3}} \dfrac{x}{\sin^2 x} \mathrm{d}x$;

(3) $\int_{0}^{\frac{1}{\sqrt{2}}} \dfrac{\arcsin x}{(1-x^2)^{\frac{3}{2}}} \mathrm{d}x$.

3. 设 $f(x)$ 在 $[a,b]$ 上连续，证明：

(1) 若 $f(x)$ 为奇函数，则 $\int_{-a}^{a} f(x) \mathrm{d}x = 0$;

(2) 若 $f(x)$ 为偶函数，则 $\int_{-a}^{a} f(x) \mathrm{d}x = 2\int_{0}^{a} f(x) \mathrm{d}x$.

4. 利用函数的奇偶性计算下列积分：

(1) $\int_{-\pi}^{\pi} \dfrac{2+\sin x}{1+x^2} \mathrm{d}x$;

(2) $\int_{-\frac{1}{2}}^{\frac{1}{2}} \dfrac{(\arcsin x)^2}{\sqrt{1-x^2}} \mathrm{d}x$;

(3) $\int_{-\frac{\pi}{2}}^{\frac{\pi}{2}} \sqrt{\cos x - \cos^3 x}\, dx$;   (4) $\int_{-\frac{\pi}{4}}^{\frac{\pi}{4}} \frac{1 + x e^{-x^2}}{\cos^2 x}\, dx$.

5. 若 $f(t)$ 连续且为奇函数,证明 $\int_0^x f(t)\, dt$ 是偶函数;若 $f(t)$ 连续且为偶函数,证明 $\int_0^x f(t)\, dt$ 是奇函数.

6. 证明下列各题:

(1) $\int_x^1 \frac{dx}{1+x^2} = \int_1^{\frac{1}{x}} \frac{dx}{1+x^2} \ (x > 0)$;

(2) $\int_0^\pi (\sin x)^n\, dx = 2\int_0^{\frac{\pi}{2}} \sin^n x\, dx$.

7.5 广义积分与 Γ 函数

前面介绍的定积分有两个最基本的约束条件:积分区间的有限性和被积函数的有界性. 但在某些实际问题中,却常常遇到积分区间为无穷区间,或者被积函数为无界函数的积分. 因此在定积分的计算中,也要研究无穷区间上的积分和无界函数的积分. 这两类积分统称为**广义积分**或**反常积分**,相应地,前面的定积分则称为**狭义积分**或**正常积分**.

7.5.1 无穷区间上的广义积分

1. 无穷区间 $[a, +\infty)$ 上的广义积分

定义 7.5.1 设函数 $f(x)$ 在无穷区间 $[a, +\infty)$ 上连续. 取 $b > a$,如果极限

$$\lim_{b \to +\infty} \int_a^b f(x)\, dx$$

存在,则称该极限为函数 $f(x)$ 在无穷区间 $[a, +\infty)$ 上的广义积分,记作 $\int_a^{+\infty} f(x)\, dx$,即

$$\int_a^{+\infty} f(x)\, dx = \lim_{b \to +\infty} \int_a^b f(x)\, dx.$$

如果上述极限存在,则称广义积分 $\int_a^{+\infty} f(x)\, dx$ 收敛;否则称广义积分 $\int_a^{+\infty} f(x)\, dx$ 发散.

2. 无穷区间 $(-\infty, b]$ 上的广义积分

定义 7.5.2 设函数 $f(x)$ 在无穷区间 $(-\infty, b]$ 上连续. 取 $b > a$,如果极限

$$\lim_{a \to -\infty} \int_a^b f(x) \mathrm{d}x$$

存在,则称该极限为函数 $f(x)$ 在无穷区间 $(-\infty, b]$ 上的广义积分,记作 $\int_{-\infty}^b f(x) \mathrm{d}x$,即

$$\int_{-\infty}^b f(x) \mathrm{d}x = \lim_{a \to -\infty} \int_a^b f(x) \mathrm{d}x.$$

如果上述极限存在,则称广义积分 $\int_{-\infty}^b f(x) \mathrm{d}x$ 收敛;否则称广义积分 $\int_{-\infty}^b f(x) \mathrm{d}x$ 发散.

3. 无穷区间 $(-\infty, +\infty)$ 上的广义积分

定义 7.5.3 设函数 $f(x)$ 在无穷区间 $(-\infty, +\infty)$ 上连续. 如果广义积分 $\int_{-\infty}^c f(x) \mathrm{d}x$ 和 $\int_c^{+\infty} f(x) \mathrm{d}x$ 都收敛,则称这两个广义积分之和为函数 $f(x)$ 在无穷区间 $(-\infty, +\infty)$ 上的广义积分,记作 $\int_{-\infty}^{+\infty} f(x) \mathrm{d}x$,即

$$\int_{-\infty}^{+\infty} f(x) \mathrm{d}x = \int_{-\infty}^c f(x) \mathrm{d}x + \int_c^{+\infty} f(x) \mathrm{d}x = \lim_{a \to -\infty} \int_a^c f(x) \mathrm{d}x + \lim_{b \to +\infty} \int_c^b f(x) \mathrm{d}x.$$

如果上述两广义积分均收敛,则称 $\int_{-\infty}^{+\infty} f(x) \mathrm{d}x$ 收敛;否则称 $\int_{-\infty}^{+\infty} f(x) \mathrm{d}x$ 发散.

在计算无穷区间上的广义积分时,如果上述三种情况的极限都存在,则在形式上仍可用牛顿-莱布尼茨公式表示,即

$$\int_a^{+\infty} f(x) \mathrm{d}x = F(x) \Big|_a^{+\infty} = F(+\infty) - F(a),$$

$$\int_{-\infty}^b f(x) \mathrm{d}x = F(x) \Big|_{-\infty}^b = F(b) - F(-\infty),$$

$$\int_{-\infty}^{+\infty} f(x) \mathrm{d}x = F(x) \Big|_{-\infty}^{+\infty} = F(+\infty) - F(-\infty).$$

例1 计算 $\int_0^{+\infty} \mathrm{e}^{-x} \mathrm{d}x$.

解 $\int_0^{+\infty} \mathrm{e}^{-x} \mathrm{d}x = \lim_{b \to +\infty} \int_0^b \mathrm{e}^{-x} \mathrm{d}x = \lim_{b \to +\infty} (-\mathrm{e}^{-x}) \Big|_0^b = \lim_{b \to +\infty} (-\mathrm{e}^{-b} + 1) = 1.$

例2 计算 $\int_{-\infty}^0 x \mathrm{e}^{-x^2} \mathrm{d}x.$

解 $\int_{-\infty}^0 x \mathrm{e}^{-x^2} \mathrm{d}x = -\frac{1}{2} \int_{-\infty}^0 \mathrm{e}^{-x^2} \mathrm{d}(-x^2) = -\frac{1}{2} \mathrm{e}^{-x^2} \Big|_{-\infty}^0 = -\frac{1}{2}.$

例3 计算 $\int_{-\infty}^{+\infty} \frac{\mathrm{d}x}{1+x^2}.$

解 $\int_{-\infty}^{+\infty} \dfrac{\mathrm{d}x}{1+x^2} = \arctan x \Big|_{-\infty}^{+\infty} = \dfrac{\pi}{2} - (-\dfrac{\pi}{2}) = \pi$.

7.5.2 无界函数的广义积分

1. 在区间 $(a,b]$ 上 $x=a$ 点的右邻域内函数无界

定义 7.5.4 设函数 $f(x)$ 在 $(a,b]$ 上连续,$\lim\limits_{x \to a^+} f(x) = \infty$,如果极限

$$\lim_{\varepsilon \to 0^+} \int_{a+\varepsilon}^{b} f(x) \mathrm{d}x$$

存在,则称此极限为函数 $f(x)$ 在区间 $(a,b]$ 上的广义积分,仍记为 $\int_{a}^{b} f(x)\mathrm{d}x$,即

$$\int_{a}^{b} f(x)\mathrm{d}x = \lim_{\varepsilon \to 0^+} \int_{a+\varepsilon}^{b} f(x) \mathrm{d}x.$$

如果上述极限存在,则称广义积分 $\int_{a}^{b} f(x)\mathrm{d}x$ 收敛;否则称广义积分 $\int_{a}^{b} f(x)\mathrm{d}x$ 发散.

2. 在区间 $[a,b)$ 上 $x=b$ 点的左邻域内函数无界

定义 7.5.5 设函数 $f(x)$ 在 $[a,b)$ 上连续,而 $\lim\limits_{x \to b^-} f(x) = \infty$,如果极限

$$\lim_{\varepsilon \to 0^+} \int_{a}^{b-\varepsilon} f(x) \mathrm{d}x$$

存在,则称此极限为函数 $f(x)$ 在区间 $[a,b)$ 上的广义积分,仍记为 $\int_{a}^{b} f(x)\mathrm{d}x$,即

$$\int_{a}^{b} f(x)\mathrm{d}x = \lim_{\varepsilon \to 0^+} \int_{a}^{b-\varepsilon} f(x) \mathrm{d}x.$$

如果上述极限存在,则称广义积分 $\int_{a}^{b} f(x)\mathrm{d}x$ 收敛;否则称广义积分 $\int_{a}^{b} f(x)\mathrm{d}x$ 发散.

3. 在区间 $[a,b]$ 中 $x=c$ 点的领域内函数无界

定义 7.5.6 设函数 $f(x)$ 在 $[a,b]$ 上除点 $x=c(a<c<b)$ 外都连续,而在点 c 的邻域内无界. 如果广义积分 $\int_{a}^{c} f(x)\mathrm{d}x$ 与 $\int_{c}^{b} f(x)\mathrm{d}x$ 都收敛,则称

$$\int_{a}^{b} f(x)\mathrm{d}x = \int_{a}^{c} f(x)\mathrm{d}x + \int_{c}^{b} f(x)\mathrm{d}x = \lim_{\varepsilon \to 0^+} \int_{a}^{c-\varepsilon} f(x)\mathrm{d}x + \lim_{\varepsilon' \to 0^+} \int_{c+\varepsilon'}^{b} f(x)\mathrm{d}x$$

为 $f(x)$ 在区间 $[a,b]$ 上的广义积分,仍记为 $\int_{a}^{b} f(x)\mathrm{d}x$.

如果上述两个极限均存在,则称广义积分 $\int_{a}^{b} f(x)\mathrm{d}x$ 收敛;否则称广义积分

$\int_a^b f(x)\mathrm{d}x$ 发散.

注 广义积分使用了与定积分完全相同的记号 $\int_a^b f(x)\mathrm{d}x$,但两者的意义是不同的,在计算时要注意正确判断.

计算无界函数的广义积分时,为了书写方便,也可直接用牛顿-莱布尼茨公式计算.

(1) 仅 a 为无穷间断点时,有
$$\int_a^b f(x)\mathrm{d}x = F(x)\Big|_{a^+}^b = F(b) - F(a^+).$$

(2) 仅 b 为无穷间断点时,有
$$\int_a^b f(x)\mathrm{d}x = F(x)\Big|_a^{b^-} = F(b^-) - F(a).$$

(3) 仅 a,b 为无穷间断点时,有
$$\int_a^b f(x)\mathrm{d}x = F(x)\Big|_{a^+}^{b^-} = F(b^-) - F(a^+).$$

例4 计算广义积分 $\int_0^3 \dfrac{1}{\sqrt{9-x^2}}\mathrm{d}x$.

解 被积函数 $f(x) = \dfrac{1}{\sqrt{9-x^2}}$ 在 $[0,3)$ 内连续,且 $\lim\limits_{x \to 3^-} \dfrac{1}{\sqrt{9-x^2}} = \infty$,所以 $x = 3$ 是被积函数的无穷间断点.
于是
$$\int_0^3 \frac{1}{\sqrt{9-x^2}}\mathrm{d}x = \lim_{\varepsilon \to 0^+} \int_0^{3-\varepsilon} \frac{1}{\sqrt{9-x^2}}\mathrm{d}x = \lim_{\varepsilon \to 0^+} \left(\arcsin \frac{x}{3}\right)\Big|_0^{3-\varepsilon}$$
$$= \lim_{\varepsilon \to 0^+} \arcsin \frac{3-\varepsilon}{3} = \arcsin 1 = \frac{\pi}{2}.$$

例5 讨论 $\int_{-1}^1 \dfrac{1}{x^2}\mathrm{d}x$ 的收敛性.

解 因为 $\lim\limits_{x \to 0} \dfrac{1}{x^2} = \infty$,所以 $x = 0$ 是被积函数的无穷间断点.于是
$$\int_{-1}^1 \frac{1}{x^2}\mathrm{d}x = \int_{-1}^0 \frac{1}{x^2}\mathrm{d}x + \int_0^1 \frac{1}{x^2}\mathrm{d}x = -\frac{1}{x}\Big|_{-1}^0 + \left(-\frac{1}{x}\right)\Big|_0^1.$$

由 $\lim\limits_{x \to 0} \dfrac{1}{x} = \infty$,可知广义积分 $\int_{-1}^1 \dfrac{1}{x^2}\mathrm{d}x$ 发散.

在例5中,如果疏忽了 $x = 0$ 是被积函数的无穷间断点,按照定积分的计算方

法会得到
$$\int_{-1}^{1} \frac{1}{x^2} dx = \left(-\frac{1}{x}\right)\Big|_{-1}^{1} = -1 - 1 = -2,$$
这个结果是错误的.

7.5.3 Γ函数

下面讨论一个在概率论中要用到的积分区间无限且含有参变量的积分.

定义 7.5.7 积分 $\Gamma(r) = \int_0^{+\infty} x^{r-1} e^{-x} dx (r > 0)$ 是参变量 r 的函数,称为 Γ 函数.

可以证明这个积分是收敛的.下面介绍 Γ 函数的几个重要性质.

1. 递推公式 $\Gamma(r+1) = r\Gamma(r)(r > 0)$

证 因为
$$\Gamma(r+1) = \int_0^{+\infty} e^{-x} x^r dx = \lim_{b \to +\infty} \int_0^b e^{-x} x^r dx,$$
应用分部积分,有
$$\int_0^b e^{-x} x^r dx = (-e^{-x} x^r)\Big|_0^b + r\int_0^b e^{-x} x^{r-1} dx,$$
而 $\lim_{b \to +\infty} e^{-x} x^r \Big|_0^b = 0$,所以
$$\Gamma(r+1) = \lim_{b \to +\infty} \int_0^b e^{-x} x^r dx = r \int_0^{+\infty} e^{-x} x^{r-1} dx = r\Gamma(r).$$

显然,$\Gamma(1) = \int_0^{+\infty} e^{-x} dx = 1$. 反复运用递推公式,可得
$$\Gamma(2) = 1 \cdot \Gamma(1) = 1,$$
$$\Gamma(3) = 2 \cdot \Gamma(2) = 2!,$$
$$\Gamma(4) = 3 \cdot \Gamma(3) = 3!,$$
$$\vdots$$

一般地,对任何正整数 n,有 $\Gamma(n+1) = n!$,即可以把 Γ 函数看成是阶乘的推广.

2. 当 $r \to 0^+$ 时,$\Gamma(r) \to +\infty$

证 因为
$$\Gamma(r) = \frac{\Gamma(r+1)}{r}, \quad \Gamma(1) = 1,$$

所以当 $r \to 0^+$ 时，$\Gamma(r) \to +\infty$.

3. $\Gamma(r)\Gamma(1-r) = \dfrac{\pi}{\sin\pi r}(0 < r < 1)$

上式称为**余元公式**，在此不作证明.

当 $r = \dfrac{1}{2}$ 时，由余元公式可得

$$\Gamma\left(\dfrac{1}{2}\right) = \sqrt{\pi}.$$

4. $\int_0^{+\infty} e^{-x^2} x^t \, dx = \dfrac{1}{2}\Gamma\left(\dfrac{1+t}{2}\right)(t > -1)$

在 $\Gamma(r) = \int_0^{+\infty} e^{-x} x^{r-1} \, dx$ 中，作代换 $x = u^2$，有

$$\Gamma(r) = 2\int_0^{+\infty} e^{-u^2} u^{2r-1} \, du.$$

再令 $2r - 1 = t$，有

$$\int_0^{+\infty} e^{-u^2} u^t \, du = \dfrac{1}{2}\Gamma\left(\dfrac{1+t}{2}\right) \quad (t > -1).$$

上式左端是应用上常见的积分，它的值可以通过上式用 Γ 函数计算出来.

当 $r = \dfrac{1}{2}$ 时，有

$$\Gamma\left(\dfrac{1}{2}\right) = 2\int_0^{+\infty} e^{-u^2} \, du = \sqrt{\pi},$$

于是

$$\int_0^{+\infty} e^{-u^2} \, du = \dfrac{\sqrt{\pi}}{2}.$$

习题 7.5

(A)

1. 下列计算是否正确？为什么？

(1) $\int_{-1}^{1} \dfrac{dx}{x^2} = -\dfrac{1}{x}\bigg|_{-1}^{1} = -2$；

(2) $\int_{-\infty}^{+\infty} \dfrac{x}{\sqrt{1+x^2}} \, dx = 0$ （因为被积函数为奇函数）.

2. 判断下列各广义积分的敛散性，如果收敛，计算广义积分的值：

(1) $\int_1^{+\infty} \dfrac{dx}{x^4}$；   (2) $\int_0^{+\infty} e^{-ax} \, dx (a > 0)$；

(3) $\int_{\frac{2}{\pi}}^{+\infty} \frac{1}{x^2} \sin \frac{1}{x} \mathrm{d}x$;

(4) $\int_{-\infty}^{0} \frac{2x}{1+x^2} \mathrm{d}x$;

(5) $\int_{0}^{+\infty} x\mathrm{e}^{-x^2} \mathrm{d}x$;

(6) $\int_{-1}^{1} \frac{1}{\sqrt[3]{x^2}} \mathrm{d}x$;

(7) $\int_{0}^{2} \frac{\mathrm{d}x}{(1-x)^2}$;

(8) $\int_{1}^{2} \frac{x}{\sqrt{x-1}} \mathrm{d}x$;

(9) $\int_{1}^{\mathrm{e}} \frac{\mathrm{d}x}{x\sqrt{1-(\ln x)^2}}$;

(10) $\int_{0}^{1} \frac{\arcsin x}{\sqrt{1-x^2}} \mathrm{d}x$.

(B)

1. 当 k 为何值时,广义积分 $\int_{2}^{+\infty} \frac{\mathrm{d}x}{x(\ln x)^k}$ 收敛?当 k 为何值时,该广义积分发散?

2. 计算:

(1) $\frac{\Gamma(7)}{2\Gamma(4)\Gamma(3)}$;

(2) $\frac{\Gamma(3)\Gamma\left(\frac{3}{2}\right)}{\Gamma\left(\frac{9}{2}\right)}$.

7.6 定积分的应用

这一节介绍定积分在几何学、经济学中的应用.

7.6.1 微元法

定积分的概念体现了"微元法"的思想. 如图 7-7 所示,设 $f(x)$ 在 $[a,b]$ 上连续且 $f(x) \geqslant 0$,求以曲线 $y = f(x)$ 为曲边、区间 $[a,b]$ 为底边的曲边梯形的面积 A.

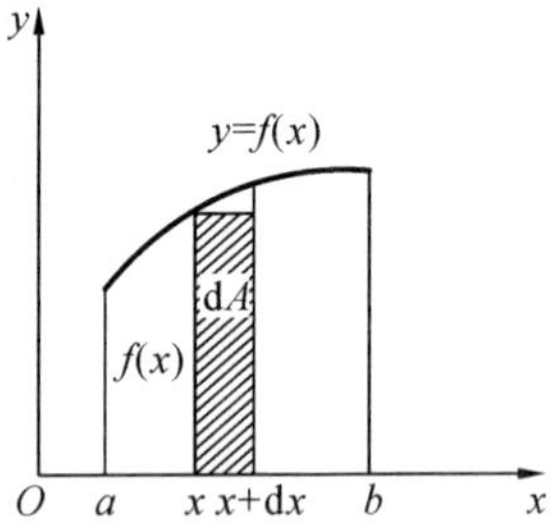

由 7.1 节知,曲边梯形的面积 A 可以通过分割、近似、求和、取极限四个步骤表示为定积分

$$A = \int_{a}^{b} f(x) \mathrm{d}x.$$

图 7-7

在这四个步骤中,第一步指明了所求量(面积 A)与区间 $[a,b]$ 有关,当把区间 $[a,b]$ 分成若干个小区间时,面积 A 相应地也分成了若干个分量,这是 A 能用定积分计算的前提.

第二步确定了被积表达式 $f(x)\mathrm{d}x$ 的形式,当把近似式 $\Delta A_i \approx f(\xi_i)\Delta x_i$ 中的变量记号改变一下,即省略下标 i,用 ΔA 表示任一小区间 $[x, x+\Delta x]$ 上的小曲边梯形的面积,同时取 $[x, x+\Delta x]$ 的左端点 x 为 ξ,以点 x 处的函数值 $f(x)$ 为高,则

$$\Delta A \approx f(x)dx.$$

上式右端 $f(x)dx$ 叫做**面积微元**,记为 $dA = f(x)dx$,则

$$A = \lim \sum f(x)dx = \int_a^b f(x)dx.$$

综上,求出定积分的四个步骤可简化为以下三个步骤:

第一步,设所求的量为 F,根据问题的具体情况,选取一个变量如 x 为积分变量,并确定它的变化区间 $[a,b]$;

第二步,假设把区间 $[a,b]$ 分成 n 个小区间,任取其中一个小区间 $[x,x+\Delta x]$,相应部分量 ΔF 的近似值,记为 $dF = f(x)dx$(称为 F 的微元);

第三步,将微元 dF 在 $[a,b]$ 上积分,即得

$$F = \int_a^b f(x)dx.$$

这个方法称为"**微元法**".

注 (1) $f(x)dx$ 作为 ΔF 的近似表达式,要求 ΔF 与 $f(x)dx$ 之差是比 Δx 高阶的无穷小,即微元 $f(x)dx$ 为所求量的微分 dF;

(2) 对于具体问题如何求得微元是关键,这要分析问题的实际意义及数量关系,一般按照在局部 $[x,x+\Delta x]$ 上,"以直代曲"、"以常代变"、"以匀代不匀"的思想得到局部所求量的近似值,即为微元.

微元法为解决实际问题提供了一个行之有效的好方法.下面用微元法来讨论定积分的应用问题.

7.6.2 平面图形的面积

下面应用微元法,给出平面图形面积的计算公式.

1. $f(x)$ 在 $[a,b]$ 上所围图形的面积

由定积分的几何意义可知,由曲线 $y = f(x)(f(x) \geqslant 0)$,直线 $x = a, x = b(a < b)$ 及 x 轴所围成的平面图形如图 7-7 所示,面积微元

$$dA = f(x)dx,$$

面积

$$A = \int_a^b f(x)dx.$$

2. $f(x), g(x)$ 在 $[a,b]$ 上所围图形的面积

设 $f(x), g(x)$ 在 $[a,b]$ 上连续,且 $f(x) \geqslant g(x)$,则由曲线 $y = f(x), y = g(x)$ 及直线 $x = a, x = b(a < b)$ 所围成的平面图形如图 7-8 所示,面积微元

$$dA = [f(x) - g(x)]dx,$$

面积
$$A = \int_a^b [f(x) - g(x)] dx.$$

类似地，由曲线 $x = \psi(y), x = \varphi(y) (\varphi(y) \geqslant \psi(y))$ 及直线 $y = c$ 和 $y = d$ ($c < d$) 所围成的平面图形如图 7-9 所示，面积微元
$$dA = [\varphi(y) - \psi(y)] dy,$$
面积
$$A = \int_c^d [\varphi(y) - \psi(y)] dy.$$

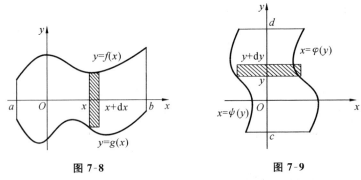

图 7-8　　　　　　　　　图 7-9

例1　计算由两条抛物线 $y^2 = x, y = x^2$ 所围成的平面图形（见图 7-10）的面积.

解　由 $\begin{cases} y = x^2, \\ y^2 = x \end{cases}$ 解得交点为 $(0,0)$ 及 $(1,1)$. 取 x 为积分变量，积分区间为 $[0,1]$，则面积微元 $dA = (\sqrt{x} - x^2) dx$，所求面积
$$A = \int_0^1 (\sqrt{x} - x^2) dx = \left(\frac{2}{3} x^{\frac{3}{2}} - \frac{x^3}{3}\right)\bigg|_0^1 = \frac{1}{3}.$$

例2　如图 7-11 所示，计算由 $y = \sin x, y = \cos x, x = 0$ 及 $x = 2\pi$ 所围成的平面图形的面积.

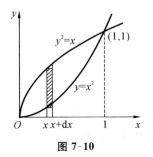 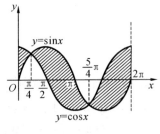

图 7-10　　　　　　　　　图 7-11

解 当 $0 \leqslant x \leqslant \frac{\pi}{4}$ 或 $\frac{5\pi}{4} \leqslant x \leqslant 2\pi$ 时,$\sin x \leqslant \cos x$;当 $\frac{\pi}{4} \leqslant x \leqslant \frac{5\pi}{4}$ 时,$\cos x \leqslant \sin x$. 面积微元 $dA = |\sin x - \cos x| dx$,面积

$$A = \int_0^{2\pi} |\sin x - \cos x| dx$$
$$= \int_0^{\frac{\pi}{4}} (\cos x - \sin x) dx + \int_{\frac{\pi}{4}}^{\frac{5\pi}{4}} (\sin x - \cos x) dx + \int_{\frac{5\pi}{4}}^{2\pi} (\cos x - \sin x) dx$$
$$= (\cos x + \sin x)\Big|_0^{\frac{\pi}{4}} + (-\cos x - \sin x)\Big|_{\frac{\pi}{4}}^{\frac{5\pi}{4}} + (\cos x + \sin x)\Big|_{\frac{5\pi}{4}}^{2\pi}$$
$$= (\sqrt{2} - 1) + 2\sqrt{2} + (1 + \sqrt{2}) = 4\sqrt{2}.$$

由例 2 可知,如果 $f(x) - g(x)$ 在 $[a,b]$ 上有正有负,则其面积微元
$$dA = |f(x) - g(x)| dx,$$
面积
$$A = \int_a^b |f(x) - g(x)| dx.$$

例 3 计算由曲线 $y^2 = x$ 及直线 $y = x - 2$ 所围成的平面图形(见图 7-12)的面积.

解 由 $\begin{cases} x = y^2, \\ y = x - 2 \end{cases}$ 解得交点为 $A(4,2)$ 及 $B(1,-1)$.

取 y 为积分变量,积分区间为 $[-1,2]$,则所求面积

$$A = \int_{-1}^2 [(y+2) - y^2] dy$$
$$= \left(\frac{1}{2} y^2 + 2y - \frac{1}{3} y^3\right)\Big|_{-1}^2$$
$$= \frac{9}{2}$$

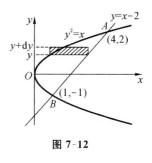

图 7-12

若选取 x 为积分变量,则所求平面图形的面积需在区间 $[0,1]$ 和 $[1,4]$ 上分别积分,即

$$A = \int_0^1 [\sqrt{x} - (-\sqrt{x})] dx + \int_1^4 [\sqrt{x} - (x-2)] dx$$
$$= \frac{4}{3} \sqrt{x^3}\Big|_0^1 + \left(\frac{2}{3} \sqrt{x^3} - \frac{1}{2} x^2 + 2x\right)\Big|_1^4$$
$$= \frac{9}{2}.$$

例 4 计算椭圆 $\begin{cases} x = 4\cos\theta, \\ y = 3\sin\theta \end{cases}$ $(-\pi \leqslant \theta \leqslant \pi)$ 的面积,如图 7-13 所示.

解 由椭圆的对称性,可先求出第一象限内的面积,再乘以 4 即得所求的面积.

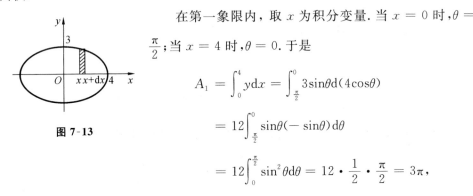

图 7-13

在第一象限内,取 x 为积分变量. 当 $x = 0$ 时,$\theta = \dfrac{\pi}{2}$;当 $x = 4$ 时,$\theta = 0$. 于是

$$A_1 = \int_0^4 y\,dx = \int_{\frac{\pi}{2}}^0 3\sin\theta\,d(4\cos\theta)$$

$$= 12\int_{\frac{\pi}{2}}^0 \sin\theta(-\sin\theta)\,d\theta$$

$$= 12\int_0^{\frac{\pi}{2}} \sin^2\theta\,d\theta = 12 \cdot \frac{1}{2} \cdot \frac{\pi}{2} = 3\pi,$$

则所求面积 $A = 4A_1 = 12\pi$.

由例 4 知,如果平面图形的边界方程是由参数方程

$$\begin{cases} x = \varphi(t), \\ y = \psi(t) \end{cases} \quad (\alpha \leqslant t \leqslant \beta)$$

给出,且 $\varphi(\alpha) = a, \varphi(\beta) = b$,在 $[\alpha, \beta]$ 上 $\varphi(t)$ 具有连续导数,$y = \psi(t)$ 连续,则所求面积

$$A = \int_\alpha^\beta \psi(t)\varphi'(t)\,dt.$$

在具体应用中必须保证 $\psi(t)\varphi'(t)$ 的非负性. 为确保这一点,可根据图形的特征,分块进行计算.

7.6.3 立体的体积

1. 旋转体的体积

由平面图形绕着它所在平面内的一条直线旋转一周而成的立体叫做**旋转体**,这条直线叫做**旋转轴**. 如圆柱、圆锥、圆台、球体等都是旋转体.

设一旋转体由连续曲线 $y = f(x)$,直线 $x = a, x = b (a < b)$ 及 x 轴所围成的曲边梯形绕 x 轴旋转一周而成. 下面用定积分的微元法来求这一旋转体的体积.

取 x 为积分变量,它的变化区间为 $[a, b]$. 相应于 $[a, b]$ 上任一小区间 $[x, x + dx]$ 的小曲边梯形绕 x 轴旋转一周而成的薄片的体积近似等于以 $|f(x)|$ 为底半

径、dx 为高的扁圆柱体的体积(见图 7-14),则体积微元为
$$dV = \pi[f(x)]^2 dx,$$
以 $\pi[f(x)]^2 dx$ 为被积表达式,在闭区间 $[a,b]$ 上作定积分,便得所求旋转体的体积为
$$V = \pi \int_a^b [f(x)]^2 dx.$$

例 5 计算底半径为 r、高为 h 的圆锥体的体积.

解 取直角坐标系如图 7-15 所示,所求圆锥体可看成是由直线 $y = \dfrac{r}{h}x$, $y = 0$, $x = h$ 所围成的图形绕 x 轴旋转而形成的旋转体.

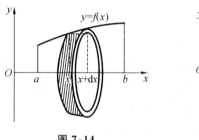

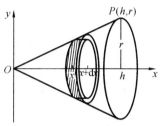

图 7-14　　　　　图 7-15

取 x 为积分变量,积分区间为 $[0,h]$. 圆锥体相应于 $[0,h]$ 上任一小区间 $[x, x+dx]$ 的薄片的体积可用底半径为 $\dfrac{r}{h}x$、高为 dx 的圆柱体的体积近似代替,则体积微元

$$dV = \pi [f(x)]^2 dx = \pi \left(\dfrac{r}{h}x\right)^2 dx,$$

所求体积 $\quad V = \int_0^h \pi \left(\dfrac{r}{h}x\right)^2 dx = \dfrac{\pi r^2}{h^2}\left(\dfrac{1}{3}x^3\right)\Big|_0^h = \dfrac{1}{3}\pi r^2 h.$

用类似的方法可以推得,由曲线 $x = \varphi(y)$、直线 $y = c$、$y = d$ $(c < d)$ 及 y 轴所围成的曲边梯形绕 y 轴旋转一周而形成的旋转体(见图 7-16)的体积为

$$V = \pi \int_c^d [\varphi(y)]^2 dy.$$

例 6 计算由抛物线 $4x = y^2$ 及直线 $x = 4$ 所围成的平面图形绕 y 轴旋转一周所形成的旋转体的体积(见图 7-17).

解 取 y 为积分变量,积分区间为 $[-4, 4]$,又 $x = \dfrac{y^2}{4}$,则所求旋转体可看做是底半径为 4、高为 8 的

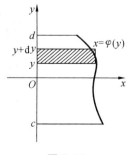

图 7-16

圆柱体的体积与由 $x = \dfrac{y^2}{4}, y = 4, y = -4$ 及 y 轴所围成的平面图形绕 y 轴旋转而成的旋转体的体积之差,即

$$V = 8 \times 4^2 \pi - \int_{-4}^{4} \pi \left(\dfrac{y^2}{4}\right)^2 \mathrm{d}y$$

$$= 128\pi - \dfrac{\pi}{16} \cdot \dfrac{1}{5} y^5 \Big|_{-4}^{4}$$

$$= 128\pi - \dfrac{128}{5}\pi$$

$$= \dfrac{512}{5}\pi.$$

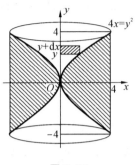

图 7-17

2. 平行截面面积为已知的立体的体积

从计算旋转体体积的过程中可以看出,如果一个立体不是旋转体,但该立体上垂直于一定轴的各个截面的面积已知,则这个立体的体积也可用定积分来计算.

设有一空间几何体(见图 7-18),已知垂直于 x 轴的截面面积为 $A(x)$,并且 $A(x)$ 在 $[a,b]$ 上连续,$x = a$ 和 $x = b$ 的截面分别位于几何体的两端,求该几何体的体积.

取 x 为积分变量,积分区间为 $[a,b]$;相应于 $[a,b]$ 上任一小区间 $[x, x+\mathrm{d}x]$ 的一薄片,可以近似地看成底面积为 $A(x)$、高为 $\mathrm{d}x$ 的小扁柱体,则体积微元

$$\mathrm{d}V = A(x)\mathrm{d}x.$$

以 $A(x)\mathrm{d}x$ 为被积表达式,在闭区间 $[a,b]$ 上作定积分,得所求几何体的体积

$$V = \int_a^b A(x)\mathrm{d}x.$$

例 7 设有一底面半径为 R 的圆柱体,用与底面夹角为 α 的平面去截该圆柱体,并且截面经过底面圆的直径,求截下部分的几何体的体积(见图 7-19).

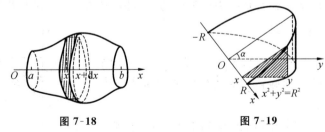

图 7-18　　　　图 7-19

解 建立坐标系,如图 7-19 所示,则底面圆的方程为

$$x^2 + y^2 = R^2.$$

取 x 为积分变量,积分区间为 $[-R,R]$,在 $[-R,R]$ 上任取一点 x,则在 x 处垂

直于 x 轴的截面为一个直角三角形,两条直角边分别为 y 及 $y\tan\alpha$,即 $\sqrt{R^2-x^2}$ 及 $\sqrt{R^2-x^2}\tan\alpha$,其面积

$$A(x)=\frac{1}{2}(R^2-x^2)\tan\alpha.$$

于是所求几何体的体积为

$$V=\int_{-R}^{R}A(x)\mathrm{d}x=\frac{1}{2}\tan\alpha\int_{-R}^{R}(R^2-x^2)\mathrm{d}x$$
$$=\frac{1}{2}\tan\alpha\left(R^2 x-\frac{1}{3}x^3\right)\Big|_{-R}^{R}=\frac{2}{3}R^3\tan\alpha.$$

7.6.4 平面曲线的弧长

在直角坐标系下,设一曲线弧的方程为

$$y=f(x),\quad x\in[a,b],$$

并且 $y=f(x)$ 在 $[a,b]$ 上存在一阶连续导数. 下面用微元法计算这段曲线弧的长度 l(见图 7-20).

取 x 为积分变量,$x\in[a,b]$. 曲线 $y=f(x)$ 上相应于 $[a,b]$ 上任一小区间 $[x, x+\mathrm{d}x]$ 的一段弧 $\overset{\frown}{MN}$ 的长度可以用该曲线在点 $(x,f(x))$ 处的切线上对应的线段 MT 的长度来近似,而切线上这一相应的小段的长度为

$$\sqrt{(\mathrm{d}x)^2+(\mathrm{d}y)^2}=\sqrt{1+y'^2}\mathrm{d}x,$$

则弧长微元 $\mathrm{d}l=\sqrt{1+y'^2}\mathrm{d}x$,所求弧长

$$l=\int_{a}^{b}\sqrt{1+y'^2}\mathrm{d}x=\int_{a}^{b}\sqrt{1+[f'(x)]^2}\mathrm{d}x.$$

例 8 两根电线杆之间的电线,由于自身重量而下垂成曲线(见图 7-21). 这一曲线称为悬链线. 已知悬链线方程为

$$y=\frac{a}{2}(\mathrm{e}^{\frac{x}{a}}+\mathrm{e}^{-\frac{x}{a}})\quad(a>0),$$

计算从 $x=-a$ 到 $x=a$ 这一段的弧长 l.

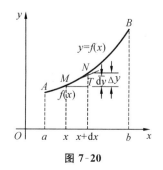

图 7-20

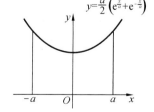

图 7-21

解 由于弧长公式中被积函数比较复杂,所以代入公式前,先将 dl 化简,再求积分.

由于 $y' = \dfrac{1}{2}(e^{\frac{x}{a}} - e^{-\frac{x}{a}})$,所以

$$dl = \sqrt{1+(y')^2}\,dx = \sqrt{1+\dfrac{1}{4}(e^{\frac{x}{a}} - e^{-\frac{x}{a}})^2}\,dx = \dfrac{1}{2}(e^{\frac{x}{a}} + e^{-\frac{x}{a}})\,dx.$$

则所求曲线的弧长

$$l = \int_{-a}^{a}\sqrt{1+(y')^2}\,dx = \int_{0}^{a}(e^{\frac{x}{a}} + e^{-\frac{x}{a}})\,dx = a(e^{\frac{x}{a}} - e^{-\frac{x}{a}})\Big|_{0}^{a} = a(e - e^{-1}).$$

若曲线由参数方程 $\begin{cases} x = \varphi(t), \\ y = \psi(t) \end{cases}$ $(\alpha \leqslant t \leqslant \beta)$ 给出,并且 $x = \varphi(t), y = \psi(t)$ 在 $[\alpha, \beta]$ 上存在连续导数,则弧长微元

$$dl = \sqrt{(dx)^2 + (dy)^2} = \sqrt{[\varphi'(t)]^2 + [\psi'(t)]^2}\,dt,$$

则所求弧长

$$l = \int_{\alpha}^{\beta}\sqrt{[\varphi'(t)]^2 + [\psi'(t)]^2}\,dt.$$

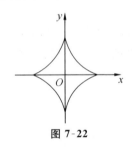

图 7-22

例 9 计算星形线 $\begin{cases} x = 2\cos^3 t, \\ y = 2\sin^3 t \end{cases}$ $(0 \leqslant t \leqslant 2\pi)$ 的全长(见图 7-22).

解 由于该星形线具有对称性,故只需求第一象限的曲线的弧长.任取 $t \in [0, \dfrac{\pi}{2}]$,弧长微元

$$dl = \sqrt{(dx)^2 + (dy)^2} = 6\sqrt{\sin^2 t\cos^4 t + \cos^2 t\sin^4 t}\,dt = 6\sin t\cos t\,dt,$$

于是所求的弧长

$$l = 4\int_{0}^{\frac{\pi}{2}} 6\sin t\cos t\,dt = 12\sin^2 t\Big|_{0}^{\frac{\pi}{2}} = 12.$$

7.6.5 经济上的应用

例 10 设某产品在时刻 t 总产量的变化率为 $f(t) = 40 + 12t$(件/小时),求从 $t = 5$ h 到 $t = 10$ h 这一段时间产品的总产量.

解 因为总产量是它的变化率的原函数,所以从 $t = 5$ h 到 $t = 10$ h 这一段时间的总产量为

$$\int_{5}^{10} f(t)\,dt = \int_{5}^{10}(40 + 12t)\,dt$$

$$= (40t + 6t^2)\Big|_{5}^{10}$$

= 650 件.

例 11 设某种商品每天生产 x 单位时固定成本为 100 万元,边际成本函数为 $C'(x) = 0.2x + 4$(万元/单位),求总成本函数 $C(x)$. 如果这种商品规定的销售单价为 20 万元,且产品可以全部售出,求总利润函数 $L(x)$,并问每天生产多少单位才能获得最大利润?

解 因为变上限的定积分是被积函数的一个原函数,因此可变成本就是边际成本函数在 $[0, x]$ 上的定积分. 又已知固定成本为 100 万元,即 $C(0) = 100$,所以每天生产 x 单位时总成本函数为

$$C(x) = \int_0^x (0.2t + 4)dt + C(0) = (0.1t^2 + 4t)\Big|_0^x + 100$$
$$= 0.1x^2 + 4x + 100.$$

设销售 x 单位商品得到的总收益为 $R(x)$,根据题意有

$$R(x) = 20x.$$

因为 $L(x) = R(x) - C(x)$,

所以 $L(x) = 20x - (0.1x^2 + 4x + 100) = -0.1x^2 + 16x - 100$.

由 $L'(x) = -0.2x + 16 = 0$,

得 $x = 80$,而 $L''(80) = -0.2 < 0$,所以每天生产 80 单位才能获得最大利润,最大利润为

$$L(80) = (-0.1 \times 80^2 + 16 \times 80 - 100) 万元 = 540 万元.$$

例 12 已知生产某商品 x 单位时,边际收益函数为 $R'(x) = 200 - \dfrac{x}{50}$(元/单位),试求生产 x 单位时总收益 $R(x)$ 和平均单位收益 $\overline{R}(x)$,并求生产这种产品 2 000 单位时的总收益和平均单位收益.

解 因为总收益是边际收益函数在 $[0, x]$ 上的积分,所以生产 x 单位时的总收益为

$$R(x) = \int_0^x \left(200 - \frac{t}{50}\right)dt = \left(200t - \frac{t^2}{100}\right)\Big|_0^x = 200x - \frac{x^2}{100},$$

则平均单位收益

$$\overline{R}(x) = \frac{R(x)}{x} = 200 - \frac{x}{100}.$$

当生产 2 000 单位时,总收益为

$$R(2\,000) = \left[400\,000 - \frac{(2\,000)^2}{100}\right]元 = 360\,000 元,$$

平均单位收益为

$$\overline{R}(2\,000) = 180 元.$$

习题 7.6

(A)

1. 求由 $y=\sqrt{x}$ 与 $y=\dfrac{x}{2}$ 所围成的平面图形的面积.

2. 求由 $y=e^x$ 与 $y=e^{-x}$ 及 $x=1$ 所围成的平面图形的面积.

3. 求由曲线 $y=\sin x, y=\cos x\left(x\in\left[0,\dfrac{\pi}{4}\right]\right)$ 与直线 $x=0$ 所围成的平面图形绕 x 轴旋转所得旋转体的体积.

4. 求由曲线 $y=e^x$, 直线 $x=0, y=0$ 和 $x=1$ 所围成图形绕 x 轴旋转所得的立体的体积.

5. 求曲线 $y=\dfrac{2}{3}x^{\frac{3}{2}}$ 上 $x\in[0,3]$ 一段的弧长.

(B)

1. 求由 $y^2=2x$ 与 $y=x-4$ 所围成的平面图形的面积.

2. 求拱形 $\begin{cases} x=a(t-\sin t), \\ y=a(1-\cos t) \end{cases}$ $(0\leqslant t\leqslant 2\pi)$ 与 $y=0$ 所围成的图形的面积.

3. 求下列曲线所围成图形绕给定的坐标轴旋转而成的旋转体的体积:

   (1) $y=x$ 与 $x=1, y=0$, 绕 x 轴;

   (2) $y=\dfrac{1}{4}x^2(x>0)$、直线 $y=1$ 及 $x=0$ 所围成的图形, 绕 x 轴、y 轴旋转;

   (3) $y=\sin x(0\leqslant x\leqslant\pi)$ 与 x 轴所围成的图形, 绕 x 轴旋转;

   (4) $x=\sqrt{y}$ 与 $y=1, x=0$, 绕 y 轴.

4. 有一立体, 以长半轴 $a=2$、短半轴 $b=1$ 的椭圆为底, 而垂直于长轴的截面都是等边三角形, 求其体积.

5. 求曲线 $y=\ln(1-x^2)$ 上 $x\in\left[0,\dfrac{1}{2}\right]$ 一段的弧长.

6. 求圆的渐开线 $\begin{cases} x=a(\cos t+t\sin t), \\ y=a(\sin t-t\cos t) \end{cases}$ 上 $t\in[0,\pi]$ 一段的弧长.

7. 已知某产品的边际成本函数和边际收益函数分别为
   $$C'(Q)=3+\dfrac{1}{3}Q(万元/百台), \quad R'(Q)=7-Q(万元/百台).$$
   (1) 若固定成本 $C(0)=1$ 万元, 求总成本函数、总收益函数和总利润函数;
   (2) 产量 Q 为多少时, 总利润最大? 最大总利润为多少?

数学家莱布尼茨简介

戈特弗里德·威廉·莱布尼茨

莱布尼茨（Gottfried Wilhelm Leibniz,1646—1716年），德国伟大的数学家、自然科学家、哲学家、物理学家和历史学家.

莱布尼茨1646年7月出生于莱比锡的一个书香门第,父亲弗里德里希·莱布尼茨是莱比锡大学的道德哲学教授,母亲出身于教授家庭.父母亲自做孩子的启蒙教师,耳濡目染,使莱布尼茨从小就十分好学.莱布尼茨的父亲在他6岁时去世,但却给他留下了丰富的藏书,为莱布尼茨早年的学习创造了良好的条件.1661年,莱布尼茨进入莱比锡大学,学习哲学、修辞学、数学及多种语言,后来选择法律.1666年转学于阿尔特多夫大学,次年获得法学博士学位.1667年,莱布尼茨结识了政界人物博因堡男爵约翰·克里斯蒂安,从此登上了政治舞台.从1671年开始,莱布尼茨利用外交活动开拓了与外界的广泛联系,在1672—1676年间,莱布尼茨留居巴黎,其间,他结识了科学界、哲学界的许多著名人士.这四年成为莱布尼茨科学生涯的最宝贵时间,微积分的创立等许多重大的成就都是在这一时期完成或奠定了基础.

莱布尼茨是一位多才多艺的科学家,其一生的研究领域及成果遍及数学、物理学、力学、逻辑学、生物学、化学、地理学、解剖学、动物学、植物学、气体学、航海学、地质学、语言学、法学、哲学、历史学和外交领域,等等,是一位举世罕见的科学天才．由于他创建了微积分，并精心设计了巧妙简洁的微积分符号，因此一直以伟大数学家的称号闻名于世．

莱布尼茨在数学上的最杰出贡献是创立了微积分．1684 年，莱布尼茨整理、概括自己 1673 年以来微积分研究的成果，在《教师学报》上发表了第一篇微分学论文《一种求极大值与极小值以及求切线的新方法》（简称《新方法》），它包含了微分记号，以及函数和、差、积、商、乘幂与方根的微分法则，还包含了微分法在求极值、拐点以及光学等方面的广泛应用．这篇仅有六页的论文，内容并不丰富，说理也颇含糊，但却是最早的微积分文献，有着划时代的意义．1686 年，莱布尼茨又发表了他的第一篇积分学论文，这篇论文初步论述了积分或求积问题与微分或切线问题的互逆关系，包含积分符号．

另外，莱布尼茨在无穷级数、二进制计数法、微分方程、算术计算机、逻辑学（数理逻辑和形式逻辑）以及哲学等方面也都有突出贡献．"世界上没有两片完全相同的树叶"就是出自他之口，他还是最早研究中国文化和中国哲学的德国人，对丰富人类的科学知识宝库作出了不可磨灭的贡献．

在 1700 年世纪转变时期，莱布尼茨热心地从事科学院的筹建事务，并竭力提倡集中人才研究学术、文化和工程技术，从而指导国家建设．在他不懈的努力下，1700 年，柏林科学院终于建成，莱布尼茨出任首任院长．同年，他被选为法国科学院院士．

莱布尼茨一生没有结婚，他总是希望在学术和政治活动的各方面都出人头地，他涉猎了各个不同的学术领域，都留下了深深的印记，并且对后世产生了不同程度的影响．然而，这位博学多才的时代巨人，由于官场的失意，与牛顿关于微积分优先权争论的困扰及多种病痛的折磨，晚年生活颇为凄凉．1716 年 11 月，莱布尼茨在汉诺威离世．

莱布尼茨对如此繁多的学科方向的贡献分散在各种学术期刊、成千上万封信件和未发表的手稿中，截至 2010 年，莱布尼茨的所有作品还没有收集完．由于莱布尼茨曾在德国汉诺威生活和工作了近四十年，并且在汉诺威去世，为了纪念他和他的学术成就，2006 年 7 月 1 日，也就是莱布尼茨 360 周年诞辰之际，汉诺威大学正式改名为汉诺威莱布尼茨大学．

第 7 章总习题

1．选择题．

(1) $\varphi(x)$ 在 $[a,b]$ 上连续，$f(x) = (x-b)\int_a^x \varphi(t)dt$，则由罗尔定理，必有 $\xi \in (a,b)$ 使 $f'(\xi) = ($ 　　 $)$．

A. 1   B. -1 C. 0   D. $e-1$

(2) 已知 $\int_0^x [2f(t)-1]dt = f(x)-1$,则 $f'(0) = (\quad)$.

A. 2   B. $2e-1$ C. 1   D. $e-1$

(3) 设定积分 $I_1 = \int_1^e \ln x \, dx, I_2 = \int_1^e \ln^2 x \, dx$,则( ).

A. $I_2 - I_1 = 0$ B. $I_2 - 2I_1 = 0$

C. $I_2 + 2I_1 = e$ D. $I_2 - 2I_1 = e$

(4) 下列广义积分发散的是( ).

A. $\int_1^{+\infty} \frac{dx}{x}$ B. $\int_1^{+\infty} \frac{dx}{x\sqrt{x}}$ C. $\int_1^{+\infty} \frac{dx}{x^2}$ D. $\int_1^{+\infty} \frac{dx}{x^2\sqrt{x}}$

(5) 下列广义积分收敛的是( ).

A. $\int_0^1 \frac{dx}{x}$ B. $\int_0^1 \frac{dx}{\sqrt{x}}$ C. $\int_0^1 \frac{dx}{x\sqrt{x}}$ D. $\int_0^1 \frac{dx}{x^3}$

(6) 设曲线 $y = f(x)$ 在 $[a,b]$ 上连续,则由曲线 $y = f(x)$,直线 $x = a, x = b$ 及 x 轴所围成的图形的面积 $A = (\quad)$.

A. $\int_a^b f(x)dx$ B. $-\int_a^b f(x)dx$

C. $\int_a^b |f(x)|dx$ D. $\left|\int_a^b f(x)dx\right|$

(7) 由曲线 $y = \frac{1}{2}x^2$ 与圆 $x^2 + y^2 = 8 (y \geqslant 0)$ 所围成的图形的面积 $A = (\quad)$.

A. $\int_{-2}^2 \left(\sqrt{8-x^2} - \frac{1}{2}x^2\right)dx$ B. $\int_{-2}^2 \left(\frac{1}{2}x^2 - \sqrt{8-x^2}\right)dx$

C. $\int_{-1}^1 \left(\sqrt{8-x^2} - \frac{1}{2}x^2\right)dx$ D. $\int_{-1}^1 \left(\frac{1}{2}x^2 - \sqrt{8-x^2}\right)dx$

2. 填空题.

(1) 函数 $f(x)$ 在 $[a,b]$ 上有界是 $f(x)$ 在 $[a,b]$ 上可积的_____条件,而 $f(x)$ 在 $[a,b]$ 上连续是 $f(x)$ 在 $[a,b]$ 上可积的_____条件.

(2) 对 $[a,+\infty]$ 上非负连续的函数 $f(x)$,它的变上限积分 $\int_a^x f(t)dt$ 在 $[a,+\infty]$ 上有界是广义积分 $\int_a^{+\infty} f(x)dx$ 收敛的_____条件.

(3) 设 $f(5) = 2, \int_0^5 f(x)dx = 3$,则 $\int_0^5 xf'(x)dx = $_____.

(4) $\int_{-1}^1 (x + \sqrt{1+x^2})dx = $_____.

(5)(2013年考研题)$\int_1^{+\infty} \dfrac{\ln x}{(1+x)^2} dx = $ _____.

(6)(2014年考研题)设 $\int_0^a x e^{2x} dx = \dfrac{1}{4}$,则 $a = $ _____.

(7)(2015年考研题)设函数 $f(x)$ 连续,$\varphi(x) = \int_0^{x^2} xf(t)dt$,若 $\varphi(1) = 1, \varphi'(1) = 5$,则 $f(1) = $ _____.

(8)(2016年考研题)极限 $\lim\limits_{x \to 0} \dfrac{1}{n^2}\left(\sin\dfrac{1}{n} + 2\sin\dfrac{2}{n} + \cdots + n\sin\dfrac{n}{n}\right) = $ _____.

3. 计算下列极限:

(1) $\lim\limits_{x \to a} \dfrac{x}{x-a} \int_a^x f(t)dt$,其中 $f(x)$ 连续;

(2) $\lim\limits_{x \to +\infty} \dfrac{\int_0^x (\arctan t)^2 dt}{\sqrt{x^2+1}}$;

(3) $\lim\limits_{x \to 0} \dfrac{\int_0^{\sin^2 x} \ln(1+t)dt}{\sqrt{1+x^4}-1}$.

4. 用定积分的定义和性质估计积分值:

(1) $\int_{\pi/4}^{\pi/2} \dfrac{\sin x}{x} dx$;

(2) $I = \int_0^1 \dfrac{dx}{\sqrt{4-x^2+x^3}}$.

5. 计算下列积分:

(1) $\int_0^{\pi/2} \dfrac{x+\sin x}{1+\cos x} dx$;

(2) $\int_0^a \dfrac{dx}{x+\sqrt{a^2-x^2}}$;

(3) $\int_0^{\pi/2} \sqrt{1-\sin^2 x} dx$;

(4) $\int_0^{\pi/2} \dfrac{dx}{1+\cos^2 x}$;

(5) $\int_0^2 \ln(x+\sqrt{1+x^2}) dx$;

(6) $\int_0^{\ln 5} \dfrac{e^x(\sqrt{e^x-1})}{\sqrt{e^x}+1} dx$.

6. 设 $f(x) = \begin{cases} \dfrac{1}{1+x}, & x \geqslant 0, \\ \dfrac{1}{1+e^x}, & x < 0. \end{cases}$ 求 $\int_0^2 f(x-1)dx$.

7. 计算下列广义积分:

(1) $\int_1^{+\infty} \dfrac{dx}{e^{x+1}+e^{3-x}}$;

(2) $\int_0^{+\infty} \dfrac{dx}{(1+x^2)(1+x^a)} (a > 0)$.

8. 若 $f(x)$ 在 $[0,1]$ 上连续,证明:

(1) $\int_0^{\pi/2} f(\sin x) dx = \int_0^{\pi/2} f(\cos x) dx$;

(2) $\int_0^\pi xf(\sin x)\mathrm{d}x = \frac{\pi}{2}\int_0^\pi f(\sin x)\mathrm{d}x$,并由此计算

$$\int_0^\pi \frac{x\sin x}{1+\cos^2 x}\mathrm{d}x.$$

9. 证明: $\int_0^{+\infty} x^n \mathrm{e}^{-x^2}\mathrm{d}x = \frac{n-1}{2}\int_0^{+\infty} x^{n-2}\mathrm{e}^{-x^2}\mathrm{d}x(n>1).$

并用它证明: $\int_0^{+\infty} x^{2n+1}\mathrm{e}^{-x^2}\mathrm{d}x = \frac{1}{2}\Gamma(n+1).$

10. 求由曲线 $y=|x|$ 与 $y=x^2-2$ 所围成的图形的面积.

11. 求由曲线 $y=x^2$ 与直线 $x=2, y=0$ 所围成的平面图形绕 x 轴旋转所得旋转体的体积.

12. 求由曲线 $y=\ln x$ 与直线 $x=\mathrm{e}, y=0$ 所围成的平面图形分别绕 x 轴和 y 轴旋转所得的旋转体的体积.

13. 求曲线 $\begin{cases} x=\mathrm{e}^t\sin t, \\ y=\mathrm{e}^t\cos t \end{cases}$ 上 $t\in\left[0,\frac{\pi}{2}\right]$ 一段曲线的弧长.

14. 已知某产品生产 x 个单位时,总收益 R 的变化率(边际收益)为

$$R'(x) = 200 - \frac{x}{100}(x\geqslant 0).$$

(1) 求生产了 50 个单位时的总收益;

(2) 如果已经生产了 100 个单位,求再生产 100 个单位时的总收益.

15. (2014年考研题) 求极限 $\lim\limits_{x\to\infty}\dfrac{\int_1^x(t^2(\mathrm{e}^{\frac{1}{t}}-1)-t)\mathrm{d}t}{x^2\ln\left(1+\frac{1}{x}\right)}.$

16. (2013年考研题) 设 D 是由曲线 $y=\sqrt[3]{x}$,直线 $x=a(a>0)$ 及 x 轴所围成的平面图形,V_x, V_y 分别是 D 绕 x 轴和 y 轴旋转一周所形成的立体的体积,若 $10V_x = V_y$,求 a 的值.

第 8 章　无 穷 级 数

　　一个人如果在数学上有所进步,就必须向大师学习.

——阿贝尔

　　无穷级数在表示函数、研究函数的性质以及计算函数值等方面都有着重要的应用.本章先介绍无穷级数的一些基本内容,然后讨论幂级数及函数展开成幂级数的问题.

8.1　常数项级数

8.1.1　常数项级数的概念

定义 8.1.1　给定一个数列 $u_1, u_2, \cdots, u_n, \cdots$,称表达式
$$u_1 + u_2 + \cdots + u_n + \cdots$$
为(**常数项**)**无穷级数**,简称(**常数项**)**级数**,记作 $\sum_{n=1}^{\infty} u_n$,即
$$\sum_{n=1}^{\infty} u_n = u_1 + u_2 + \cdots + u_n + \cdots, \tag{8.1.1}$$
其中 u_n 称为该级数的**一般项**或**通项**.

　　上述级数的定义只是一个形式上的定义.然而,无穷多个数量怎样相加?如果按照通常的办法,从头到尾一个不漏地相加,是永远无法实现的.可以从有限项和出发,观察它们的变化趋势,由此来理解无穷多个数量相加的含义.

定义 8.1.2　级数 $\sum_{n=1}^{\infty} u_n$ 的前 n 项之和 $u_1 + u_2 + \cdots + u_n$ 称为级数 $\sum_{n=1}^{\infty} u_n$ 的前 n 项部分和(简称**部分和**),记为 S_n,即
$$S_n = u_1 + u_2 + \cdots + u_n = \sum_{k=1}^{n} u_k. \tag{8.1.2}$$

　　例如,级数 $1 + \frac{1}{2} + \frac{1}{4} + \frac{1}{8} + \cdots + \frac{1}{2^{n-1}} + \cdots$ 的一般项为 $\frac{1}{2^{n-1}}$,部分和为

$$S_n = \sum_{k=1}^{n} \frac{1}{2^{k-1}} = \frac{1-\frac{1}{2^n}}{1-\frac{1}{2}} = 2\left(1-\frac{1}{2^n}\right).$$

当 n 依次取 $1,2,3,\cdots$ 时,它们构成一个新的数列 $\{S_n\}$,称为级数 $\sum_{n=1}^{\infty} u_n$ 的**部分和数列**.

定义 8.1.3 如果当 $n \to \infty$ 时,级数 $\sum_{n=1}^{\infty} u_n$ 的部分和数列 $\{S_n\}$ 有极限 S,即
$$\lim_{n \to \infty} S_n = S,$$
则称级数 $\sum_{n=1}^{\infty} u_n$ **收敛**,极限 S 称为级数 $\sum_{n=1}^{\infty} u_n$ 的**和**,记为 $S = \sum_{n=1}^{\infty} u_n$. 如果数列 $\{S_n\}$ 的极限不存在,则称级数 $\sum_{n=1}^{\infty} u_n$ **发散**.

当级数 $\sum_{n=1}^{\infty} u_n$ 收敛于 S 时,称差值 $S - S_n$ 为级数的**余项**,记为 R_n,即
$$R_n = S - S_n = u_{n+1} + u_{n+2} + \cdots.$$
显然, $\lim_{n \to \infty} R_n = 0$.

例 1 判定级数 $\frac{1}{2 \cdot 3} + \frac{1}{3 \cdot 4} + \cdots + \frac{1}{(n+1)(n+2)} + \cdots$ 的敛散性.

解 由于 $u_n = \frac{1}{(n+1)(n+2)} = \frac{1}{n+1} - \frac{1}{n+2}$,则
$$S_n = \frac{1}{2 \cdot 3} + \frac{1}{3 \cdot 4} + \cdots + \frac{1}{(n+1)(n+2)}$$
$$= \left(\frac{1}{2} - \frac{1}{3}\right) + \left(\frac{1}{3} - \frac{1}{4}\right) + \cdots + \left(\frac{1}{n+1} - \frac{1}{n+2}\right)$$
$$= \frac{1}{2} - \frac{1}{n+2}.$$

所以
$$\lim_{n \to \infty} S_n = \lim_{n \to \infty}\left(\frac{1}{2} - \frac{1}{n+2}\right) = \frac{1}{2},$$
即该级数收敛,其和为 $\frac{1}{2}$.

例 2 证明**调和级数**
$$\sum_{n=1}^{\infty} \frac{1}{n} = 1 + \frac{1}{2} + \frac{1}{3} + \cdots + \frac{1}{n} + \cdots \qquad (8.1.3)$$
发散.

证 (反证法)设级数(8.1.3)的和为 S,则有

$$\lim_{n\to\infty}(S_{2n}-S_n)=S-S=0.$$

然而

$$S_{2n}-S_n = \frac{1}{n+1}+\frac{1}{n+2}+\cdots+\frac{1}{2n}$$

$$> \frac{1}{2n}+\frac{1}{2n}+\cdots+\frac{1}{2n}=\frac{1}{2}$$

与 $\lim\limits_{n\to\infty}(S_{2n}-S_n)=0$ 矛盾，故级数(8.1.3)发散.

例3 讨论等比级数（又称几何级数）

$$\sum_{n=1}^{\infty} aq^{n-1}=a+aq+aq^2+\cdots+aq^{n-1}+\cdots \quad (a\neq 0, q\text{ 为常数})$$

的敛散性.

解 当 $|q|\neq 1$ 时，其部分和为

$$S_n = a+aq+aq^2+\cdots+aq^{n-1}=\frac{a(1-q^n)}{1-q}.$$

当 $|q|<1$ 时，有 $\lim\limits_{n\to\infty}q^n=0$，则 $\lim\limits_{n\to\infty}S_n=\lim\limits_{n\to\infty}\frac{a(1-q^n)}{1-q}=\frac{a}{1-q}$，这时级数收敛，和为 $\frac{a}{1-q}$；

当 $|q|>1$ 时，有 $\lim\limits_{n\to\infty}q^n=\infty$，则 $\lim\limits_{n\to\infty}S_n=\infty$，这时级数发散；

当 $q=1$ 时，有 $S_n=na$，则 $\lim\limits_{n\to\infty}S_n=\infty$，这时级数发散；

当 $q=-1$ 时，级数部分和

$$S_n = a-a+a-a+\cdots+(-1)^{n-1}a,$$

易见，$S_{2n-1}=a, S_{2n}=0$，从而 $n\to\infty$ 时，S_n 的极限不存在，这时级数发散.

综上所述，当 $|q|<1$ 时，等比级数收敛，其和为 $\frac{a}{1-q}$；当 $|q|\geq 1$ 时，等比级数发散.

例4 设某项投资每年可收获回报 8 万元，年利率为 5%. 若以年复利计算利息，求该项投资回报的现值（现值是在给定的利率水平下，未来的资金折现到现在时刻的价值）.

解 因为以年复利计算利息，则：

第一笔回报在一年后实现，其现值为 $\frac{8}{(1+5\%)^1}$ 万元；

第二笔回报在两年后实现，其现值为 $\frac{8}{(1+5\%)^2}$ 万元；

如此下去直到永远，总的现值为 $\frac{8}{1.05}+\frac{8}{1.05^2}+\cdots+\frac{8}{1.05^n}+\cdots$ 万元.

这是一个等比数列,其中首项 $a = \dfrac{8}{1.05}$,公比 $q = \dfrac{1}{1.05} < 1$,由例 3 知它是收敛的,其和为

$$\frac{\dfrac{8}{1.05}}{1 - \dfrac{1}{1.05}} = 160,$$

所以该项投资回报的现值为 160 万元.

8.1.2 收敛级数的基本性质

性质 1 如果级数 $\sum\limits_{n=1}^{\infty} u_n$ 和 $\sum\limits_{n=1}^{\infty} v_n$ 分别收敛于 S 和 T,则级数 $\sum\limits_{n=1}^{\infty} (u_n \pm v_n)$ 收敛,且

$$\sum_{n=1}^{\infty} (u_n \pm v_n) = \sum_{n=1}^{\infty} u_n \pm \sum_{n=1}^{\infty} v_n = S \pm T.$$

证 设级数 $\sum\limits_{n=1}^{\infty} u_n$,$\sum\limits_{n=1}^{\infty} v_n$ 与 $\sum\limits_{n=1}^{\infty} (u_n \pm v_n)$ 的部分和分别为 S_n,T_n 与 W_n,则

$$\begin{aligned} W_n &= (u_1 \pm v_1) + (u_2 \pm v_2) + \cdots + (u_n \pm v_n) \\ &= (u_1 + u_2 + \cdots + u_n) \pm (v_1 + v_2 + \cdots + v_n) \\ &= S_n \pm T_n. \end{aligned}$$

于是 $\lim\limits_{n \to \infty} W_n = \lim\limits_{n \to \infty} (S_n \pm T_n) = \lim\limits_{n \to \infty} S_n \pm \lim\limits_{n \to \infty} T_n = S \pm T$,即 $\sum\limits_{n=1}^{\infty} (u_n \pm v_n)$ 收敛于 $S \pm T$.

性质 2 如果级数 $\sum\limits_{n=1}^{\infty} u_n$ 收敛于 S,则各项乘以一常数 c 所得级数 $\sum\limits_{n=1}^{\infty} c u_n$ 也收敛,且 $\sum\limits_{n=1}^{\infty} c u_n = c \sum\limits_{n=1}^{\infty} u_n = cS$.

证 设级数 $\sum\limits_{n=1}^{\infty} u_n$ 与 $\sum\limits_{n=1}^{\infty} c u_n$ 的部分和分别为 S_n 和 T_n,则

$$T_n = c u_1 + c u_2 + \cdots + c u_n = c S_n,$$

于是 $\lim\limits_{n \to \infty} T_n = \lim\limits_{n \to \infty} (c S_n) = c \lim\limits_{n \to \infty} S_n = cS$,故级数 $\sum\limits_{n=1}^{\infty} c u_n$ 收敛,其和为 cS.

例 5 判别级数 $\sum\limits_{n=1}^{\infty} \left(\dfrac{1}{2^n} + \dfrac{2}{3^n} \right)$ 的敛散性. 若收敛,求其和.

解 级数 $\sum\limits_{n=1}^{\infty} \dfrac{1}{2^n} = \dfrac{1}{2} + \dfrac{1}{4} + \cdots + \dfrac{1}{2^n} + \cdots = \dfrac{\dfrac{1}{2}}{1 - \dfrac{1}{2}} = 1$,

$$\sum_{n=1}^{\infty}\frac{1}{3^n}=\frac{1}{3}+\frac{1}{3^2}+\cdots+\frac{1}{3^n}+\cdots=\frac{\frac{1}{3}}{1-\frac{1}{3}}=\frac{1}{2},$$

由性质 1 和性质 2 知,级数 $\sum_{n=1}^{\infty}\left(\frac{1}{2^n}+\frac{2}{3^n}\right)$ 收敛,其和为

$$\sum_{n=1}^{\infty}\left(\frac{1}{2^n}+\frac{2}{3^n}\right)=\sum_{n=1}^{\infty}\frac{1}{2^n}+\sum_{n=1}^{\infty}\frac{2}{3^n}=\sum_{n=1}^{\infty}\frac{1}{2^n}+2\sum_{n=1}^{\infty}\frac{1}{3^n}$$
$$=1+2\times\frac{1}{2}=2.$$

性质 3 在一个级数中去掉、增加或改变有限项,级数的敛散性不变.

证 去掉级数

$$u_1+u_2+\cdots+u_k+u_{k+1}+\cdots+u_{k+n}+\cdots$$

的前 k 项,得到新级数

$$u_{k+1}+u_{k+2}+\cdots+u_{k+n}+\cdots,$$

其部分和为

$$T_n=u_{k+1}+u_{k+2}+\cdots+u_{k+n}=S_{k+n}-S_k(S_n\text{ 为原级数的前 }n\text{ 项和}).$$

由于 S_k 为常数,所以当 $n\to\infty$ 时,数列 T_n 与数列 S_{n+k} 具有相同的敛散性,即两级数同时收敛或同时发散.

类似可证明,在一个级数前面增加有限项或改变有限项,级数的敛散性不变.

性质 4 如果一个级数收敛,则任意添加括号所得到的新级数也收敛,且与原级数有相同的和.

证 收敛级数 $\sum_{n=1}^{\infty}u_n$ 的部分和为 S_n,其和为 S,加括号后所得级数

$$(u_1+u_2+\cdots+u_{n_1})+(u_{n_1+1}+\cdots+u_{n_2})+\cdots+(u_{n_{k-1}+1}+\cdots+u_{n_k})+\cdots=\sum_{k=1}^{\infty}v_k$$

的部分和为 T_k,则

$$T_k=(u_1+u_2+\cdots+u_{n_1})+(u_{n_1+1}+\cdots+u_{n_2})+\cdots+(u_{n_{k-1}+1}+\cdots+u_{n_k})$$
$$=u_1+u_2+\cdots+u_{n_1}+u_{n_1+1}+\cdots+u_{n_2}+\cdots+u_{n_{k-1}+1}+\cdots+u_{n_k}$$
$$=S_{n_k},$$

于是 $\lim\limits_{k\to\infty}T_k=\lim\limits_{k\to\infty}S_{n_k}=S.$ 所以级数 $\sum_{k=1}^{\infty}v_k$ 收敛,且 $\sum_{k=1}^{\infty}v_k=S.$

推论 1 如果加括号后所得的级数发散,则原级数亦发散.

性质 5(级数收敛的必要条件) 设级数 $\sum_{n=1}^{\infty}u_n=u_1+u_2+\cdots+u_n+\cdots$ 收敛,则必有 $\lim\limits_{n\to\infty}u_n=0.$

证 由于 $u_n = S_n - S_{n-1}$，且级数收敛于和 S，则

$$\lim_{n\to\infty} u_n = \lim_{n\to\infty}(S_n - S_{n-1}) = \lim_{n\to\infty} S_n - \lim_{n\to\infty} S_{n-1} = S - S = 0.$$

注 若 $\lim_{n\to\infty} u_n \neq 0$，则级数 $\sum_{n=1}^{\infty} u_n$ 发散.

例 6 判断级数

$$1 + \frac{1}{2} + \frac{1}{2} + \frac{1}{3} + \frac{1}{3} + \frac{1}{3} + \cdots + \underbrace{\frac{1}{n} + \cdots + \frac{1}{n}}_{n} + \cdots$$

的敛散性.

解 将题中级数按以下方式添加括号

$$1 + \left(\frac{1}{2} + \frac{1}{2}\right) + \left(\frac{1}{3} + \frac{1}{3} + \frac{1}{3}\right) + \cdots + \left(\frac{1}{n} + \cdots + \frac{1}{n}\right) + \cdots,$$

则新级数的通项表达式为 $u_n = 1$，易见 $\lim_{n\to\infty} u_n = 1 \neq 0$，由性质 5 可知，添加括号所得的新级数发散，利用性质 4 的推论 1，可知题设级数发散.

习题 8.1

(A)

1. 判断题.

(1) 若级数 $\sum_{n=1}^{\infty} u_n$ 的一般项满足 $\lim_{n\to\infty} u_n = 0$，则该级数收敛. (　　)

(2) 若级数 $\sum_{n=1}^{\infty} u_n$ 收敛，$\sum_{n=1}^{\infty} v_n$ 发散，则 $\sum_{n=1}^{\infty}(u_n + v_n)$ 发散. (　　)

(3) 若级数 $\sum_{n=1}^{\infty} u_n$ 发散，k 为任意常数，则 $\sum_{n=1}^{\infty} k u_n$ 发散. (　　)

(4) 若级数 $\sum_{n=1}^{\infty} u_n$ 发散，$\sum_{n=1}^{\infty} v_n$ 发散，则 $\sum_{n=1}^{\infty}(u_n - v_n)$ 也发散. (　　)

(5) 若级数 $\sum_{n=1}^{\infty} u_n$ 收敛，则 $\lim_{n\to\infty}(u_n^2 - u_n + 3) = 3$. (　　)

2. 填空题.

(1) $\sum_{n=1}^{\infty} \frac{1 \cdot 3 \cdot 5 \cdots (2n-1)}{2 \cdot 4 \cdot 6 \cdots (2n)}$ 的前三项是_____.

(2) 级数 $\frac{2}{1} - \frac{3}{2} + \frac{4}{3} - \frac{5}{4} + \frac{6}{5} - \cdots$ 的一般项是_____.

(3) 级数 $\sum_{n=1}^{\infty}\left(\dfrac{1}{n(n+1)}-\dfrac{1}{2^n}\right)$ 的和为 _____.

3. 选择题.

(1) 下列级数中收敛的是( ).

   A. $\sum_{n=1}^{\infty}\dfrac{4^n+8^n}{8^n}$ B. $\sum_{n=1}^{\infty}\dfrac{8^n-4^n}{8^n}$ C. $\sum_{n=1}^{\infty}\dfrac{2^n+4^n}{8^n}$ D. $\sum_{n=1}^{\infty}\dfrac{2^n\cdot 4^n}{8^n}$

(2) 下列级数中发散的是( ).

   A. $\sum_{n=1}^{\infty}\ln(1+\dfrac{1}{n})$ B. $\sum_{n=1}^{\infty}\dfrac{1}{3^n}$ C. $\sum_{n=1}^{\infty}\dfrac{1}{n(n+2)}$ D. $\sum_{n=1}^{\infty}\dfrac{3^n+(-1)^n}{4^n}$

(3) 如果 $\sum_{n=1}^{\infty}u_n$ 收敛, 则下列级数中( )发散.

   A. $\sum_{n=1}^{\infty}(u_n+100)$ B. $\sum_{n=1}^{\infty}u_{n+100}$ C. $\sum_{n=1}^{\infty}100u_n$ D. $100+\sum_{n=1}^{\infty}u_n$

(4) 设 $\sum_{n=1}^{\infty}u_n=2$, 则下列级数中和不是 1 的是( ).

   A. $\sum_{n=1}^{\infty}\dfrac{1}{n(n+1)}$ B. $\sum_{n=1}^{\infty}\dfrac{1}{2^n}$ C. $\sum_{n=2}^{\infty}\dfrac{u_n}{2}$ D. $\sum_{n=1}^{\infty}\dfrac{u_n}{2}$

4. 用级数收敛和发散的定义判断下列级数的敛散性, 若收敛, 求其和:

(1) $\sum_{n=1}^{\infty}(\sqrt{n+1}-\sqrt{n})$;

(2) $\sum_{n=1}^{\infty}\dfrac{1}{(2n-1)(2n+1)}$;

(3) $\sum_{n=1}^{\infty}\dfrac{n}{2^n}$;

(4) $\sum_{n=1}^{\infty}(-1)^{n-1}\dfrac{1}{2^{n-1}}$.

(B)

1. 判断下列级数的敛散性:

(1) $\dfrac{1}{2}+\dfrac{1}{10}+\dfrac{1}{2^2}+\dfrac{1}{20}+\dfrac{1}{2^3}+\dfrac{1}{30}+\cdots+\dfrac{1}{2^n}+\dfrac{1}{10n}+\cdots$;

(2) $\sum_{n=1}^{\infty}(\sqrt{n+2}-2\sqrt{n+1}+\sqrt{n})$;

(3) $\sum_{n=1}^{\infty}\left(\dfrac{1}{n^2+n+1}+\dfrac{2}{n^2+n+1}+\cdots+\dfrac{n}{n^2+n+1}\right)$.

2. 若级数 $\sum_{n=1}^{\infty}u_n$ 和 $\sum_{n=1}^{\infty}v_n$ 均发散, 举例说明级数 $\sum_{n=1}^{\infty}(u_n+v_n)$ 可能收敛.

3. 证明级数 $1+\dfrac{1}{2}+\dfrac{1}{4}+\dfrac{1}{4}+\dfrac{1}{8}+\dfrac{1}{8}+\dfrac{1}{8}+\dfrac{1}{8}+\underbrace{\dfrac{1}{16}+\cdots+\dfrac{1}{16}}_{\text{共8项}}+\cdots$ 发散.

8.2 正项级数

8.2.1 正项级数收敛的基本定理

定义 8.2.1 如果级数 $\sum_{n=1}^{\infty} u_n$ 的通项 $u_n \geqslant 0 (n=1,2,3,\cdots)$，则称该级数为正项级数.

易知正项级数 $\sum_{n=1}^{\infty} u_n$ 的部分和数列 $\{S_n\}$ 是单调增加的，即
$$S_1 \leqslant S_2 \leqslant \cdots \leqslant S_n \leqslant \cdots.$$
由极限存在准则 II（定理 2.5.2）可得如下重要定理：

定理 8.2.1 正项级数 $\sum_{n=1}^{\infty} u_n$ 收敛的充分必要条件是其部分和数列 $\{S_n\}$ 有界.

8.2.2 比较判别法

根据定理 8.2.1 可以建立判定正项级数敛散性常用的比较判别法.

定理 8.2.2（比较判别法） 设级数 $\sum_{n=1}^{\infty} u_n$ 和 $\sum_{n=1}^{\infty} v_n$ 是两个正项级数，且满足关系式
$$u_n \leqslant v_n \quad (n=1,2,3,\cdots),$$
则：(1) 若级数 $\sum_{n=1}^{\infty} v_n$ 收敛，则级数 $\sum_{n=1}^{\infty} u_n$ 也收敛；

(2) 若级数 $\sum_{n=1}^{\infty} u_n$ 发散，则级数 $\sum_{n=1}^{\infty} v_n$ 也发散.

证 设正项级数 $\sum_{n=1}^{\infty} u_n$ 与 $\sum_{n=1}^{\infty} v_n$ 的部分和分别为 S_n 和 T_n，易见 $S_n \leqslant T_n$.

(1) 若级数 $\sum_{n=1}^{\infty} v_n$ 收敛，其和为 T，则
$$S_n \leqslant T_n < T,$$
即 $\{S_n\}$ 有界，由定理 8.2.1 可知，级数 $\sum_{n=1}^{\infty} u_n$ 收敛.

(2)（反证法）假设 $\sum_{n=1}^{\infty} v_n$ 收敛，由结论 (1) 可知 $\sum_{n=1}^{\infty} u_n$ 收敛，与级数 $\sum_{n=1}^{\infty} u_n$ 发散矛盾，因此级数 $\sum_{n=1}^{\infty} v_n$ 发散.

例 1 证明级数 $\sum_{n=1}^{\infty} \dfrac{1}{3^n+n}$ 收敛.

证 因为 $0 < \dfrac{1}{3^n+n} < \dfrac{1}{3^n}$,而级数 $\sum_{n=1}^{\infty} \dfrac{1}{3^n}$ 是公比为 $\dfrac{1}{3}$ 的等比级数,故级数 $\sum_{n=1}^{\infty} \dfrac{1}{3^n}$ 收敛,由定理 8.2.2 知,级数 $\sum_{n=1}^{\infty} \dfrac{1}{3^n+n}$ 也收敛.

例 2 讨论 p-级数 $\sum_{n=1}^{\infty} \dfrac{1}{n^p} = 1 + \dfrac{1}{2^p} + \dfrac{1}{3^p} + \cdots + \dfrac{1}{n^p} + \cdots$ 的敛散性,其中 $p > 0$,为常数.

解 (1) 当 $0 < p \leqslant 1$ 时,$\dfrac{1}{n^p} \geqslant \dfrac{1}{n}$,而调和级数 $\sum_{n=1}^{\infty} \dfrac{1}{n}$ 发散,由定理 8.2.2 可知,当 $0 < p \leqslant 1$ 时,级数 $\sum_{n=1}^{\infty} \dfrac{1}{n^p}$ 发散.

(2) 当 $p > 1$ 时,

$$1 + \dfrac{1}{2^p} + \dfrac{1}{3^p} + \dfrac{1}{4^p} + \dfrac{1}{5^p} + \dfrac{1}{6^p} + \dfrac{1}{7^p} + \dfrac{1}{8^p} + \cdots + \dfrac{1}{15^p} + \cdots + \dfrac{1}{n^p} + \cdots$$

$$= 1 + \left(\dfrac{1}{2^p} + \dfrac{1}{3^p}\right) + \left(\dfrac{1}{4^p} + \dfrac{1}{5^p} + \dfrac{1}{6^p} + \dfrac{1}{7^p}\right) + \left(\dfrac{1}{8^p} + \cdots + \dfrac{1}{15^p}\right) + \cdots$$

$$< 1 + \left(\dfrac{1}{2^p} + \dfrac{1}{2^p}\right) + \left(\dfrac{1}{4^p} + \dfrac{1}{4^p} + \dfrac{1}{4^p} + \dfrac{1}{4^p}\right) + \left(\dfrac{1}{8^p} + \cdots + \dfrac{1}{8^p}\right) + \cdots$$

$$= 1 + \dfrac{1}{2^{p-1}} + \left(\dfrac{1}{2^{p-1}}\right)^2 + \left(\dfrac{1}{2^{p-1}}\right)^3 + \cdots.$$

级数 $1 + \dfrac{1}{2^{p-1}} + \left(\dfrac{1}{2^{p-1}}\right)^2 + \left(\dfrac{1}{2^{p-1}}\right)^3 + \cdots$ 是等比级数,公比 $q = \dfrac{1}{2^{p-1}} < 1$,所以此级数收敛.由定理 8.2.2 可知,级数 $\sum_{n=1}^{\infty} \dfrac{1}{n^p}$ 收敛.

综上所述,当 $0 < p \leqslant 1$ 时,p-级数 $\sum_{n=1}^{\infty} \dfrac{1}{n^p}$ 发散;当 $p > 1$ 时,p-级数 $\sum_{n=1}^{\infty} \dfrac{1}{n^p}$ 收敛.

例 3 判别级数 $\dfrac{1}{3 \cdot 6} + \dfrac{1}{4 \cdot 7} + \cdots + \dfrac{1}{(n+2)(n+5)} + \cdots$ 的敛散性.

解 因为级数的一般项 $u_n = \dfrac{1}{(n+2)(n+5)}$ 满足 $0 < \dfrac{1}{(n+2)(n+5)} < \dfrac{1}{n^2}$,而级数 $\sum_{n=1}^{\infty} \dfrac{1}{n^2}$ 是 $p = 2$ 的 p-级数,由例 2 知级数 $\sum_{n=1}^{\infty} \dfrac{1}{n^2}$ 收敛,由定理 8.2.2 可知级数 $\dfrac{1}{3 \cdot 6} + \dfrac{1}{4 \cdot 7} + \cdots + \dfrac{1}{(n+2)(n+5)} + \cdots$ 收敛.

推论 1 设级数 $\sum\limits_{n=1}^{\infty} u_n$ 和 $\sum\limits_{n=1}^{\infty} v_n$ 都是正项级数,且存在自然数 N,使当 $n \geqslant N$ 时有 $u_n \leqslant kv_n (k>0)$ 成立,则:

(1) 如果级数 $\sum\limits_{n=1}^{\infty} v_n$ 收敛,则级数 $\sum\limits_{n=1}^{\infty} u_n$ 也收敛;

(2) 如果级数 $\sum\limits_{n=1}^{\infty} u_n$ 发散,则级数 $\sum\limits_{n=1}^{\infty} v_n$ 也发散.

例 4 判别级数 $\sum\limits_{n=2}^{\infty} \dfrac{1}{\ln n}$ 的敛散性.

解 因为 $n \geqslant 2$ 时,有
$$\frac{1}{\ln n} \geqslant \frac{1}{n},$$
而调和级数 $\sum\limits_{n=1}^{\infty} \dfrac{1}{n}$ 发散,故由比较判别法的推论可知,级数 $\sum\limits_{n=2}^{\infty} \dfrac{1}{\ln n}$ 是发散的.

应用比较判别法进行敛散性判别时,需要建立给定级数的通项与某个已知敛散性级数的通项之间的不等式关系.有时建立这种不等式关系非常困难,为应用方便,下面给出比较判别法的极限形式.

定理 8.2.3(比较判别法的极限形式) 设两个正项级数 $\sum\limits_{n=1}^{\infty} u_n$ 和 $\sum\limits_{n=1}^{\infty} v_n$ 满足 $\lim\limits_{n \to \infty} \dfrac{u_n}{v_n} = l$,则:

(1) 当 $0 < l < +\infty$ 时,级数 $\sum\limits_{n=1}^{\infty} u_n$ 和 $\sum\limits_{n=1}^{\infty} v_n$ 有相同的敛散性;

(2) 当 $l = 0$ 时,若级数 $\sum\limits_{n=1}^{\infty} v_n$ 收敛,则级数 $\sum\limits_{n=1}^{\infty} u_n$ 收敛;

(3) 当 $l = +\infty$ 时,若级数 $\sum\limits_{n=1}^{\infty} v_n$ 发散,则级数 $\sum\limits_{n=1}^{\infty} u_n$ 发散.

例 5 证明级数 $\sum\limits_{n=1}^{\infty} \sin \dfrac{1}{n}$ 发散.

证 因为 $\sin \dfrac{1}{n} \sim \dfrac{1}{n} (n \to \infty)$,即
$$\lim_{n \to \infty} \frac{\sin \dfrac{1}{n}}{\dfrac{1}{n}} = 1,$$
而调和级数 $\sum\limits_{n=1}^{\infty} \dfrac{1}{n}$ 发散,由定理 8.2.3 知,级数 $\sum\limits_{n=1}^{\infty} \sin \dfrac{1}{n}$ 发散.

8.2.3 比值判别法

定理 8.2.4(达朗贝尔(D'Alembert)判别法) 设级数 $\sum\limits_{n=1}^{\infty}u_n$ 为正项级数,且满足 $\lim\limits_{n\to\infty}\dfrac{u_{n+1}}{u_n}=l$,则:

(1) 当 $l<1$ 时,级数 $\sum\limits_{n=1}^{\infty}u_n$ 收敛;

(2) 当 $l>1$(包括 $\lim\limits_{n\to\infty}\dfrac{u_{n+1}}{u_n}=+\infty$)时,级数 $\sum\limits_{n=1}^{\infty}u_n$ 发散;

(3) 当 $l=1$ 时,级数 $\sum\limits_{n=1}^{\infty}u_n$ 可能收敛,也可能发散.

证 (1) 当 $l<1$ 时,取一适当小的正数 ε,使 $0<l+\varepsilon=q<1$,则由 $\lim\limits_{n\to\infty}\dfrac{u_{n+1}}{u_n}=l$ 知,存在自然数 N,当 $n\geqslant N$ 时,有 $\dfrac{u_{n+1}}{u_n}<l+\varepsilon=q$,即 $u_{n+1}<qu_n$.

因此 $u_{N+k}<qu_{N+k-1}<\cdots<q^k u_N$,由于级数 $\sum\limits_{k=1}^{\infty}u_N q^k$ 收敛,所以根据推论 1 可知,级数 $\sum\limits_{n=1}^{\infty}u_n$ 收敛.

(2) 当 $l>1$ 时,取一适当小的正数 ε,使 $l-\varepsilon>1$,则由 $\lim\limits_{n\to\infty}\dfrac{u_{n+1}}{u_n}=l$ 知,存在自然数 N,当 $n\geqslant N$ 时,有

$$\dfrac{u_{n+1}}{u_n}>l-\varepsilon>1,\quad 即\quad u_{n+1}>u_n,$$

故当 $n\geqslant N$ 时,u_n 逐渐增大,从而 $\lim\limits_{n\to\infty}u_n\neq 0$,所以级数 $\sum\limits_{n=1}^{\infty}u_n$ 发散.

(3) 当 $l=1$ 时,级数 $\sum\limits_{n=1}^{\infty}u_n$ 可能收敛,也可能发散,不能用此法来判断级数的敛散性. 例如,对于 p-级数 $\sum\limits_{n=1}^{\infty}\dfrac{1}{n^p}$,不论 p 为何值都有 $\lim\limits_{n\to\infty}\dfrac{u_{n+1}}{u_n}=1$,而当 $p>1$ 时级数收敛,当 $0<p\leqslant 1$ 时级数发散.

例 6 判别级数 $1+\dfrac{2}{2}+\dfrac{3}{2^2}+\dfrac{4}{2^3}+\cdots+\dfrac{n}{2^{n-1}}+\cdots$ 的敛散性.

解 $\lim\limits_{n\to\infty}\dfrac{u_{n+1}}{u_n}=\lim\limits_{n\to\infty}\left(\dfrac{n+1}{2^n}\cdot\dfrac{2^{n-1}}{n}\right)=\lim\limits_{n\to\infty}\dfrac{n+1}{2n}=\dfrac{1}{2}<1,$

由定理 8.2.4 可知,级数 $\sum\limits_{n=1}^{\infty}\dfrac{n}{2^{n-1}}$ 收敛.

例 7 判别级数 $\sum\limits_{n=1}^{\infty} \dfrac{5^n}{n^3 3^n}$ 的敛散性.

解 因为 $u_n = \dfrac{5^n}{n^3 3^n}, u_{n+1} = \dfrac{5^{n+1}}{(n+1)^3 3^{n+1}}$,而

$$\lim_{n\to\infty} \dfrac{u_{n+1}}{u_n} = \lim_{n\to\infty} \left[\dfrac{n^3 3^n}{(n+1)^3 3^{n+1}} \cdot \dfrac{5^{n+1}}{5^n} \right] = \lim_{n\to\infty} \dfrac{5n^3}{3(n+1)^3} = \dfrac{5}{3} > 1,$$

由定理 8.2.4 可知,级数 $\sum\limits_{n=1}^{\infty} \dfrac{5^n}{n^3 3^n}$ 发散.

例 8 判别级数 $\sum\limits_{n=1}^{\infty} \dfrac{1}{n(2n-1)}$ 的敛散性.

解 由于 $\lim\limits_{n\to\infty} \dfrac{u_{n+1}}{u_n} = \lim\limits_{n\to\infty} \dfrac{n(2n-1)}{(n+1)(2n+1)} = 1$,所以不能用比值判别法来判别该级数的敛散性.下面采用比较判别法的极限形式来判别该级数的敛散性.

由于 $\lim\limits_{n\to\infty} \dfrac{\dfrac{1}{n(2n-1)}}{\dfrac{1}{n^2}} = \lim\limits_{n\to\infty} \dfrac{n^2}{2n^2 - n} = \dfrac{1}{2}$,而级数 $\sum\limits_{n=1}^{\infty} \dfrac{1}{n^2}$ 收敛,所以级数 $\sum\limits_{n=1}^{\infty} \dfrac{1}{n(2n-1)}$ 收敛.

8.2.4 根值判别法

定理 8.2.5(柯西(Cauchy)判别法) 设级数 $\sum\limits_{n=1}^{\infty} u_n$ 为正项级数,且满足 $\lim\limits_{n\to\infty} \sqrt[n]{u_n} = \rho$,则:

(1) 当 $\rho < 1$ 时,级数 $\sum\limits_{n=1}^{\infty} u_n$ 收敛;

(2) 当 $\rho > 1$(包括 $\lim\limits_{n\to\infty} \sqrt[n]{u_n} = +\infty$)时,级数 $\sum\limits_{n=1}^{\infty} u_n$ 发散;

(3) 当 $\rho = 1$ 时,级数 $\sum\limits_{n=1}^{\infty} u_n$ 可能收敛,也可能发散.

定理 8.2.5 的证明与定理 8.2.4 的证明类似,这里不再详述.应注意,当 $\rho = 1$ 时,根值判别法失效.例如,对于级数 $\sum\limits_{n=1}^{\infty} \dfrac{1}{n}$ 和 $\sum\limits_{n=1}^{\infty} \dfrac{1}{n^2}$,有 $\lim\limits_{n\to\infty} \sqrt[n]{\dfrac{1}{n}} = 1, \lim\limits_{n\to\infty} \sqrt[n]{\dfrac{1}{n^2}} = 1$,但级数 $\sum\limits_{n=1}^{\infty} \dfrac{1}{n}$ 发散,而级数 $\sum\limits_{n=1}^{\infty} \dfrac{1}{n^2}$ 收敛.

例 9 判别级数 $\sum\limits_{n=1}^{\infty} \dfrac{1}{n^n}$ 的敛散性.

解 因为 $\rho = \lim\limits_{n\to\infty} \sqrt[n]{u_n} = \lim\limits_{n\to\infty} \sqrt[n]{\dfrac{1}{n^n}} = \lim\limits_{n\to\infty} \dfrac{1}{n} = 0 < 1$，由定理 8.2.5 可知，级数 $\sum\limits_{n=1}^{\infty} \dfrac{1}{n^n}$ 收敛.

习题 8.2

(A)

1. 填空题.

(1) 当 p 满足条件 _____ 时，级数 $\sum\limits_{n=1}^{\infty} \dfrac{1}{n^p}$ 收敛.

(2) 若 $\sum\limits_{n=1}^{\infty} u_n$ 为正项级数，且其部分和数列为 $\{S_n\}$，则 $\sum\limits_{n=1}^{\infty} u_n$ 收敛的充要条件是 _____.

2. 选择题.

(1) 下列级数中收敛的是 ( ).

   A. $\sum\limits_{n=1}^{\infty} \dfrac{1}{n\sqrt[n]{n}}$ B. $\sum\limits_{n=1}^{\infty} \dfrac{n+1}{n(n+2)}$

   C. $\sum\limits_{n=1}^{\infty} \dfrac{3^n}{n\cdot 2^n}$ D. $\sum\limits_{n=1}^{\infty} \dfrac{4}{(n-1)(n+3)}$

(2) 判断 $\sum\limits_{n=1}^{\infty} \dfrac{1}{n^{1+\frac{1}{n}}}$ 的收敛性，下列说法正确的是 ( ).

   A. 因为 $1+\dfrac{1}{n} > 0$，所以此级数收敛 B. 因为 $\lim\limits_{n\to\infty} \dfrac{1}{n^{1+\frac{1}{n}}} = 0$，所以此级数收敛

   C. 因为 $\dfrac{1}{n^{1+\frac{1}{n}}} > \dfrac{1}{n}$，所以此级数发散   D. 以上说法均不对

3. 用比较判别法或其极限形式判断下列级数的敛散性：

   (1) $\sum\limits_{n=1}^{\infty} \dfrac{1}{2n-1}$;   (2) $\sum\limits_{n=1}^{\infty} \dfrac{1}{(n+1)(n+3)}$;

   (3) $\sum\limits_{n=1}^{\infty} \sin\dfrac{1}{2n}$;   (4) $\sum\limits_{n=1}^{\infty} \left(1-\cos\dfrac{1}{n}\right)$.

4. 用比值判别法判断下列级数的敛散性：

   (1) $\sum\limits_{n=1}^{\infty} \dfrac{n!}{10^n}$;   (2) $\sum\limits_{n=1}^{\infty} \dfrac{2^n \cdot n!}{n^n}$;

   (3) $\sum\limits_{n=1}^{\infty} \dfrac{3^n}{n(n+1)}$;   (4) $\sum\limits_{n=1}^{\infty} 2^n \sin\dfrac{\pi}{3^n}$.

5. 用根值判别法判断下列级数的敛散性：

(1) $\sum_{n=1}^{\infty} \left(\dfrac{3n+2}{2n+1}\right)^n$；

(2) $\sum_{n=1}^{\infty} \left(\dfrac{n}{3n+1}\right)^n$.

(B)

1. 用适当的方法判断下列级数的敛散性：

(1) $\sum_{n=1}^{\infty} \left(1-\cos\dfrac{\alpha}{n}\right)$（$\alpha$ 为常数）；

(2) $\sum_{n=1}^{\infty} \sqrt{\dfrac{n+1}{n}}$；

(3) $\sum_{n=1}^{\infty} \dfrac{(n!)^2}{(2n)!}$；

(4) $\sum_{n=1}^{\infty} \dfrac{1 \cdot 3 \cdot 5 \cdot \cdots \cdot (2n-1)}{2 \cdot 5 \cdot 8 \cdot \cdots \cdot (3n-1)}$；

(5) $\sum_{n=1}^{\infty} \left[\dfrac{1}{n} - \ln\left(1+\dfrac{1}{n}\right)\right]$；

(6) $\sum_{n=1}^{\infty} \dfrac{1}{1+a^n}$（$a>0$）.

2. 证明：如果正项级数 $\sum_{n=1}^{\infty} u_n$ 收敛，则级数 $\sum_{n=1}^{\infty} \dfrac{u_n}{1+u_n}$ 与 $\sum_{n=1}^{\infty} \dfrac{\sqrt{u_n}}{n}$ 均收敛.

8.3 任意项级数

本节讨论任意项级数的敛散性，这里所谓的"任意项级数"是指级数每项可正、可负或为零. 首先讨论一种特殊的形式.

8.3.1 交错级数

如果 $u_n > 0 (n=1,2,3,\cdots)$，则称级数

$$\sum_{n=1}^{\infty} (-1)^{n-1} u_n = u_1 - u_2 + u_3 - u_4 + \cdots + (-1)^{n-1} u_n + \cdots$$

或

$$\sum_{n=1}^{\infty} (-1)^n u_n = -u_1 + u_2 - u_3 + u_4 - \cdots + (-1)^n u_n + \cdots$$

为**交错级数**.

对于交错级数有以下判定敛散性的方法.

定理 8.3.1（莱布尼茨判别法） 如果交错级数 $\sum_{n=1}^{\infty} (-1)^{n-1} u_n (u_n > 0)$ 满足

(1) $u_n \geqslant u_{n+1} (n=1,2,3,\cdots)$，

(2) $\lim\limits_{n \to \infty} u_n = 0$，

则此交错级数收敛，且其和 $S \leqslant u_1$.

证 根据项数 n 的奇偶性分别考察 S_n.

当 n 为偶数时，

$$S_n = S_{2m} = u_1 - u_2 + u_3 - \cdots + u_{2m-1} - u_{2m},$$

将其中每两项括在一起,即
$$S_{2m} = (u_1 - u_2) + (u_3 - u_4) + \cdots + (u_{2m-1} - u_{2m}).$$

由条件(1)可知,括号内的值都是非负的.如果把每个括号看成一项,这就是一个正项级数的前 m 项部分和.显然,它随着 m 的增加而单调增加.

另外,如果把部分和 S_{2m} 改写为
$$S_{2m} = u_1 - (u_2 - u_3) - \cdots - (u_{2m-2} - u_{2m-1}) - u_{2m},$$

由条件(1)可知, $S_{2m} \leqslant u_1$,即部分和数列有界.于是 $\lim\limits_{m \to \infty} S_{2m} = S$.

当 n 为奇数时,总可把部分和写为
$$S_n = S_{2m+1} = S_{2m} + u_{2m+1},$$

再由条件(2)可得
$$\lim\limits_{n \to \infty} S_n = \lim\limits_{m \to \infty} S_{2m+1} = \lim\limits_{m \to \infty} (S_{2m} + u_{2m+1}) = S.$$

综上所述,不管 n 为奇数还是偶数,都有 $\lim\limits_{n \to \infty} S_n = S$.所以交错级数 $\sum\limits_{n=1}^{\infty} (-1)^{n-1} u_n$ 收敛,且其和 $S \leqslant u_1$.

例 1 判别级数 $\sum\limits_{n=1}^{\infty} (-1)^{n-1} \dfrac{1}{n}$ 的敛散性.

解 易见该级数为交错级数,且满足
$$u_n = \frac{1}{n} > \frac{1}{n+1} = u_{n+1},$$
$$\lim\limits_{n \to \infty} u_n = \lim\limits_{n \to \infty} \frac{1}{n} = 0.$$

由莱布尼茨判别法, $\sum\limits_{n=1}^{\infty} (-1)^{n-1} \dfrac{1}{n}$ 收敛.

例 2 判别交错级数 $\sum\limits_{n=1}^{\infty} (-1)^{n-1} \dfrac{n}{2^n}$ 的敛散性.

解 因为 $u_n = \dfrac{n}{2^n}$, $u_{n+1} = \dfrac{n+1}{2^{n+1}}$,而
$$u_n - u_{n+1} = \frac{n}{2^n} - \frac{n+1}{2^{n+1}} = \frac{n-1}{2^{n+1}} \geqslant 0 \quad (n=1,2,3,\cdots),$$

即
$$u_n \geqslant u_{n+1} \quad (n=1,2,3,\cdots).$$

又
$$\lim\limits_{n \to \infty} u_n = \lim\limits_{n \to \infty} \frac{n}{2^n} = 0,$$

所以由莱布尼茨判别法可知, $\sum\limits_{n=1}^{\infty} (-1)^{n-1} \dfrac{n}{2^n}$ 收敛.

8.3.2 任意项级数的敛散性

定义 8.3.1 设 $\sum\limits_{n=1}^{\infty} u_n$ 为任意项级数. 如果级数 $\sum\limits_{n=1}^{\infty} |u_n|$ 收敛, 则称级数 $\sum\limits_{n=1}^{\infty} u_n$ **绝对收敛**; 如果级数 $\sum\limits_{n=1}^{\infty} u_n$ 收敛, 但 $\sum\limits_{n=1}^{\infty} |u_n|$ 发散, 则称级数 $\sum\limits_{n=1}^{\infty} u_n$ **条件收敛**.

例如, 级数 $\sum\limits_{n=1}^{\infty} (-1)^{n-1} \dfrac{1}{n}$ 是条件收敛的, 级数 $\sum\limits_{n=1}^{\infty} (-1)^{n-1} \dfrac{1}{n^2}$ 是绝对收敛的.

定理 8.3.2 如果级数 $\sum\limits_{n=1}^{\infty} |u_n|$ 收敛, 则级数 $\sum\limits_{n=1}^{\infty} u_n$ 也收敛.

证 取 $v_n = \dfrac{1}{2}(|u_n| + u_n)(n=1,2,3,\cdots)$, 则 $0 \leqslant v_n \leqslant |u_n|$. 由比较判别法可知, 级数 $\sum\limits_{n=1}^{\infty} v_n$ 收敛, 从而级数 $\sum\limits_{n=1}^{\infty} 2v_n$ 也收敛. 而 $u_n = 2v_n - |u_n|$, 所以级数 $\sum\limits_{n=1}^{\infty} u_n$ 也收敛.

例 3 判别级数 $\sum\limits_{n=1}^{\infty} \dfrac{\sin n}{n^3}$ 的敛散性.

解 因为 $\left|\dfrac{\sin n}{n^3}\right| \leqslant \dfrac{1}{n^3}$, 而级数 $\sum\limits_{n=1}^{\infty} \dfrac{1}{n^3}$ 收敛, 所以级数 $\sum\limits_{n=1}^{\infty} \left|\dfrac{\sin n}{n^3}\right|$ 也收敛, 因此级数 $\sum\limits_{n=1}^{\infty} \dfrac{\sin n}{n^3}$ 绝对收敛.

注 当级数 $\sum\limits_{n=1}^{\infty} |u_n|$ 发散时, 只能判定级数 $\sum\limits_{n=1}^{\infty} u_n$ 非绝对收敛, 而级数 $\sum\limits_{n=1}^{\infty} u_n$ 本身不一定发散.

定理 8.3.3 如果级数 $\sum\limits_{n=1}^{\infty} u_n$ 满足
$$\lim_{n \to \infty} \left|\dfrac{u_{n+1}}{u_n}\right| = \mu,$$
则当 $\mu < 1$ 时, 级数 $\sum\limits_{n=1}^{\infty} u_n$ 绝对收敛; 当 $\mu > 1$ 时, 级数 $\sum\limits_{n=1}^{\infty} u_n$ 发散.

例 4 判断下列级数的敛散性, 若收敛, 指出是绝对收敛还是条件收敛.

(1) $\sum\limits_{n=1}^{\infty} (-1)^n \dfrac{n!}{n^n}$;   (2) $\sum\limits_{n=1}^{\infty} (-1)^n \dfrac{x^n}{n} (x > 0)$;   (3) $\sum\limits_{n=1}^{\infty} \dfrac{(-1)^n}{\sqrt{n(n+1)}}$.

解 (1) 因为
$$\lim_{n \to \infty} \left|\dfrac{u_{n+1}}{u_n}\right| = \lim_{n \to \infty} \left(\dfrac{n}{n+1}\right)^n = \lim_{n \to \infty} \dfrac{1}{\left(1 + \dfrac{1}{n}\right)^n} = \dfrac{1}{e} < 1,$$

所以级数 $\sum_{n=1}^{\infty}(-1)^n \dfrac{n!}{n^n}$ 绝对收敛.

(2) 记 $u_n = (-1)^n \dfrac{x^n}{n}$,则

$$\lim_{n\to\infty}\left|\dfrac{u_{n+1}}{u_n}\right| = \lim_{n\to\infty}\dfrac{x\cdot n}{n+1} = x.$$

由比值判别法知:当 $0 < x < 1$ 时,级数 $\sum_{n=1}^{\infty}(-1)^n \dfrac{x^n}{n}$ 绝对收敛;

当 $x > 1$ 时,级数 $\sum_{n=1}^{\infty}(-1)^n \dfrac{x^n}{n}$ 发散;

当 $x = 1$ 时,级数 $\sum_{n=1}^{\infty}\left|(-1)^n \dfrac{x^n}{n}\right| = \sum_{n=1}^{\infty}\left|(-1)^n \dfrac{1}{n}\right| = \sum_{n=1}^{\infty}\dfrac{1}{n}$ 发散,级数 $\sum_{n=1}^{\infty}(-1)^n \dfrac{x^n}{n} = \sum_{n=1}^{\infty}(-1)^n \dfrac{1}{n}$ 收敛,故级数 $\sum_{n=1}^{\infty}(-1)^n \dfrac{x^n}{n}$ 条件收敛.

(3) 因为 $\left|\dfrac{(-1)^n}{\sqrt{n(n+1)}}\right| = \dfrac{1}{\sqrt{n(n+1)}} > \dfrac{1}{\sqrt{(n+1)^2}} = \dfrac{1}{n+1}$,

而级数 $\sum_{n=1}^{\infty}\dfrac{1}{n+1}$ 发散,所以由比较判别法知,级数 $\sum_{n=1}^{\infty}\left|\dfrac{(-1)^n}{\sqrt{n(n+1)}}\right|$ 发散.

设 $u_n = \dfrac{1}{\sqrt{n(n+1)}}$,显然 $u_n \geqslant u_{n+1}$,$\lim_{n\to\infty}u_n = 0$,故由莱布尼茨判别法可知,级数 $\sum_{n=1}^{\infty}\dfrac{(-1)^n}{\sqrt{n(n+1)}}$ 收敛,因此级数 $\sum_{n=1}^{\infty}\dfrac{(-1)^n}{\sqrt{n(n+1)}}$ 条件收敛.

习题 8.3

(A)

1. 判断题.

(1) 若级数 $\sum_{n=1}^{\infty}u_n^2$ 和级数 $\sum_{n=1}^{\infty}v_n^2$ 都收敛,则级数 $\sum_{n=1}^{\infty}u_n v_n$ 绝对收敛.(   )

(2) 级数 $\sum_{n=1}^{\infty}(-1)^{n-1}\dfrac{n}{10^n}$ 条件收敛.(   )

2. 判断下列交错级数是否收敛:

(1) $\sum_{n=1}^{\infty}(-1)^{n-1}\dfrac{1}{n!}$; (2) $\sum_{n=1}^{\infty}(-1)^{n-1}\sin\dfrac{1}{n}$; (3) $\sum_{n=1}^{\infty}(-1)^{n-1}\sqrt{n}$.

3. 判断下列级数的敛散性;若收敛,指出是绝对收敛还是条件收敛:

(1) $\sum_{n=1}^{\infty}(-1)^n\dfrac{n}{3^n}$; (2) $\sum_{n=1}^{\infty}\left[\dfrac{(-1)^n}{\sqrt{n}} + \dfrac{1}{n}\right]$;

(3) $\sum_{n=1}^{\infty} \frac{(-1)^{n-1}}{\ln(n+1)}$;   (4) $\sum_{n=1}^{\infty} \frac{\sin na}{(n+1)^2}$.

(B)

1. 判断下列级数的敛散性;若收敛,指出是绝对收敛还是条件收敛:

(1) $\sum_{n=1}^{\infty} (-1)^n \frac{a^n}{n+1}$;   (2) $\sum_{n=1}^{\infty} \frac{(-\alpha)^n}{n^s}$ $(s>0, \alpha>0)$.

2. 已知级数 $\sum_{n=1}^{\infty} a_n^2$ 与 $\sum_{n=1}^{\infty} b_n^2$ 均收敛,证明下列级数均收敛:

(1) $\sum_{n=1}^{\infty} \frac{a_n}{n}$;   (2) $\sum_{n=1}^{\infty} (a_n + b_n)^2$;   (3) $\sum_{n=1}^{\infty} a_n b_n$.

8.4 幂 级 数

8.4.1 幂级数及其敛散性

定义 8.4.1 形如

$$\sum_{n=0}^{\infty} a_n (x-x_0)^n = a_0 + a_1(x-x_0) + a_2(x-x_0)^2 + \cdots + a_n(x-x_0)^n + \cdots$$

的级数称为 $x-x_0$ 的**幂级数**,其中 $a_0, a_1, a_2, \cdots, a_n, \cdots$ 为常数,称为幂级数的**系数**.

当 $x_0 = 0$ 时,

$$\sum_{n=0}^{\infty} a_n x^n = a_0 + a_1 x + a_2 x^2 + \cdots + a_n x^n + \cdots \quad (8.4.1)$$

称为 x 的**幂级数**.

注 对于级数 $\sum_{n=0}^{\infty} a_n (x-x_0)^n$,可以通过变量代换 $t = x - x_0$ 转化为 $\sum_{n=0}^{\infty} a_n t^n$,所以只需要针对形如(8.4.1)的幂级数展开讨论.

定义 8.4.2 如果 $\sum_{n=0}^{\infty} a_n x_0^n$ 收敛,则称 x_0 为幂级数 $\sum_{n=0}^{\infty} a_n x^n$ 的**收敛点**;如果 $\sum_{n=0}^{\infty} a_n x_0^n$ 发散,则称 x_0 为幂级数 $\sum_{n=0}^{\infty} a_n x^n$ 的**发散点**. 全体收敛点构成的集合称为幂级数的**收敛域**;全体发散点构成的集合称为幂级数的**发散域**.

定义 8.4.3 在收敛域内,幂级数的和是关于 x 的函数,称它为幂级数的**和函数**,并写成 $S(x) = \sum_{n=0}^{\infty} a_n x^n$.

先看一个例子,幂级数

$$\sum_{n=0}^{\infty} x^n = 1 + x + x^2 + \cdots + x^n + \cdots$$

可以看成是一个公比为 x 的等比级数,故当 $|x|<1$ 时,该幂级数收敛于和函数 $\dfrac{1}{1-x}$,当 $|x|\geqslant 1$ 时,该幂级数发散.因此,这个幂级数的收敛域为 $(-1,1)$.若 x 在收敛域 $(-1,1)$ 内取值,则

$$\frac{1}{1-x}=1+x+x^2+\cdots+x^n+\cdots.$$

在这个例子中可以看到,这个幂级数的收敛域是一个区间.事实上,这个结论对于一般的幂级数也是成立的.于是有如下定理.

定理 8.4.1(阿贝尔(Abel)定理) 若幂级数 $\sum\limits_{n=0}^{\infty}a_n x^n$ 在 $x=x_0(x_0\neq 0)$ 点收敛,则对满足不等式 $|x|<|x_0|$ 的一切 x,幂级数都绝对收敛.反之,若当 $x=x_0$ 时,该级数发散,则对满足不等式 $|x|>|x_0|$ 的一切 x,幂级数都发散.

证 若幂级数 $\sum\limits_{n=0}^{\infty}a_n x_0^n$ 收敛,则必有 $\lim\limits_{n\to\infty}a_n x_0^n=0$,于是存在 $M>0$,使得 $|a_n x_0^n|<M(n=1,2,3,\cdots)$,则 $|a_n x^n|=\left|a_n x_0^n\cdot\dfrac{x^n}{x_0^n}\right|=|a_n x_0^n|\cdot\left|\dfrac{x}{x_0}\right|^n<M\left|\dfrac{x}{x_0}\right|^n.$

当 $|x|<|x_0|$ 时,$\sum\limits_{n=1}^{\infty}M\left|\dfrac{x}{x_0}\right|^n$ 收敛,则 $\sum\limits_{n=0}^{\infty}|a_n x^n|$ 收敛,从而 $\sum\limits_{n=0}^{\infty}a_n x^n$ 绝对收敛.

反之,易用反证法证之.

由阿贝尔定理可知,幂级数 $\sum\limits_{n=0}^{\infty}a_n x^n$ 的收敛域是以原点为中心的区间.用 $\pm R$ 表示幂级数收敛与发散的临界点,则称 R 为**收敛半径**,使幂级数收敛的 x 的取值范围为下述区间之一:

$$(-R,R),\quad (-R,R],\quad [-R,R),\quad [-R,R].$$

这种区间称为幂级数的**收敛域**(或**收敛区间**).

如果幂级数 $\sum\limits_{n=0}^{\infty}a_n x^n$ 除点 $x=0$ 外,对一切 $x(x\neq 0)$ 都发散,则规定收敛半径 $R=0$,级数的收敛域为点 $x=0$.

如果幂级数 $\sum\limits_{n=0}^{\infty}a_n x^n$ 对任何 x 都收敛,则记作 $R=+\infty$,此时 $\sum\limits_{n=0}^{\infty}a_n x^n$ 的收敛域为 $(-\infty,+\infty)$.

关于收敛半径的求法,有如下定理.

定理 8.4.2 若幂级数 $\sum\limits_{n=0}^{\infty}a_n x^n$ 的系数满足条件 $a_n\neq 0$ 和 $\lim\limits_{n\to\infty}\left|\dfrac{a_{n+1}}{a_n}\right|=\rho(\rho$ 为常数或 $+\infty)$,则:

(1) 当 $0 < \rho < +\infty$ 时，$R = \dfrac{1}{\rho}$；

(2) 当 $\rho = 0$ 时，$R = +\infty$；

(3) 当 $\rho = +\infty$ 时，$R = 0$.

例1 求幂级数 $\sum\limits_{n=1}^{\infty}(-1)^{n-1}\dfrac{x^n}{n}$ 的收敛半径与收敛域.

解 (1) 该幂级数的系数通项为 $a_n = (-1)^{n-1}\dfrac{1}{n}$，且

$$\lim_{n \to \infty}\left|\dfrac{a_{n+1}}{a_n}\right| = \lim_{n \to \infty}\dfrac{n}{n+1} = 1,$$

所以该幂级数的收敛半径 $R = 1$.

(2) 当 $x = 1$ 时，该幂级数为 $\sum\limits_{n=1}^{\infty}\dfrac{(-1)^{n-1}}{n}$，收敛；当 $x = -1$ 时，该幂级数为 $-\sum\limits_{n=1}^{\infty}\dfrac{1}{n}$，发散. 故该幂级数的收敛区间是 $(-1,1)$，收敛域为 $(-1,1]$.

例2 求幂级数 $\sum\limits_{n=0}^{\infty}\dfrac{x^n}{n!}$ 的收敛半径与收敛域.

解 该幂级数的系数通项为 $a_n = \dfrac{1}{n!}$，且

$$\lim_{n \to \infty}\left|\dfrac{a_{n+1}}{a_n}\right| = \lim_{n \to \infty}\dfrac{n!}{(n+1)!} = \lim_{n \to \infty}\dfrac{1}{n+1} = 0,$$

所以收敛半径 $R = +\infty$，收敛区间和收敛域均为 $(-\infty, +\infty)$.

例3 求幂级数 $\sum\limits_{n=0}^{\infty}n!x^n$ 的收敛半径与收敛域.

解 该幂级数的系数通项为 $a_n = n!$，且

$$\lim_{n \to \infty}\left|\dfrac{a_{n+1}}{a_n}\right| = \lim_{n \to \infty}\dfrac{(n+1)!}{n!} = \lim_{n \to \infty}(n+1) = +\infty,$$

所以收敛半径 $R = 0$，收敛域为 $\{0\}$.

例4 求幂级数 $\sum\limits_{n=0}^{\infty}(n+1)(x-1)^n$ 的收敛域.

解 令 $t = x - 1$，则原幂级数变为 $\sum\limits_{n=0}^{\infty}(n+1)t^n$，系数通项为 $a_n = n+1$，且

$$\lim_{n \to \infty}\left|\dfrac{a_{n+1}}{a_n}\right| = \lim_{n \to \infty}\dfrac{n+1}{n} = 1,$$

所以收敛半径 $R = 1$.

当 $t = 1$ 时，$\sum\limits_{n=0}^{\infty}(n+1)$ 发散；当 $t = -1$ 时，$\sum\limits_{n=0}^{\infty}(n+1)(-1)^n$ 也发散. 所以级数 $\sum\limits_{n=0}^{\infty}(n+1)t^n$ 的收敛域为 $(-1,1)$，从而 $\sum\limits_{n=0}^{\infty}(n+1)(x-1)^n$ 的收敛域

为 $(0,2)$.

例 5 求幂级数 $\sum_{n=1}^{\infty} \dfrac{(-1)^{n-1} x^{2n-1}}{2n-1}$ 的收敛域.

解 $\lim\limits_{n\to\infty}\left|\dfrac{u_{n+1}}{u_n}\right| = \lim\limits_{n\to\infty}\left|\dfrac{x^{2n+1}}{2n+1}\cdot\dfrac{2n-1}{x^{2n-1}}\right| = |x|^2\cdot\lim\limits_{n\to\infty}\dfrac{2n-1}{2n+1} = |x|^2.$

当 $|x|^2 < 1$,即 $|x| < 1$ 时,级数收敛;当 $|x|^2 > 1$,即 $|x| > 1$ 时,级数发散. 又当 $x = 1$ 时,$\sum_{n=1}^{\infty} \dfrac{(-1)^{n-1}}{2n-1}$ 收敛;当 $x = -1$ 时,$\sum_{n=1}^{\infty} \dfrac{(-1)^n}{2n-1}$ 收敛. 所以幂级数 $\sum_{n=1}^{\infty} \dfrac{(-1)^{n-1} x^{2n-1}}{2n-1}$ 的收敛域为 $[-1,1]$.

8.4.2 幂级数的性质

性质 1 设幂级数 $\sum_{n=0}^{\infty} a_n x^n$ 和 $\sum_{n=0}^{\infty} b_n x^n$ 的收敛半径分别为 R_a 和 R_b,记 $R = \min\{R_a, R_b\}$,则至少在 $(-R, R)$ 内,有 $\sum_{n=0}^{\infty} a_n x^n \pm \sum_{n=0}^{\infty} b_n x^n = \sum_{n=0}^{\infty} (a_n \pm b_n) x^n.$

性质 2 幂级数 $\sum_{n=0}^{\infty} a_n x^n$ 的和函数 $S(x)$ 在其收敛域 I 上连续.

性质 3 幂级数 $\sum_{n=0}^{\infty} a_n t^n$ 的和函数 $S(t)$ 在其收敛域 I 上是可积的,并有逐项积分公式

$$\int_0^x S(t)\mathrm{d}t = \int_0^x \left(\sum_{n=0}^{\infty} a_n t^n\right)\mathrm{d}t = \sum_{n=0}^{\infty} \int_0^x a_n t^n \mathrm{d}t = \sum_{n=0}^{\infty} \dfrac{a_n}{n+1} x^{n+1} \quad (-R < x < R),$$

且逐项积分后所得幂级数和原幂级数有相同的收敛半径.

性质 4 幂级数 $\sum_{n=0}^{\infty} a_n x^n$ 的和函数 $S(x)$ 在其收敛区间 $(-R, R)$ 内是可导的,并有逐项求导公式

$$S'(x) = \left(\sum_{n=0}^{\infty} a_n x^n\right)' = \sum_{n=0}^{\infty} n a_n x^{n-1} \quad (-R < x < R).$$

注 求导与积分前后两级数的收敛半径不变,但收敛域有可能改变.

例 6 求幂级数 $\sum_{n=1}^{\infty} n x^{n-1} = 1 + 2x + 3x^2 + \cdots + n x^{n-1} + \cdots$ 的和函数 $S(x)$,并求级数 $\sum_{n=1}^{\infty} \dfrac{n}{2^n}$ 及 $\sum_{n=1}^{\infty} \dfrac{2n}{3^n}$.

解 $\rho = \lim\limits_{n\to\infty}\left|\dfrac{a_{n+1}}{a_n}\right| = \lim\limits_{n\to\infty}\dfrac{n+1}{n} = 1$,所以 $R = 1$.

当 $x = 1$ 时,$\sum n$ 发散;当 $x = -1$ 时,$\sum (-1)^{n-1}\cdot n$ 发散. 所以该幂级数的收

敛域为$(-1,1)$.

设 $S(x)=\sum_{n=1}^{\infty}nx^{n-1}(x\in(-1,1))$，则

$$\int_0^x S(t)dt=\int_0^x\left(\sum_{n=1}^{\infty}nt^{n-1}\right)dt=\sum_{n=1}^{\infty}x^n=\frac{x}{1-x} \quad (x\in(-1,1)).$$

$$S(x)=\left(\int_0^x S(t)dt\right)'=\left(\frac{x}{1-x}\right)'=\frac{1}{(1-x)^2}(x\in(-1,1))为所求的和函数.$$

令 $x=\frac{1}{2}$，则有 $\sum_{n=1}^{\infty}n\left(\frac{1}{2}\right)^{n-1}=\frac{1}{(1-\frac{1}{2})^2}=4$，所以 $\sum_{n=1}^{\infty}\frac{n}{2^n}=2$.

令 $x=\frac{1}{3}$，则有 $\sum_{n=1}^{\infty}n\left(\frac{1}{3}\right)^{n-1}=\frac{1}{(1-\frac{1}{3})^2}=\frac{9}{4}$，所以 $\sum_{n=1}^{\infty}\frac{2n}{3^n}=\frac{3}{2}$.

习题 8.4

(A)

1. 填空题.

   (1) 幂级数 $\sum_{n=1}^{\infty}\frac{2^n}{n}x^n$ 的收敛区间为 ＿＿＿＿．

   (2) 幂级数 $\sum_{n=1}^{\infty}\frac{1}{n}\left(\frac{x-2}{3}\right)^n$ 的收敛区间为 ＿＿＿＿．

   (3) 已知幂级数 $\sum_{n=1}^{\infty}a_n x^n$ 的收敛域为 $[-9,9]$，则幂级数 $\sum_{n=1}^{\infty}a_n x^{2n}$ 的收敛域为 ＿＿＿＿．

2. 确定下列幂级数的收敛域：

   (1) $\sum_{n=1}^{\infty}nx^n$;

   (2) $\sum_{n=1}^{\infty}\frac{x^n}{n\cdot 3^n}$;

   (3) $\sum_{n=1}^{\infty}\frac{x^n}{2\cdot 4\cdot 6\cdots(2n)}$;

   (4) $\sum_{n=1}^{\infty}\frac{(x-2)^n}{\sqrt{n}}$;

   (5) $\sum_{n=1}^{\infty}\frac{x^n}{2n(2n-1)}$;

   (6) $\sum_{n=1}^{\infty}(\sqrt{n+1}-\sqrt{n})2^n x^{2n}$.

3. 利用逐项求导或逐项积分的方法，求下列幂级数的和函数：

   (1) $\sum_{n=1}^{\infty}\frac{x^n}{n}$;

   (2) $\sum_{n=1}^{\infty}\frac{x^{2n-1}}{2n-1}$.

(B)

1. 求下列幂级数的收敛域：

   (1) $\sum_{n=1}^{\infty}\frac{5^n+(-3)^n}{n}x^n$;

   (2) $\sum_{n=1}^{\infty}\frac{x^n}{a^n+b^n}(a>0,b>0)$.

2. 求下列幂级数的和函数：

(1) $\sum_{n=1}^{\infty} n(x-1)^n$； (2) $\sum_{n=0}^{\infty}(2n+1)x^n$； (3) $\sum_{n=1}^{\infty}n(n+1)x^n$.

8.5 函数展开成幂级数

前面讨论幂级数的收敛域及幂级数在收敛域上的和函数，现在考虑相反的问题：任意给定的函数 $f(x)$，能否在某个区间上展开成幂级数的形式？可以利用泰勒公式解决这个问题. 为此，首先引入泰勒级数的概念.

8.5.1 泰勒级数

若函数 $f(x)$ 在点 x_0 的某一邻域内具有直到 $n+1$ 阶的导数，则对于该邻域内的任意一点 x，有 n 阶泰勒公式

$$f(x) = f(x_0) + f'(x_0)(x-x_0) + \frac{f''(x_0)}{2!}(x-x_0)^2 + \cdots$$
$$+ \frac{f^{(n)}(x_0)}{n!}(x-x_0)^n + R_n(x),$$

其中 $R_n(x) = \frac{f^{(n+1)}(\xi)}{(n+1)!}(x-x_0)^{n+1}$ (ξ 为 x_0 与 x 之间的某个值).

如果 $\lim_{n\to\infty} R_n(x) = 0$，则得到

$$f(x) = \lim_{n\to\infty}\Big[f(x_0) + f'(x_0)(x-x_0) + \frac{f''(x_0)}{2!}(x-x_0)^2 + \cdots$$
$$+ \frac{f^{(n)}(x_0)}{n!}(x-x_0)^n\Big].$$

由于上式右端方括号内的式子是由幂级数 $\sum_{n=0}^{\infty}\frac{f^{(n)}(x_0)}{n!}(x-x_0)^n$ 的前 $n+1$ 项组成的部分和，故此级数收敛，且以 $f(x)$ 为其和. 因此，函数 $f(x)$ 可以展开成

$$f(x) = \sum_{n=0}^{\infty}\frac{f^{(n)}(x_0)}{n!}(x-x_0)^n, \tag{8.5.1}$$

称式 (8.5.1) 的右端级数为函数 $f(x)$ 在点 x_0 处的**泰勒级数**.

特别地，当 $x_0 = 0$ 时，泰勒级数为

$$\sum_{n=0}^{\infty}\frac{f^{(n)}(0)}{n!}x^n = f(0) + f'(0)x + \frac{f''(0)}{2!}x^2 + \cdots + \frac{f^{(n)}(0)}{n!}x^n + \cdots, \tag{8.5.2}$$

称式 (8.5.2) 为函数 $f(x)$ 的**麦克劳林级数**.

8.5.2 函数展开成幂级数的方法

将一个函数展开成泰勒级数的基本方法是由系数公式计算系数 a_n，然后证明

泰勒公式的余项 $R_n(x)$ 当 $n \to \infty$ 时趋于零.

这里着重介绍麦克劳林展开式,其方法有两种:直接展开法和间接展开法.

1. 直接展开法

把函数 $f(x)$ 展开成 x 的幂级数(即麦克劳林级数),可以按如下步骤进行:

第一步,求出 $f(x)$ 的各阶导数 $f^{(n)}(x)(n=1,2,\cdots)$,如果在 $x=0$ 处某阶导数不存在,说明 $f(x)$ 不能展开为 x 的幂级数;

第二步,计算 $f(0)$ 及 $f^{(n)}(0)(n=1,2,\cdots)$;

第三步,写出 $f(x)$ 的麦克劳林级数

$$f(0)+f'(0)x+\frac{f''(0)}{2!}x^2+\cdots+\frac{f^{(n)}(0)}{n!}x^n+\cdots,$$

并求出其收敛半径 R;

第四步,考察当 x 在收敛区间 $(-R,R)$ 内时余项 $R_n(x)$ 的极限是否为零,如果为零,则函数 $f(x)$ 在区间 $(-R,R)$ 内的麦克劳林级数为

$$f(x)=f(0)+f'(0)x+\frac{f''(0)}{2!}x^2+\cdots+\frac{f^{(n)}(0)}{n!}x^n+\cdots \quad (-R<x<R).$$

例1 将函数 $f(x)=e^x$ 展开成麦克劳林级数.

解 所给函数的各阶导数为 $f^{(n)}(x)=e^x(n=1,2,\cdots)$,因此 $f^{(n)}(0)=f(0)=1(n=1,2,\cdots)$,于是得到级数

$$1+x+\frac{x^2}{2!}+\cdots+\frac{x^n}{n!}+\cdots,$$

该级数的收敛域为 $(-\infty,+\infty)$.

对于任何有限数 x 和 ξ(ξ 介于 0 和 x 之间),有

$$\lim_{n\to\infty}|R_n(x)|=\lim_{n\to\infty}\left|\frac{e^\xi}{(n+1)!}x^{n+1}\right|<\lim_{n\to\infty}\left(e^{|x|}\cdot\frac{|x|^{n+1}}{(n+1)!}\right),$$

因 $e^{|x|}$ 有限,而 $\frac{|x|^{n+1}}{(n+1)!}$ 是收敛级数 $\sum_{n=0}^{\infty}\frac{|x|^{n+1}}{(n+1)!}$ 的一般项,所以当 $n\to\infty$ 时,$e^{|x|}\cdot\frac{|x|^{n+1}}{(n+1)!}\to 0$,即当 $n\to\infty$ 时,有 $|R_n(x)|\to 0$. 于是得到 e^x 的麦克劳林级数

$$e^x=1+x+\frac{x^2}{2!}+\cdots+\frac{x^n}{n!}+\cdots \quad (-\infty<x<+\infty). \tag{8.5.3}$$

例2 将函数 $f(x)=\sin x$ 展开成麦克劳林级数.

解 由于 $f^{(n)}(x)=\sin\left(x+n\cdot\frac{\pi}{2}\right)(n=1,2,\cdots)$,易得到级数

$$x-\frac{x^3}{3!}+\frac{x^5}{5!}-\cdots+(-1)^{n-1}\frac{x^{2n-1}}{(2n-1)!}+\cdots,$$

它的收敛域为 $(-\infty,+\infty)$.

对于任何有限的数 x 和 ξ（ξ 介于 0 和 x 之间），余项的绝对值当 $n \to \infty$ 时的极限值为

$$\lim_{n\to\infty}|R_n(x)| = \lim_{n\to\infty}\left|\frac{\sin\left[\xi + \frac{(n+1)\pi}{2}\right]}{(n+1)!}x^{n+1}\right| \leqslant \lim_{n\to\infty}\frac{|x|^{n+1}}{(n+1)!} = 0,$$

从而 $\lim\limits_{n\to\infty} R_n(x) = 0$. 因此得麦克劳林级数

$$\sin x = x - \frac{x^3}{3!} + \frac{x^5}{5!} - \cdots + (-1)^{n-1}\frac{x^{2n-1}}{(2n-1)!} + \cdots \quad (-\infty < x < +\infty)$$

(8.5.4)

例 3 函数 $f(x) = (1+x)^m$ 的幂级数展开式是一个重要的展开式，下面略去计算过程，直接给出 $f(x)$ 的麦克劳林级数展开式：

$$(1+x)^m = 1 + mx + \frac{m(m-1)}{2!}x^2 + \cdots + \frac{m(m-1)\cdots(m-n+1)}{n!}x^n + \cdots$$
$$(-1 < x < 1),$$

(8.5.5)

其中 m 是实数，这个级数称为**二项式级数**.

特别地，当 m 是正整数 n 时，由式 (8.5.5) 可以看出含 x^n 项以后各项的系数都为 0. 这就得到**二项展开式**：

$$(1+x)^n = 1 + nx + \frac{n(n-1)}{2!}x^2 + \cdots + nx^{n-1} + x^n.$$

(8.5.6)

2. 间接展开法

从上面的例子看到，直接运用麦克劳林公式将函数展开成幂级数，虽然步骤分明，但计算量大，判断 $\lim\limits_{n\to\infty} R_n(x) = 0$ 是否成立往往比较困难. 因此，运用几个已知的常见展开式，通过幂级数的运算，可以求得许多函数的幂级数展开式. 这样做不但计算简单，而且可以避免研究余项. 这种求函数的幂级数展开式的方法称为**间接展开法**.

例 4 将函数 $f(x) = \ln(1+x)$ 展开成麦克劳林级数.

解 注意到 $\ln(1+x) = \int_0^x \frac{1}{1+x}dx$，而函数 $\frac{1}{1+x}$ 的展开式可通过将 $\frac{1}{1-x}$ 的幂级数展开式中的 x 改写成 $-x$ 得到，即

$$\frac{1}{1-x} = 1 + x + x^2 + \cdots + x^n + \cdots \quad (-1 < x < 1),$$

$$\frac{1}{1+x} = 1 - x + x^2 - \cdots + (-1)^n x^n + \cdots \quad (-1 < x < 1).$$

将上式两边同时积分得

$$\ln(1+x) = x - \frac{1}{2}x^2 + \frac{1}{3}x^3 - \cdots + (-1)^n \frac{x^{n+1}}{n+1} + \cdots. \quad (8.5.7)$$

因为幂级数逐项积分后收敛半径不变,所以上式右端级数的收敛半径仍为 $R = 1$. 而当 $x = -1$ 时,该级数发散;当 $x = 1$ 时,该级数收敛.故收敛域为 $(-1,1]$.

例 5 将函数 $\cos x$ 展开成麦克劳林级数.

解 本题可按例 2 的直接方法展开,但如果应用间接方法,则比较简便.事实上,对展开式(8.5.4)逐项求导得

$$\cos x = 1 - \frac{x^2}{2!} + \frac{x^4}{4!} - \cdots + (-1)^n \frac{x^{2n}}{(2n)!} + \cdots \quad (-\infty < x < +\infty).$$

已经得到 $\sin x, \cos x, \dfrac{1}{1-x}, e^x, \ln(1+x)$ 和 $(1+x)^m$ 的幂级数展开式,这些公式以后可以直接使用.

例 6 将函数 $\sin x$ 在 $x = \dfrac{\pi}{4}$ 处展开成幂级数.

解 因为在 $x = \dfrac{\pi}{4}$ 处展开即是展开成 $x - \dfrac{\pi}{4}$ 的幂级数,又

$$\sin x = \sin\left[\frac{\pi}{4} + \left(x - \frac{\pi}{4}\right)\right]$$
$$= \sin\frac{\pi}{4}\cos\left(x - \frac{\pi}{4}\right) + \cos\frac{\pi}{4}\sin\left(x - \frac{\pi}{4}\right)$$
$$= \frac{1}{\sqrt{2}}\left[\cos\left(x - \frac{\pi}{4}\right) + \sin\left(x - \frac{\pi}{4}\right)\right],$$

由例 2 和例 5,知

$$\cos\left(x - \frac{\pi}{4}\right) = 1 - \frac{\left(x - \frac{\pi}{4}\right)^2}{2!} + \frac{\left(x - \frac{\pi}{4}\right)^4}{4!} + \cdots \quad (-\infty < x < +\infty),$$

$$\sin\left(x - \frac{\pi}{4}\right) = \left(x - \frac{\pi}{4}\right) - \frac{\left(x - \frac{\pi}{4}\right)^3}{3!} + \frac{\left(x - \frac{\pi}{4}\right)^5}{5!} + \cdots \quad (-\infty < x < +\infty),$$

于是 $\sin x$ 在 $\dfrac{\pi}{4}$ 处的幂级数展开式为

$$\sin x = \frac{1}{\sqrt{2}}\left[1 + \left(x - \frac{\pi}{4}\right) - \frac{\left(x - \frac{\pi}{4}\right)^2}{2!} - \frac{\left(x - \frac{\pi}{4}\right)^3}{3!} + \cdots\right] \quad (-\infty < x < +\infty).$$

例 7 将 $f(x) = \dfrac{1}{x^2 + 4x + 3}$ 展开成 $x - 1$ 的幂级数.

解 由于 $f(x) = \dfrac{1}{x^2 + 4x + 3} = \dfrac{1}{(x+1)(x+3)} = \dfrac{1}{2}\left(\dfrac{1}{x+1} - \dfrac{1}{x+3}\right)$

$$= \frac{1}{4} \cdot \frac{1}{1+\frac{x-1}{2}} - \frac{1}{8} \cdot \frac{1}{1+\frac{x-1}{4}},$$

而

$$\frac{1}{1+\frac{x-1}{2}} = \sum_{n=0}^{\infty} (-1)^n \left(\frac{x-1}{2}\right)^n \quad (-1 < x < 3),$$

$$\frac{1}{1+\frac{x-1}{4}} = \sum_{n=0}^{\infty} (-1)^n \left(\frac{x-1}{4}\right)^n \quad (-3 < x < 5),$$

所以

$$f(x) = \frac{1}{x^2+4x+3} = \sum_{n=0}^{\infty} (-1)^n \left(\frac{1}{2^{n+2}} - \frac{1}{2^{2n+3}}\right)(x-1)^n \quad (-1 < x < 3).$$

例 8 将 $\ln x$ 展开成 $x-1$ 的幂级数.

解 由例 4 得

$$\ln(1+x) = x - \frac{1}{2}x^2 + \frac{1}{3}x^3 - \cdots + (-1)^n \frac{x^{n+1}}{n+1} + \cdots \quad (-1 < x \leqslant 1),$$

所以

$$\ln x = \ln[1 + (x-1)]$$
$$= (x-1) - \frac{1}{2}(x-1)^2 + \frac{1}{3}(x-1)^3 - \cdots + (-1)^n \frac{(x-1)^{n+1}}{n+1} + \cdots.$$

由 $-1 < x-1 \leqslant 1$，得 $0 < x \leqslant 2$，即收敛域为 $(0, 2]$.

习题 8.5

(A)

1. 将下列函数展开成 x 的幂级数，并求出展开式成立的区间：

(1) e^{2x}；
(2) $\sin^2 x$；
(3) $\arctan x$；
(4) $x^3 e^{-x}$；
(5) $\frac{1}{3-x}$；
(6) $\frac{x}{x^2-2x-3}$.

2. 将下列函数在指定点展开成幂级数，并求展开式成立的区间：

(1) $f(x) = \frac{1}{x+2}, x_0 = 2$；
(2) $f(x) = \ln x, x_0 = 2$；
(3) $f(x) = e^x, x_0 = 2$；
(4) $f(x) = \frac{1}{x}, x_0 = 3$.

(B)

1. 设 $f(x) = x\ln(1-x^2)$，求 $f^{(101)}(0)$.

8.6 幂级数的应用举例

在计算复杂函数的函数值时,将函数展开成幂级数的形式是非常有效的方法.本节主要介绍幂级数在这方面的应用.

例1 计算 e 的近似值.

解 由 e^x 的麦克劳林展开式

$$e^x = 1 + x + \frac{x^2}{2!} + \cdots + \frac{x^n}{n!} + \cdots \quad (-\infty < x < +\infty),$$

令 $x = 1$,得

$$e = 1 + 1 + \frac{1}{2!} + \cdots + \frac{1}{n!} + \cdots,$$

取前 $n+1$ 项作为 e 的近似值,即

$$e \approx 1 + 1 + \frac{1}{2!} + \cdots + \frac{1}{n!},$$

取 $n = 7$,即前 8 项作近似计算即可,有

$$e \approx 1 + 1 + \frac{1}{2!} + \cdots + \frac{1}{7!} \approx 2.718\,26.$$

例2 求 $\sqrt[5]{245}$ 的近似值.(利用二项展开式计算根值)

解 由 $245 = 3^5 + 2$,得

$$\sqrt[5]{245} = \sqrt[5]{3^5 + 2} = \sqrt[5]{3^5\left(1 + \frac{2}{3^5}\right)} = 3\left(1 + \frac{2}{3^5}\right)^{\frac{1}{5}}$$

$$= 3\left[1 + \frac{1}{5} \cdot \frac{2}{3^5} + \frac{1}{5}\left(\frac{1}{5} - 1\right)\frac{1}{2!}\left(\frac{2}{3^5}\right)^2 + \cdots\right]$$

$$= 3\left[1 + \frac{1}{5}\left(\frac{2}{3^5}\right) - \frac{4}{2! \cdot 5^2}\left(\frac{2}{3^5}\right)^2 + \cdots\right].$$

上式方括号中的级数从第二项起是交错级数,如取前两项计算近似值,有

$$\sqrt[5]{245} \approx 3\left(1 + \frac{1}{5} \cdot \frac{2}{3^5}\right) \approx 3.004\,9.$$

上面两个例子介绍了近似计算和误差估计的基本方法,利用级数还可以计算积分.

例3 计算积分 $\int_0^1 \frac{\sin x}{x} dx$ 的近似值,要求误差不超过 $0.000\,1$.

解 由于 $\lim\limits_{x \to 0} \frac{\sin x}{x} = 1$,因此所给积分不是反常积分.如果定义被积函数在

$x=0$ 处的值为 1,则它在积分区间 $[0,1]$ 上连续. 展开被积函数,得

$$\frac{\sin x}{x} = 1 - \frac{x^2}{3!} + \frac{x^4}{5!} - \frac{x^6}{7!} + \cdots \quad (-\infty < x < +\infty),$$

在区间 $[0,1]$ 上逐项积分,得

$$\int_0^1 \frac{\sin x}{x} dx = 1 - \frac{1}{3 \cdot 3!} + \frac{1}{5 \cdot 5!} - \frac{1}{7 \cdot 7!} + \cdots,$$

因为第四项的绝对值 $\frac{1}{7 \cdot 7!} < \frac{1}{30\,000}$,所以取前三项的和作为积分的近似值,即

$$\int_0^1 \frac{\sin x}{x} dx \approx 1 - \frac{1}{3 \cdot 3!} + \frac{1}{5 \cdot 5!} \approx 0.946\,1$$

例 4 求 e^{-x^2} 的原函数.

解 由于 e^{-x^2} 的原函数不是初等函数,不能用前面的积分法求出. 下面利用泰勒级数来求.

$$\int_0^x e^{-t^2} dt = \int_0^x \left(1 - t^2 + \frac{t^4}{2!} - \frac{t^6}{3!} + \cdots + (-1)^n \frac{t^{2n}}{n!} + \cdots\right) dt$$

$$= x - \frac{x^3}{3} + \frac{x^5}{5 \cdot 2!} - \frac{x^7}{7 \cdot 3!} + \cdots + (-1)^n \frac{x^{2n+1}}{(2n+1) \cdot n!} + \cdots.$$

这就是 e^{-x^2} 的原函数,是用幂级数表示的,成立范围仍为 $(-\infty, +\infty)$.

注 例 4 表明,用幂级数可以表示非初等函数.

习题 8.6

(A)

1. 利用函数的幂级数展开式计算下列各数的近似值:

(1) $\sqrt{e}$(误差不超过 10^{-3});

(2) $\sin 9°$(误差不超过 10^{-5});

(3) $\int_0^1 e^{-x^2} dx$(误差不超过 10^{-4}).

(B)

1. 利用函数的幂级数展开式计算下列各数的近似值(计算前三项):

(1) $\int_{0.1}^1 \frac{e^x}{x} dx$;

(2) π.

数学家阿贝尔简介

阿贝尔

阿贝尔(Abel,1802—1829年),挪威数学家,1802年8月5日出生于挪威芬岛.阿贝尔出身贫困,未能受到系统教育.15岁时,幸运地遇到一位优秀数学教师,使他对数学产生了兴趣.1821年,由于霍姆伯和另几位好友的慷慨资助,阿贝尔才得以进入奥斯陆大学学习.两年以后,他在一本不出名的杂志上发表了第一篇研究论文,其内容是用积分方程解古典的等时线问题.这篇论文表明他是第一个直接应用并解出积分方程的人.接着他研究一般五次方程问题.开始,他曾错误地认为自己得到了一个解.霍姆伯建议他寄给丹麦的一位著名数学家审阅,幸亏审阅者在打算认真检查以前,要求提供进一步的细节,这使阿贝尔有可能自己来发现并修正错误.这次失败给了他非常有益的启发,他开始怀疑一般五次方程究竟是否可解.问题的转换开拓了新的探索方向,他终于成功地证明了要像较低次方程那样用根式解一般五次方程是不可能的.

这个青年人的数学思想已经远远超越了挪威国界,他需要与有同等智力的人交流思想和经验.由于阿贝尔的教授们和朋友们强烈地意识到了这一点,他们决定说服学校当局向政府申请一笔公费,以便他能作一次到欧洲大陆的数学旅行.经过例行的繁文缛节的手续和耽搁延宕后,阿贝尔终于在1825年8月获得公费,开始其历时两年的欧洲大陆之行.

柏林是阿贝尔旅行的第一站.他在那里滞留了将近一年时间.虽然等候高斯召见的期望最终还是落空,但是这一年却是他一生中最幸运、成果最丰硕的时期.在柏林,阿贝尔遇到并熟识了他的第二个伯乐——克雷勒(Crelle).克雷勒是一个铁路工程师,一个热心数学的业余爱好者,他以自己所创办的世界上最早专门发表创造性数学研究论文的期刊《纯粹数学和应用数学》而在数学史上占有一席之地,后来人们习惯称本期刊为"克雷勒杂志".与该刊的名称所标榜的宗旨不同,实际上它上面根本没有应用的论文,所以有人又戏称它为"纯粹非应用数学杂志".阿贝尔是促成克雷勒将办刊拟议付诸实施的一个人.初次见面,两个人就彼此留下了良好而深刻的印象.阿贝尔说他拜读过克雷勒的所有数学论文,并且说他发现在这些论文中有一些错误.克雷勒非常谦虚,他已经意识到眼前这位脸带稚气的年轻人具有非凡的数学才能.他翻阅了阿贝尔赠送的论五次方程的小册子,坦率地承认看不懂.但此时他已决定立即实行拟议中的办刊计划,并将阿贝尔的论文载入第一期.由于阿贝尔的研究论文,克雷勒杂志才能逐渐提高声誉和扩大影响.

阿贝尔一生最重要的工作——关于椭圆函数理论的广泛研究就完成在这一时期.但是,横遭冷遇,历经艰难,长期得不到公正评价的,也就是这一工作.现在公认,在被称为"函数论世纪"的19世纪的前半叶,阿贝尔的工作是函数论的两个最高成果之一.

为了纪念挪威天才数学家阿贝尔诞辰200周年,挪威政府于2003年设立了一项数学奖——阿贝尔奖.这项每年颁发一次的奖项的奖金高达80万美元,相当于诺贝尔奖的奖金,是世界上奖金最高的数学奖.

第8章总习题

1. 填空题.

(1) $\lim\limits_{n\to\infty} u_n = 0$ 是级数 $\sum\limits_{n=1}^{\infty} u_n$ 收敛的 _____ 条件.

(2) 部分和数列 $\{S_n\}$ 有界是正项级数 $\sum\limits_{n=1}^{\infty} u_n$ 收敛的 _____ 条件.

(3) 若级数 $\sum\limits_{n=1}^{\infty} u_n$ 的前 n 项和是 $S_n = 2 - \dfrac{2}{n+1}$,则 $u_n = $ _____ ,$\sum\limits_{n=1}^{\infty} u_n = $

(4) $\sum_{n=1}^{\infty} \frac{(-1)^n}{n^{p-1}}$ 当 _____ 时绝对收敛,当 _____ 时条件收敛,当 _____ 时发散.

(5) 幂级数 $\sum_{n=1}^{\infty} \frac{x^n}{n}$ 的收敛域是 _____ .

(6) 设幂级数 $\sum_{n=0}^{\infty} a_n x^n$ 的收敛半径为 $R(0<R<+\infty)$,则 $\sum_{n=0}^{\infty} a_n \left(\frac{x}{2}\right)^n$ 的收敛半径为 _____ .

2. 选择题.

(1) 若级数 $\sum_{n=1}^{\infty} u_n$ 收敛,则下列结论中不正确的是( ).

A. $\sum_{n=1}^{\infty}(u_{2n-1}+u_{2n})$ 收敛   B. $\lim_{n \to \infty} u_n = 0$

C. $\sum_{n=1}^{\infty} cu_n$ 收敛$(c \neq 0)$ D. $\sum_{n=1}^{\infty} |u_n|$ 收敛

(2) 下列级数中发散的是( ).

A. $\sum_{n=1}^{\infty}(-1)^n \frac{1}{\ln(n+1)}$ B. $\sum_{n=1}^{\infty} \frac{n}{2n-1}$

C. $\sum_{n=1}^{\infty}(-1)^{n-1} \frac{1}{3^n}$ D. $\sum_{n=1}^{\infty} \frac{n}{3^{\frac{n}{2}}}$

(3) 若级数 $\sum_{n=1}^{\infty}(-1)^{n-1} \frac{(x-a)^n}{n}$ 在 $x>0$ 时发散,在 $x=0$ 处收敛,则常数 $a=$ ( ).

A. 1   B. -1 C. 2   D. -2

(4) 设 $a_0, a_1, a_2, \cdots, a_n, \cdots$ 是等差数列$(a_0 \neq 0)$,则幂级数 $\sum_{n=0}^{\infty} a_n x^n$ 的收敛域为( ).

A. $(-1,1)$ B. $[-1,1]$ C. $(-1,1]$ D. $[-1,1)$

(5) 若 $\lim_{n \to \infty} v_n = +\infty$,则级数 $\sum_{n=1}^{\infty}\left(\frac{1}{v_n}-\frac{1}{v_{n+1}}\right)$( ).

A. 发散   B. 敛散性不确定   C. 收敛于 0   D. 收敛于 $\frac{1}{v_1}$

(6) (2005 年考研题)设 $a_n > 0, n=1,2,\cdots$,若 $\sum_{n=1}^{\infty} a_n$ 发散, $\sum_{n=1}^{\infty}(-1)^{n-1} a_n$ 收敛,

则下列结论正确的是( ).

A. $\sum\limits_{n=1}^{\infty} a_{2n-1}$ 收敛，$\sum\limits_{n=1}^{\infty} a_{2n}$ 发散

B. $\sum\limits_{n=1}^{\infty} a_{2n}$ 收敛，$\sum\limits_{n=1}^{\infty} a_{2n-1}$ 发散

C. $\sum\limits_{n=1}^{\infty} (a_{2n-1} + a_{2n})$ 收敛

D. $\sum\limits_{n=1}^{\infty} (a_{2n-1} - a_{2n})$ 收敛

(7)(2006年考研题)若级数 $\sum\limits_{n=1}^{\infty} a_n$ 收敛，则级数( ).

A. $\sum\limits_{n=1}^{\infty} |a_n|$ 收敛

B. $\sum\limits_{n=1}^{\infty} (-1)^n a_n$ 收敛

C. $\sum\limits_{n=1}^{\infty} a_n a_{n+1}$ 收敛

D. $\sum\limits_{n=1}^{\infty} \dfrac{a_n + a_{n+1}}{2}$ 收敛

(8)(2013年考研题)设 $\{a_n\}$ 为正项数列，则下列选择项正确的是( ).

A. 若 $a_n > a_{n+1}$，则 $\sum\limits_{n=1}^{\infty} (-1)^{n-1} a_n$ 收敛

B. 若 $\sum\limits_{n=1}^{\infty} (-1)^{n-1} a_n$ 收敛，则 $a_n > a_{n+1}$

C. 若 $\sum\limits_{n=1}^{\infty} a_n$ 收敛，则存在常数 $p > 1$，使 $\lim\limits_{n \to \infty} n^p a_n$ 存在

D. 若存在常数 $p > 1$，使 $\lim\limits_{n \to \infty} n^p a_n$ 存在，则 $\sum\limits_{n=1}^{\infty} a_n$ 收敛

(9)(2015年考研题)下列级数中发散的是( ).

A. $\sum\limits_{n=1}^{\infty} \dfrac{n}{3^n}$

B. $\sum\limits_{n=1}^{\infty} \dfrac{1}{\sqrt{n}} \ln\left(1 + \dfrac{1}{n}\right)$

C. $\sum\limits_{n=2}^{\infty} \dfrac{(-1)^n + 1}{\ln n}$

D. $\sum\limits_{n=1}^{\infty} \dfrac{n!}{n^n}$

(10)(2016年考研题)级数 $\sum\limits_{n=1}^{\infty} \left(\dfrac{1}{\sqrt{n}} - \dfrac{1}{\sqrt{n+1}}\right) \sin(n+k)$，($k$ 为常数)( ).

A. 绝对收敛 B. 条件收敛

C. 发散   D. 收敛性与 k 有关

3. 判断下列级数的敛散性：

(1) $\sum\limits_{n=1}^{\infty} (\sqrt{n+1} - \sqrt{n})$；

(2) $\sum\limits_{n=1}^{\infty} \cos \dfrac{\pi}{n}$；

(3) $\sum\limits_{n=1}^{\infty} 3^n \sin \dfrac{\pi}{4^n}$；

(4) $\sum\limits_{n=1}^{\infty} \dfrac{(n!)^2}{4 n^3}$；

(5) $\sum_{n=1}^{\infty} \dfrac{2 \cdot 12 \cdot 22 \cdots (10n-8)}{(2n+1)^n}$.

4. 讨论下列级数是绝对收敛还是条件收敛：

(1) $\sum_{n=1}^{\infty} \dfrac{n^2 \cos n\pi}{2^n}$；

(2) $\sum_{n=1}^{\infty} \dfrac{(-1)^n}{n - \ln n}$；

(3) $\sum_{n=1}^{\infty} (-1)^{n-1} \dfrac{2n+1}{n(n+1)}$；

(4) $\sum_{n=1}^{\infty} \sin \pi \sqrt{n^2+1}$.

5. 求下列幂级数的收敛半径、收敛区间及收敛域：

(1) $\sum_{n=1}^{\infty} \dfrac{x^n}{n \cdot 2^n}$；

(2) $\sum_{n=1}^{\infty} \dfrac{(-1)^{n-1}}{(2n-1)(2n-1)!} x^{2n-1}$；

(3) $\sum_{n=1}^{\infty} \dfrac{a^n}{n^2+1} x^n$（其中常数 $a>0$）.

6. 求下列幂级数的和函数：

(1) $\sum_{n=1}^{\infty} (-1)^{n-1} \dfrac{x^{2n+1}}{(2n)^2-1}$；

(2) $\sum_{n=1}^{\infty} \dfrac{x^{4n}}{4n-2}$.

7. 求下列级数的和：

(1) $\sum_{n=1}^{\infty} \dfrac{(-1)^{n-1}}{2n-1}$；

(2) $\sum_{n=1}^{\infty} (-1)^n \dfrac{(n^2-n+1)}{2^n}$.

8. 将下列函数在指定点展开成幂级数：

(1) $f(x) = \sin x, x_0 = \dfrac{\pi}{6}$；

(2) $f(x) = \dfrac{1}{x}, x_0 = 2$.

9. 证明：若级数 $\sum_{n=1}^{\infty} u_n^2$ 与 $\sum_{n=1}^{\infty} v_n^2$ 都收敛，则正项级数 $\sum_{n=1}^{\infty} |u_n v_n|$，$\sum_{n=1}^{\infty} (u_n+v_n)^2$ 及 $\sum_{n=1}^{\infty} \dfrac{|u_n|}{n}$ 也收敛.

10. 已知正项级数 $\sum_{n=1}^{\infty} u_n$ 与 $\sum_{n=1}^{\infty} v_n$ 都发散，试问正项级数 $\sum_{n=1}^{\infty} \max\{u_n, v_n\}$ 和 $\sum_{n=1}^{\infty} \min\{u_n, v_n\}$ 是否也发散？说明理由.

11. 求幂级数 $\sum_{n=1}^{\infty} \dfrac{n^2}{n!} x^n$ 的和函数，并利用它求常数项级数 $\sum_{n=1}^{\infty} \dfrac{n^2}{n!}$ 的和.

12. (2014 年考研题) 求幂级数 $\sum_{n=0}^{\infty} (n+1)(n+3) x^n$ 的收敛域、和函数.

13. (2016 年考研题) 求幂级数 $\sum_{n=0}^{\infty} \dfrac{x^{2n+2}}{(n+1)(2n+1)}$ 的收敛域和和函数.

第 9 章 多元函数微积分

数学是一门演绎的学问,从一组公设,经过逻辑的推理,获得结论.

—— 陈省身

只有一个自变量的函数叫做一元函数.许多实际问题往往牵涉多方面的因素,反映到数学上,就是一个变量依赖于多个变量的情形.这就提出了多元函数以及多元函数的微分和积分问题.

多元函数微积分以一元函数微积分为基础.前者是后者的自然延伸和发展,虽在处理问题的思路和方法上两者基本相同,但由于变量的增多,多元的情形必然会复杂一些,内容也更加丰富.

本章主要介绍二元函数微积分的一些基本概念,如二元函数及其几何表示、极限和连续性、偏导数与全微分以及二重积分等,并介绍有关的计算方法及多元函数微分学在最大、最小值问题中的应用.二元函数微积分的这些概念和计算不难推广到多元函数.

9.1 空间解析几何

9.1.1 空间直角坐标系

为了确定空间任意一点的位置,必须引入空间直角坐标系.在空间中取定一点 O,过点 O 作三个互相垂直的数轴 Ox、Oy、Oz,由这三个数轴构成的图形称为**空间直角坐标系**,采用 $Oxyz$ 表示.点 O 称为**坐标原点**;Ox、Oy、Oz 依次称为 x **轴**、y **轴**、z **轴**,也可以分别称为**横轴**、**纵轴**、**竖轴**,它们统称为**坐标轴**.由 x 轴和 y 轴确定的平面称为 xy **平面**,由 y 轴和 z 轴确定的平面称为 yz **平面**,由 x 轴和 z 轴确定的平面称为 xz **平面**.三个坐标平面将空间分成八个部分,称为八个**卦限**.在 xy 平面的第一、二、三、四象限之上的四个空间区域分别为第 Ⅰ、Ⅱ、Ⅲ、Ⅳ 卦限,相应地,其下的四个区域分别为第 Ⅴ、Ⅵ、Ⅶ、Ⅷ 卦限,如图 9-1 所示.

本书中的空间直角坐标系是右手系,这种坐标系可以用右手的食指、中指和大拇指同时依次指向其 x 轴、y 轴和 z 轴的正向.

与平面直角坐标系 xOy 一样,空间直角坐标系 $Oxyz$ 中点 P 的坐标采用三元有序数组 (a,b,c) 表示. 在坐标系 $Oxyz$ 中将点 P 分别向 x 轴、y 轴、z 轴投影,分别得到三个投影点 A,B,C,如图 9-2 所示. 若这三个投影点在 x 轴、y 轴、z 轴上的坐标依次为 a,b,c,就用三元数组 (a,b,c) 表示点 P 在坐标系 $Oxyz$ 中的**直角坐标**(或简称**坐标**). 这样确定的点 P 的坐标是唯一的;反之,任意给定一组由三个实数组成的有序数组 (a,b,c),也能唯一地确定空间中的一点 P. 如此,空间中的点 P 与三元有序数组 (a,b,c) 之间就建立了一一对应的关系.

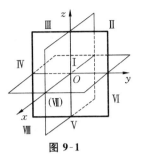

图 9-1

利用坐标可以计算空间中两点的距离. 设 $P_1(x_1,y_1,z_1)$ 和 $P_2(x_2,y_2,z_2)$ 为空间中任意两点,利用勾股定理不难证明点 P_1 和点 P_2 之间的距离(见图 9-3)为

$$|P_1P_2| = \sqrt{(x_2-x_1)^2 + (y_2-y_1)^2 + (z_2-z_1)^2}.$$

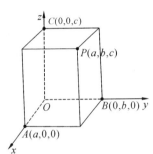

图 9-2

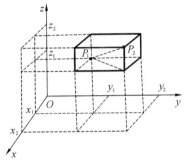

图 9-3

特别地,从原点到点 $P(x,y,z)$ 的距离为

$$|OP| = \sqrt{x^2+y^2+z^2}.$$

9.1.2 曲面与方程

与平面解析几何中建立曲线与方程的对应关系一样,可以建立空间曲面与包含三个变量的方程 $F(x,y,z)=0$ 的对应关系.

定义 9.1.1 如果曲面 S 上任意一点的坐标都满足方程 $F(x,y,z)=0$,而不在曲面 S 上的点的坐标都不满足方程 $F(x,y,z)=0$,那么方程 $F(x,y,z)=0$ 称为**曲面 S 的方程**,而曲面 S 称为**方程 $F(x,y,z)=0$ 的曲面**(见图 9-4).

下面介绍几类常见的曲面.

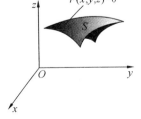

图 9-4

1. 球面

设球面 S 的球心为 $C(x_0, y_0, z_0)$，半径为 $R(R > 0)$，则球面 S 的方程为

$$(x - x_0)^2 + (y - y_0)^2 + (z - z_0)^2 = R^2. \qquad (9.1.1)$$

2. 平面

根据几何知识，到点 $P_1(x_1, y_1, z_1)$ 和 $P_2(x_2, y_2, z_2)$ 等距离的点 $P(x, y, z)$ 的轨迹 π 是线段 $P_1 P_2$ 的垂直平分面，即点 $P \in \pi$ 等价于 $|PP_1| = |PP_2|$. 写成坐标形式为 $(x - x_1)^2 + (y - y_1)^2 + (z - z_1)^2 = (x - x_2)^2 + (y - y_2)^2 + (z - z_2)^2$.

方程
$$ax + by + cz + d = 0, \qquad (9.1.2)$$

为平面的一般方程，其中 a, b, c, d 为常数，且 a, b, c 不全为零.

3. 柱面

给定一条空间曲线 C 和一条直线 L，过 C 每一点作直线平行于直线 L，所形成的曲面叫做**柱面**，如图 9-5 所示. 定义曲线 C 为该柱面的**准线**，柱面上每一条平行于 L 的直线（如 $P_1 P_2$）称为该柱面的**母线**.

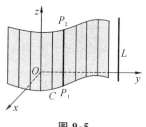

图 9-5

下面讨论母线平行于坐标轴的一些特殊柱面方程.

在空间直角坐标系 $Oxyz$ 中，不含 z 坐标的曲面方程

$$F(x, y) = 0 \qquad (9.1.3)$$

表示一个柱面，其母线平行于 z 轴，准线是 xy 平面上的曲线

$$C: \begin{cases} F(x, y) = 0, \\ z = 0. \end{cases}$$

事实上，由于方程 (9.1.3) 中不含竖坐标 z，故对空间的点 $P(x, y, z)$，若横坐标 x 和纵坐标 y 满足方程 (9.1.3)，则说明点 $P_1(x, y, 0)$ 在准线 C 上，且点 $P(x, y, z)$ 就在过 $P_1(x, y, 0)$ 且平行于 z 轴的母线上. 反之，以 C 为准线且母线平行于 z 轴的柱面上的点 $P(x, y, z)$ 的坐标都满足方程 (9.1.3).

例如，在空间直角坐标系 $Oxyz$ 中，方程

$$x^2 + y^2 = R^2 \qquad (9.1.4)$$

表示一个圆柱面，它以 xy 平面上的圆

$$\begin{cases} x^2 + y^2 = R^2, \\ z = 0 \end{cases}$$

为准线，母线平行于 z 轴.

类似地，方程 $y^2 = 2x$ 表示母线平行于 z 轴的柱面，它的准线是 xy 平面上的抛物线 $y^2 = 2x$，该柱面叫做**抛物柱面**，如图 9-6 所示.

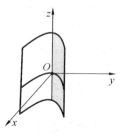

图 9-6

4. 二次曲面

在空间直角坐标系 $Oxyz$ 中,由 x,y,z 的二次方程所表示的曲面叫做**二次曲面**.

由方程

$$\frac{x^2}{a^2}+\frac{y^2}{b^2}+\frac{z^2}{c^2}=1 \quad (a>0,b>0,c>0) \tag{9.1.5}$$

所确定的曲面称为**椭球面**,原点 O 是它的中心,三个坐标平面是它的对称平面,三个坐标轴是它的对称轴,它们与椭球面的交点分别为 $(a,0,0),(0,b,0),(0,0,c)$,如图 9-7 所示.

由方程

$$x^2+y^2=2pz \tag{9.1.6}$$

所确定的曲面称为**旋转抛物面**(当 $p>0$ 时,如图 9-8 所示).

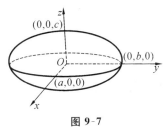

图 9-7

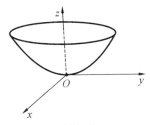

图 9-8

由方程

$$x^2+y^2=k^2z^2 \quad (k>0) \tag{9.1.7}$$

所确定的曲面称为**圆锥面**,其顶点为原点 O,对称轴为 z 轴(见图 9-9),其中点 M 是锥面上的点,$\tan\varphi=k$,2φ 为锥面的顶角.

由方程

$$y^2-x^2=2pz \quad (p>0) \tag{9.1.8}$$

所确定的曲面称为**双曲抛物面**(或**马鞍面**).如图 9-10 所示,原点 O 称为**鞍点**.

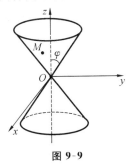

图 9-9

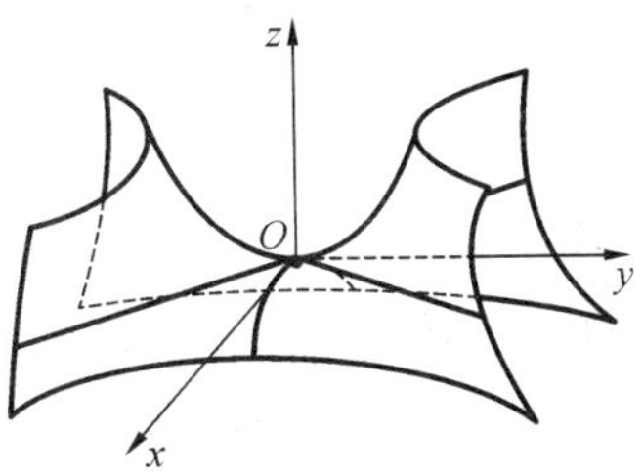

图 9-10

习题 9.1

(A)

1. 在空间直角坐标系中,指出下列各点在哪个卦限:
$$A(1,-2,3); \quad B(1,2,-3); \quad C(1,-2,-3); \quad D(-1,-2,3).$$

2. 求点$(1,-3,-2)$关于点$(-1,2,-1)$对称的点的坐标.

3. 一动点与两定点$(2,3,1)$和$(4,5,6)$等距离,求该动点的轨迹方程.

4. 求以点$(1,2,-2)$为球心,且过原点的球面方程.

5. 在空间直角坐标系中,下列方程分别表示什么形状的图形?
   (1) $x^2 + y^2 + z^2 - 2x + 4y = 0$; (2) $2x + y - 3z + 5 = 0$;
   (3) $x^2 + z^2 = 1$; (4) $x^2 + z^2 = 2y$;
   (5) $x^2 + y^2 = z^2$; (6) $y^2 - z^2 = x$.

(B)

1. 证明以$A(4,1,9), B(10,-1,6), C(2,4,3)$为顶点的三角形是等腰三角形.

2. 求与三点$A(3,7,-4), B(-5,7,-4), C(-5,1,-4)$的距离都相等的点的轨迹.

9.2 多元函数

9.2.1 平面点集

二元有序实数组(x,y)的全体,即$\mathbf{R}^2 = \mathbf{R} \times \mathbf{R} = \{(x,y) \mid x,y \in \mathbf{R}\}$,表示坐标平面.

坐标平面上具有某种性质Q的点的集合称为**平面点集**,记作
$$E = \{(x,y) \mid (x,y) \text{ 具有性质 } Q\}.$$

例如,平面上以原点为中心、r为半径的圆内所有点的集合表示为
$$C = \{(x,y) \mid x^2 + y^2 < r^2\}.$$

如果以点P表示(x,y),以$|OP|$表示点P到原点O的距离,那么集合C可表示成
$$C = \{P \mid |OP| < r\}.$$

1. 邻域的概念

与数轴上邻域的概念类似,下面引入平面上点的邻域的概念.

设$P_0(x_0, y_0)$是xOy平面上的一个点,δ是某一正数.与点$P_0(x_0,y_0)$距离小于δ的点$P(x,y)$的全体称为点P_0的δ**邻域**,记为$U(P_0, \delta)$,即
$$U(P_0, \delta) = \{P \mid |PP_0| < \delta\}$$

或
$$U(P_0,\delta) = \{(x,y) \mid \sqrt{(x-x_0)^2+(y-y_0)^2} < \delta\}.$$

邻域 $U(P_0,\delta)$ 表示 xOy 平面上以点 $P_0(x_0,y_0)$ 为中心、$\delta(\delta>0)$ 为半径的圆的内部,如图 9-11(a) 所示.

点 P_0 的去心邻域,如图 9-11(b) 所示,记作 $\mathring{U}(P_0,\delta)$,即
$$\mathring{U}(P_0,\delta) = \{P \mid 0 < |P_0P| < \delta\}.$$

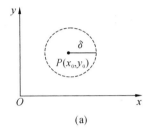
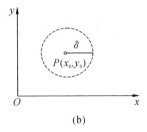

图 9-11

注 如果不需要强调邻域的半径 δ,则用 $U(P_0)$ 表示点 P_0 的某个邻域,点 P_0 的去心邻域记作 $\mathring{U}(P_0)$.

2. 点与点集之间的关系

任意一点 $P \in \mathbf{R}^2$ 与任意一个点集 $E \subset \mathbf{R}^2$ 之间必满足以下三种关系中的一种:

(1) 内点   如果存在点 P 的某一邻域 $U(P)$,使得 $U(P) \subset E$,则称 P 为 E 的**内点**;

(2) 外点   如果存在点 P 的某个邻域 $U(P)$,使得 $U(P) \cap E = \varnothing$,则称 P 为 E 的**外点**;

(3) 边界点   如果点 P 的任一邻域内既有属于 E 的点,也有不属于 E 的点,则称点 P 为 E 的**边界点**.

E 的边界点的全体,称为 E 的边界,记作 ∂E.

根据上述定义可知:点集 E 的内点必属于 E;E 的外点必定不属于 E;而 E 的边界点可能属于 E,也可能不属于 E.

3. 聚点的概念

如果对于任意给定的 $\delta > 0$,点 P 的去心邻域 $\mathring{U}(P,\delta)$ 内总有 E 中的点,则称 P 是 E 的**聚点**.

由聚点的定义可知,点集 E 的聚点 P 可能属于 E,也可能不属于 E.

例如,设平面点集 $E = \{(x,y) \mid 1 < x^2+y^2 \leqslant 2\}$,满足 $1 < x^2+y^2 < 2$ 的一

切点 (x,y) 都是 E 的内点;满足 $x^2+y^2=1$ 的一切点 (x,y) 都是 E 的边界点,它们都不属于 E;满足 $x^2+y^2=2$ 的一切点 (x,y) 也是 E 的边界点,它们都属于 E;点集 E 以及它的边界 ∂E 上的一切点都是 E 的聚点.

如果点集 E 的点都是内点,则称 E 为**开集**;如果点集的余集 E^c 为开集,则称 E 为**闭集**.

例如,集合 $E_1=\{(x,y)\mid 1<x^2+y^2<2\}$ 是开集,集合 $E_2=\{(x,y)\mid 1\leqslant x^2+y^2\leqslant 2\}$ 是闭集,而集合 $\{(x,y)\mid 1<x^2+y^2\leqslant 2\}$ 既非开集,也非闭集.

如果点集 E 内任何两点都可用折线连接起来,且该折线上的点都属于 E,则称 E 为**连通集**,如图 9-12 所示.

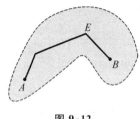

图 9-12

连通的开集称为**区域**或**开区域**.例如,$E=\{(x,y)\mid 1<x^2+y^2<2\}$.

开区域连同它的边界一起所构成的点集称为**闭区域**.

例如,$E=\{(x,y)\mid 1\leqslant x^2+y^2\leqslant 2\}$.

对于平面点集 E,如果存在某一正数 r,使得 $E\subset U(O,r)$,其中 O 是坐标原点,则称 E 为**有界点集**.否则称为**无界点集**.

例如,集合 $E_1=\{(x,y)\mid 1\leqslant x^2+y^2\leqslant 4\}$ 是有界闭区域,如图 9-13 所示;集合 $E_2=\{(x,y)\mid x+y>0\}$ 是无界开区域,如图 9-14 所示;集合 $E_3=\{(x,y)\mid x+y\geqslant 0\}$ 是无界闭区域,如图 9-15 所示.

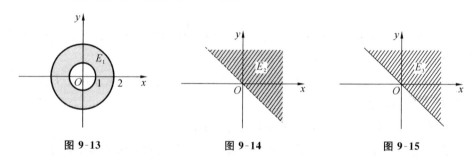

图 9-13　　　　　图 9-14　　　　　图 9-15

9.2.2　多元函数

例 1　圆柱体的体积 V 和它的底半径 r、高 h 之间具有关系
$$V=\pi r^2 h.$$
这里当 r,h 在集合 $\{(r,h)\mid r>0,h>0\}$ 内取定一对值 (r,h) 时,V 的对应值就随之确定.

例 2　一定量的理想气体的压强 p、体积 V 和绝对温度 T 之间具有关系

$$p = \frac{RT}{V},$$

其中 R 为常数. 这里当 V, T 在集合 $\{(V,T) \mid V > 0, T > 0\}$ 内取定一对值 (V,T) 时,p 的对应值就随之确定.

例3 设 R 是电阻 R_1、R_2 并联后的总电阻,由电学知道,它们之间具有关系

$$R = \frac{R_1 R_2}{R_1 + R_2},$$

这里当 R_1, R_2 在集合 $\{(R_1, R_2) \mid R_1 > 0, R_2 > 0\}$ 内取定一对值 (R_1, R_2) 时,R 的对应值就随之确定.

定义9.2.1 设 D 是 $\mathbf{R}^2$ 的一个非空子集,如果对于 D 内的任一点 (x, y),按照某种法则 f,都有唯一确定的实数 z 与之对应,则称 f 是 D 上的**二元函数**,记作

$$z = f(x, y), (x, y) \in D \quad (或 z = f(P), P \in D).$$

其中 x, y 称为**自变量**,x, y 的取值范围称为该函数的**定义域**,记作 $D(f)$;z 称为**因变量**,其取值范围称为二元函数 $z = f(x, y)$ 的**值域**,记作 $Z(f)$.

二元函数也可记作 $z = z(x, y), z = g(x, y)$ 等.

类似地,可定义三元及三元以上的函数. 当 $n \geqslant 2$ 时,n 元函数统称为**多元函数**.

例4 求下列二元函数的定义域:

(1) $z = \ln(x + y) - \ln x$; 　　(2) $z = \arcsin(x^2 + y^2)$;

(3) $z = \dfrac{\sqrt{4 - x^2 - y^2}}{\sqrt{x^2 + y^2 - 1}}$.

解 (1) 令 $f(x, y) = \ln(x + y)$,则 $D(f) = \{(x, y) \mid x + y > 0\}$;令 $g(x, y) = \ln x$,则 $D(g) = \{(x, y) \mid x > 0\}$.

$D(f)$ 与 $D(g)$ 的交集即为函数 z 的定义域,即

$$D(z) = D(f) \bigcap D(g) = \{(x, y) \mid x + y > 0, x > 0\},$$

此时 $D(z)$ 是开区域,且无界.

(2) 要使函数有意义,必须满足

$$\begin{cases} x^2 + y^2 \geqslant 0, \\ x^2 + y^2 \leqslant 1, \end{cases}$$

故所求定义域为 $\{(x, y) \mid 0 \leqslant x^2 + y^2 \leqslant 1\}$.

(3) 此函数是按照除法方式构造的,必须满足

$$\begin{cases} 4 - x^2 - y^2 \geqslant 0, \\ x^2 + y^2 - 1 > 0, \end{cases}$$

即 $D(z) = \{(x, y) \mid 1 < x^2 + y^2 \leqslant 4\}$,这时 $D(z)$ 既不是开区域也不是闭区域,且有界.

二元函数的图形是一张曲面. 例如, 函数 $z = ax + by + c$ 的图形是一个平面, 而函数 $z = x^2 + y^2$ 的图形是旋转抛物面.

例 5 已知函数 $f(x+y, x-y) = \dfrac{x^2 - y^2}{x^2 + y^2}$, 求 $f(x, y)$.

解 设 $u = x + y, v = x - y$, 则 $x = \dfrac{u+v}{2}, y = \dfrac{u-v}{2}$, 所以

$$f(u, v) = \dfrac{\left(\dfrac{u+v}{2}\right)^2 - \left(\dfrac{u-v}{2}\right)^2}{\left(\dfrac{u+v}{2}\right)^2 + \left(\dfrac{u-v}{2}\right)^2} = \dfrac{2uv}{u^2 + v^2},$$

即

$$f(x, y) = \dfrac{2xy}{x^2 + y^2}.$$

例 6 已知函数 $f(x, y) = \dfrac{2xy}{x^2 + y^2}$, 求 $f\left(1, \dfrac{x}{y}\right)$.

解 因 $f(u, v) = \dfrac{2uv}{u^2 + v^2}$, 取 $u = 1, v = \dfrac{x}{y}$, 则有

$$f\left(1, \dfrac{x}{y}\right) = \dfrac{2 \times 1 \cdot \dfrac{x}{y}}{1^2 + \left(\dfrac{x}{y}\right)^2} = \dfrac{2xy}{x^2 + y^2}.$$

习题 9.2

(A)

1. 判定下列平面点集中哪些是开集、闭集、区域、有界集、无界集, 并分别指出它们的聚点所成的点集和边界:
   (1) $\{(x, y) \mid x \neq 0, y \neq 0\}$;
   (2) $\{(x, y) \mid 1 < x^2 + y^2 \leqslant 4\}$;
   (3) $\{(x, y) \mid y > x^2\}$;
   (4) $\{(x, y) \mid x^2 + (y-1)^2 \geqslant 1\} \cap \{(x, y) \mid x^2 + (y-2)^2 \leqslant 4\}$.

2. 求下列函数的定义域:
   (1) $f(x, y) = \ln(x - y)$;
   (2) $g(x, y) = \arccos \dfrac{y}{x}$;
   (3) $h(x, y) = \arcsin \dfrac{x^2 + y^2}{4} + \dfrac{1}{\sqrt{y - x}}$;
   (4) $z(x, y) = \sqrt{x - \sqrt{y}}$;
   (5) $z = x + \dfrac{1}{\sqrt{y}}$;
   (6) $z = \sqrt{1 - x^2} + \sqrt{y^2 - 9}$;
   (7) $z = \ln(x^2 + y^2)$;
   (8) $z = \arcsin\left(\dfrac{y}{x} - 1\right)$;

(9) $z = \dfrac{\sqrt{4x-y^2}}{\ln(1-x^2-y^2)}$.

3. 设 $f(x+y, xy) = x^2 + y^2$,求 $f(x,y)$.

(B)

1. 设函数 $f(x,y) = \dfrac{xy}{x^2-y^2}$,求 $f(2,1), f\left(1, \dfrac{y}{x}\right)$.

2. 设函数 $f\left(x+y, \dfrac{y}{x}\right) = x^2 - y^2$,求 $f(x,y)$.

9.3　二元函数的极限与连续

9.3.1　二元函数的极限

与一元函数的极限概念类似,如果在 $(x,y) \to (x_0, y_0)$ 的过程中,对应的函数值 $f(x,y)$ 无限接近于一个确定的常数 A,则称 A 为函数 $f(x,y)$ 当 $(x,y) \to (x_0, y_0)$ 时的极限.

定义 9.3.1　设二元函数 $f(P) = f(x,y)$ 的定义域为 D,$P_0(x_0, y_0)$ 是 D 的聚点.如果存在常数 A,对于任意给定的正数 ε,总存在正数 δ,使得当 $P(x,y) \in D \cap \mathring{U}(P_0, \delta)$ 时,都有

$$|f(P) - A| = |f(x,y) - A| < \varepsilon$$

成立,则称常数 A 为函数 $f(x,y)$ 当 $(x,y) \to (x_0, y_0)$ 时的**极限**,记为

$$\lim_{(x,y) \to (x_0, y_0)} f(x,y) = A \quad 或 \quad f(x,y) \to A ((x,y) \to (x_0, y_0)),$$

也记作 $\lim\limits_{P \to P_0} f(P)$ 或 $f(P) \to A (P \to P_0)$.

例 1　设 $f(x,y) = (x^2+y^2)\sin\dfrac{1}{x^2+y^2}$,求证 $\lim\limits_{(x,y) \to (0,0)} f(x,y) = 0$.

证　因为

$$|f(x,y) - 0| = \left|(x^2+y^2)\sin\dfrac{1}{x^2+y^2} - 0\right|$$

$$= |x^2+y^2| \cdot \left|\sin\dfrac{1}{x^2+y^2}\right| \leqslant x^2+y^2,$$

可见 $\forall \varepsilon > 0$,取 $\delta = \sqrt{\varepsilon}$,则当 $0 < \sqrt{(x-0)^2+(y-0)^2} < \delta$,即

$$P(x,y) \in D \cap \mathring{U}(O, \delta)$$

时,总有
$$|f(x,y)-0|<\varepsilon,$$
因此 $\lim\limits_{(x,y)\to(0,0)} f(x,y)=0$.

注 (1) 定义9.3.1中,要求函数 $f(x,y)$ 在点 P_0 的去心邻域有定义,这表明点 P 趋于 P_0 时,点 P 可以不等于 P_0,也表明极限值 A 与函数 $f(x,y)$ 在点 P_0 处是否有定义无关.

(2) 二元函数的极限存在,是指点 P 以任何方式趋于点 P_0 时,函数都无限接近于 A. 如果当点 P 以两种不同方式趋于点 P_0 时,函数趋于不同的值,则函数的极限不存在.

例 2 讨论函数 $f(x,y)=\begin{cases}\dfrac{xy}{x^2+y^2}, & x^2+y^2\neq 0,\\ 0, & x^2+y^2=0\end{cases}$ 在点 $(0,0)$ 处有无极限.

解 当点 $P(x,y)$ 沿 x 轴趋于点 $(0,0)$ 时,有
$$\lim\limits_{(x,y)\to(0,0)} f(x,y)=\lim\limits_{x\to 0}f(x,0)=\lim\limits_{x\to 0} 0=0.$$
当点 $P(x,y)$ 沿 y 轴趋于点 $(0,0)$ 时,有
$$\lim\limits_{(x,y)\to(0,0)} f(x,y)=\lim\limits_{y\to 0}f(0,y)=\lim\limits_{y\to 0} 0=0.$$
当点 $P(x,y)$ 沿直线 $y=kx(k\neq 0)$ 趋于点 $(0,0)$ 时,有
$$\lim\limits_{\substack{(x,y)\to(0,0)\\ y=kx}}\frac{xy}{x^2+y^2}=\lim\limits_{x\to 0}\frac{kx^2}{x^2+k^2x^2}=\frac{k}{1+k^2}.$$
因此函数 $f(x,y)$ 在点 $(0,0)$ 处无极限.

二元函数的极限性质与一元函数的极限性质类似,如极限的加、减、乘、除四则运算公式,极限保号性等. 在下面的讨论中将直接使用有关性质和公式.

例 3 求下列二重极限:

(1) $\lim\limits_{(x,y)\to(1,2)} \ln(x+y^2)$; (2) $\lim\limits_{(x,y)\to(0,2)}\dfrac{\sin(xy)}{x}$; (3) $\lim\limits_{(x,y)\to(0,0)}\dfrac{x^2y^2}{x^2+y^2}$.

解 (1) 利用初等函数的极限得
$$\lim\limits_{(x,y)\to(1,2)} \ln(x+y^2)=\ln(1+2^2)=\ln 5;$$
(2) $\lim\limits_{(x,y)\to(0,2)}\dfrac{\sin(xy)}{x}=\lim\limits_{(x,y)\to(0,2)}\dfrac{\sin(xy)}{xy}\cdot y$
$$=\lim\limits_{(x,y)\to(0,2)}\dfrac{\sin(xy)}{xy}\cdot\lim\limits_{(x,y)\to(0,2)} y=1\times 2=2;$$
(3) 因为 $0\leqslant\dfrac{x^2y^2}{x^2+y^2}\leqslant\dfrac{x^2y^2+x^4}{x^2+y^2}=x^2$,又 $\lim\limits_{(x,y)\to(0,0)} x^2=0$,利用夹逼准则知

$$\lim_{(x,y)\to(0,0)} \frac{x^2 y^2}{x^2+y^2} = 0.$$

9.3.2 二元函数的连续性

定义 9.3.2 设二元函数 $f(P)=f(x,y)$ 的定义域为 D, $P_0(x_0,y_0)$ 为 D 的聚点,且 $P_0 \in D$. 如果

$$\lim_{(x,y)\to(x_0,y_0)} f(x,y) = f(x_0,y_0),$$

则称函数 $f(x,y)$ 在点 $P_0(x_0,y_0)$ 处**连续**;否则称之为**间断**.

如果函数 $f(x,y)$ 在 D 的每一点都连续,那么就称函数 $f(x,y)$ 在 D 上连续,或者称 $f(x,y)$ 是 D 上的连续函数.

二元函数的连续性概念可推广到 n 元函数 $f(P)$ 上去.

例 4 设 $f(x,y)=\sin x$, 证明 $f(x,y)$ 是 $\mathbf{R}^2$ 上的连续函数.

证 设 $P_0(x_0,y_0) \in \mathbf{R}^2$. $\forall \varepsilon > 0$, 由于 $\sin x$ 在 x_0 处连续,故 $\exists \delta > 0$, 当 $|x-x_0| < \delta$ 时,有

$$|\sin x - \sin x_0| < \varepsilon.$$

作 P_0 的 δ 邻域 $U(P_0,\delta)$, 则当 $P(x,y) \in U(P_0,\delta)$ 时,

$$|f(x,y)-f(x_0,y_0)| = |\sin x - \sin x_0| < \varepsilon,$$

即 $f(x,y)=\sin x$ 在点 $P_0(x_0,y_0)$ 连续. 由 P_0 的任意性知, $\sin x$ 作为 x,y 的二元函数在 $\mathbf{R}^2$ 上连续.

另证 对于任意的 $P_0(x_0,y_0) \in \mathbf{R}^2$, 因为

$$\lim_{(x,y)\to(x_0,y_0)} f(x,y) = \lim_{(x,y)\to(x_0,y_0)} \sin x = \sin x_0 = f(x_0,y_0),$$

所以函数 $f(x,y)=\sin x$ 在点 $P_0(x_0,y_0)$ 处连续. 由 P_0 的任意性知, $\sin x$ 作为 x,y 的二元函数在 $\mathbf{R}^2$ 上连续.

例 5 讨论二元函数 $f(x,y) = \begin{cases} \dfrac{x^3+y^3}{x^2+y^2}, & (x,y) \neq (0,0) \\ 0, & (x,y) = (0,0) \end{cases}$ 在点 $(0,0)$ 处的连续性.

解 令 $x=r\cos\theta, y=r\sin\theta$, 则

$$\lim_{(x,y)\to(0,0)} \frac{x^3+y^3}{x^2+y^2} = \lim_{r\to 0} r(\sin^3\theta + \cos^3\theta) = 0 = f(0,0),$$

所以函数在点 $(0,0)$ 处连续.

由例 2 知道，二元函数 $f(x,y) = \begin{cases} \dfrac{xy}{x^2+y^2}, & x^2+y^2 \neq 0, \\ 0, & x^2+y^2 = 0 \end{cases}$ 的定义域为 $D = \mathbf{R}^2$，点 $O(0,0)$ 是 D 的聚点. 当 $(x,y) \to (0,0)$ 时 $f(x,y)$ 的极限不存在，所以点 $O(0,0)$ 是该函数的一个间断点.

函数 $z = \sin\dfrac{1}{x^2+y^2-1}$ 的定义域为 $D = \{(x,y) \mid x^2+y^2 \neq 1\}$，圆周 $C = \{(x,y) \mid x^2+y^2 = 1\}$ 上的点都是 D 的聚点，而 $f(x,y)$ 在 C 上没有定义，当然 $f(x,y)$ 在 C 上各点都不连续，所以圆周 C 上各点都是该函数的间断点.

可以证明：多元连续函数的和、差、积仍为连续函数；连续函数的商在分母不为零处仍连续；多元连续函数的复合函数也是连续函数.

与一元初等函数类似，多元初等函数是指由常数及具有不同自变量的一元基本初等函数经过有限次的四则运算和复合运算而得到的多元函数.

例如，$\dfrac{x+x^2-y^2}{1+y^2}$，$\sin(x+y)$，$e^{x^2+y^2+z^2}$ 都是多元初等函数.

一切多元初等函数在其定义区域内是连续的. 所谓定义区域是指包含在定义域内的区域或闭区域.

由多元连续函数的连续性，如果要求多元连续函数 $f(P)$ 在点 P_0 处的极限存在，而该点又在此函数的定义区域内，则 $\lim\limits_{P \to P_0} f(P) = f(P_0)$.

例 6 求极限 $\lim\limits_{(x,y) \to (1,2)} \dfrac{x+y}{xy}$.

解 函数 $f(x,y) = \dfrac{x+y}{xy}$ 是初等函数，它的定义域为 $D = \{(x,y) \mid x \neq 0, y \neq 0\}$. 设 $P_0(1,2)$ 为 D 的一个内点，则存在 P_0 的某一邻域 $U(P_0) \subset D$，$U(P_0)$ 是 $f(x,y)$ 的一个定义区域，因此

$$\lim_{(x,y) \to (1,2)} f(x,y) = f(1,2) = \dfrac{3}{2}.$$

一般地，求 $\lim\limits_{P \to P_0} f(P)$ 时，如果 $f(P)$ 是初等函数，且 P_0 是 $f(P)$ 的定义域的内点，则 $f(P)$ 在点 P_0 处连续，且

$$\lim_{P \to P_0} f(P) = f(P_0).$$

例 7 求极限 $\lim\limits_{(x,y) \to (0,0)} \dfrac{\sqrt{xy+1}-1}{xy}$.

解 $\lim\limits_{(x,y)\to(0,0)}\dfrac{\sqrt{xy+1}-1}{xy} = \lim\limits_{(x,y)\to(0,0)}\dfrac{(\sqrt{xy+1}-1)(\sqrt{xy+1}+1)}{xy(\sqrt{xy+1}+1)}$

$= \lim\limits_{(x,y)\to(0,0)}\dfrac{1}{\sqrt{xy+1}+1} = \dfrac{1}{2}.$

9.3.3 二元连续函数的性质

性质 1(有界性与最大值最小值定理) 在有界闭区域 D 上的二元连续函数，必定在 D 上有界，且能取得它的最大值和最小值.

性质 1 说明，若 $f(P)$ 在有界闭区域 D 上连续，则必定存在常数 $M>0$，使得对一切 $P\in D$，有 $|f(P)|\leqslant M$，且存在 $P_1,P_2\in D$，使得

$$f(P_1)=\max\{f(P)\mid P\in D\},\quad f(P_2)=\min\{f(P)\mid P\in D\}.$$

性质 2(介值定理) 在有界闭区域 D 上的二元连续函数必取得介于最大值和最小值之间的任何值.

习题 9.3

(A)

1. 求下列各极限：

(1) $\lim\limits_{(x,y)\to(0,0)}\dfrac{2-\sqrt{xy+4}}{xy}$；

(2) $\lim\limits_{(x,y)\to(2,0)}\dfrac{\tan(xy)}{y}$；

(3) $\lim\limits_{(x,y)\to(1,0)}\dfrac{\ln(x+\mathrm{e}^y)}{\sqrt{x^2+y^2}}$；

(4) $\lim\limits_{(x,y)\to(0,0)}xy\sin\dfrac{1}{x^2+y^2}$；

(5) $\lim\limits_{(x,y)\to(0,0)}(1+\sin xy)^{\frac{1}{x}}$.

2. 下列函数在原点 O 是否连续？

(1) $f(x,y)=\begin{cases}xy\sin\dfrac{1}{x^2+y^2}, & x^2+y^2\neq 0,\\ 0, & x^2+y^2=0;\end{cases}$

(2) $g(x,y)=\begin{cases}\dfrac{y^3-x^3}{x^2+y^2}, & x^2+y^2\neq 0,\\ 1, & x^2+y^2=0.\end{cases}$

(B)

1. 下列函数在何处是间断的？

(1) $z=\dfrac{y^2+x}{y^2-x}$；

(2) $z=\dfrac{1}{\sin x\cos y}$.

2. 求下列极限：

(1) $\lim\limits_{(x,y)\to(\infty,\infty)} \dfrac{x+y}{x^2-xy+y^2}$；

(2) $\lim\limits_{(x,y)\to(\infty,\infty)} (x^2+y^2)\mathrm{e}^{-(x+y)}$；

(3) $\lim\limits_{(x,y)\to(0,0)} \left(x\sin\dfrac{1}{y}+y\sin\dfrac{1}{x}\right)$；

(4) $\lim\limits_{(x,y)\to(\infty,a)} \left(1-\dfrac{1}{2x}\right)^{\frac{x^2}{x+y}}$；

(5) $\lim\limits_{(x,y)\to(0,0)} \dfrac{y^3-x^3}{x^2+y^2}$.

3. 证明下列极限不存在：

(1) $\lim\limits_{(x,y)\to(0,0)} \dfrac{x-y}{x+y}$；

(2) $\lim\limits_{(x,y)\to(0,0)} \dfrac{xy^3}{x^2+y^6}$.

9.4 偏导数与全微分

9.4.1 偏导数

在研究一元函数时，从研究函数的变化率出发引入了导数概念. 在实际问题中，常常需要研究一个受到多种因素制约的变量，在其他因素不变的情况下，该变量只随一种因素变化的变化率问题，从数学角度看就是多元函数在其他自变量固定不变时，函数随一个自变量变化的变化率问题，即偏导数.

定义 9.4.1 设函数 $z=f(x,y)$ 在点 (x_0,y_0) 的某邻域内有定义，当 y 固定在 y_0，x 在 x_0 处有增量 Δx 时，相应地，函数有增量 $f(x_0+\Delta x, y_0)-f(x_0,y_0)$. 如果极限

$$\lim_{\Delta x\to 0}\dfrac{f(x_0+\Delta x, y_0)-f(x_0,y_0)}{\Delta x}$$

存在，则称此极限为函数 $z=f(x,y)$ 在点 (x_0,y_0) 处对 x 的**偏导数**，记作

$$\left.\dfrac{\partial z}{\partial x}\right|_{\substack{x=x_0\\y=y_0}}, \quad \left.\dfrac{\partial f}{\partial x}\right|_{\substack{x=x_0\\y=y_0}}, \quad \left.z'_x\right|_{\substack{x=x_0\\y=y_0}}, \quad 或 \quad f'_x(x_0,y_0).$$

类似地，函数 $z=f(x,y)$ 在点 (x_0,y_0) 处对 y 的**偏导数**定义为

$$\lim_{\Delta y\to 0}\dfrac{f(x_0,y_0+\Delta y)-f(x_0,y_0)}{\Delta y},$$

记作 $\left.\dfrac{\partial z}{\partial y}\right|_{\substack{x=x_0\\y=y_0}}, \quad \left.\dfrac{\partial f}{\partial y}\right|_{\substack{x=x_0\\y=y_0}}, \quad \left.z'_y\right|_{\substack{x=x_0\\y=y_0}}, \quad 或 \quad f'_y(x_0,y_0).$

如果函数 $z=f(x,y)$ 在区域 D 内每一点 (x,y) 处对 x 的偏导数都存在，则这个偏导数仍然是 x,y 的函数，该函数称为 $z=f(x,y)$ 对 x 的**偏导函数**（简称**偏导数**），记作

$$\frac{\partial z}{\partial x}, \quad \frac{\partial f}{\partial x}, \quad z'_x \quad 或 \quad f'_x(x,y).$$

类似地,可定义函数 $z = f(x,y)$ 对 y 的偏导函数,记为

$$\frac{\partial z}{\partial y}, \quad \frac{\partial f}{\partial y}, \quad z'_y \quad 或 \quad f'_y(x,y).$$

求 $\frac{\partial f}{\partial x}$ 时,只要把 y 暂时看做常量而对 x 求导数;求 $\frac{\partial f}{\partial y}$ 时,只要把 x 暂时看做常量而对 y 求导数.

偏导数的概念还可推广到二元以上的函数.例如三元函数 $u = f(x,y,z)$ 在点 (x,y,z) 处对 x 的偏导数定义为

$$f'_x(x,y,z) = \lim_{\Delta x \to 0} \frac{f(x+\Delta x, y, z) - f(x,y,z)}{\Delta x},$$

其中 (x,y,z) 是函数 $u = f(x,y,z)$ 的定义域的内点.

例 1 求 $z = x^2 + 3xy + y^2$ 在点 $(1,2)$ 处的偏导数.

解 $\quad \frac{\partial z}{\partial x} = 2x + 3y, \quad \frac{\partial z}{\partial y} = 3x + 2y,$

则

$$\frac{\partial z}{\partial x}\bigg|_{\substack{x=1\\y=2}} = 2\times 1 + 3\times 2 = 8, \quad \frac{\partial z}{\partial y}\bigg|_{\substack{x=1\\y=2}} = 3\times 1 + 2\times 2 = 7.$$

例 2 求 $z = x^2 \sin 2y$ 的偏导数.

解 $\frac{\partial z}{\partial x} = 2x\sin 2y, \frac{\partial z}{\partial y} = 2x^2 \cos 2y.$

例 3 设 $z = x^y (x > 0, x \neq 1)$,求证:$\frac{x}{y}\frac{\partial z}{\partial x} + \frac{1}{\ln x}\frac{\partial z}{\partial y} = 2z.$

证 由于 $\frac{\partial z}{\partial x} = yx^{y-1}, \frac{\partial z}{\partial y} = x^y \ln x,$ 则

$$\frac{x}{y}\frac{\partial z}{\partial x} + \frac{1}{\ln x}\frac{\partial z}{\partial y} = \frac{x}{y}yx^{y-1} + \frac{1}{\ln x}x^y \ln x = x^y + x^y = 2z.$$

例 4 求 $r = \sqrt{x^2 + y^2 + z^2}$ 的偏导数.

解 $\frac{\partial r}{\partial x} = \frac{x}{\sqrt{x^2+y^2+z^2}} = \frac{x}{r}$,利用函数关于自变量的对称性,得

$$\frac{\partial r}{\partial y} = \frac{y}{r}, \quad \frac{\partial r}{\partial z} = \frac{z}{r}.$$

例 5 已知理想气体的状态方程为 $pV = RT$ (R 为常数),求证:

$$\frac{\partial p}{\partial V} \cdot \frac{\partial V}{\partial T} \cdot \frac{\partial T}{\partial p} = -1.$$

证 因为 $p = \frac{RT}{V}$,则 $\frac{\partial p}{\partial V} = -\frac{RT}{V^2}$;又 $V = \frac{RT}{p}$,则 $\frac{\partial V}{\partial T} = \frac{R}{p}$;又 $T = \frac{pV}{R}$,则 $\frac{\partial T}{\partial p} =$

$\dfrac{V}{R}$,所以

$$\dfrac{\partial p}{\partial V} \cdot \dfrac{\partial V}{\partial T} \cdot \dfrac{\partial T}{\partial p} = -\dfrac{RT}{V^2} \cdot \dfrac{R}{p} \cdot \dfrac{V}{R} = -\dfrac{RT}{pV} = -1.$$

例 5 说明偏导数的记号是一个整体记号,不能看做分子分母之商.

偏导数的几何意义:$f'_x(x_0,y_0)$ 是截线 $z = f(x,y_0)$ 在点 M_0 处切线 T_x 对 x 轴正向的斜率;$f'_y(x_0,y_0)$ 是截线 $z = f(x_0,y)$ 在点 M_0 处切线 T_y 对 y 轴正向的斜率.

多元函数即使在某点的各偏导数都存在,在该点也不一定连续. 例如,函数

$$f(x,y) = \begin{cases} \dfrac{xy}{x^2+y^2}, & x^2+y^2 \neq 0, \\ 0, & x^2+y^2 = 0 \end{cases}$$

在点$(0,0)$ 有 $f'_x(0,0) = 0, f'_y(0,0) = 0$,但函数在点$(0,0)$ 处并不连续.

事实上,$f(x,0) = 0,\quad f(0,y) = 0,\quad f'_x(0,0) = 0,\quad f'_y(0,0) = 0.$

当点 $P(x,y)$ 沿 x 轴趋于点$(0,0)$ 时,有 $\lim\limits_{(x,y)\to(0,0)} f(x,y) = \lim\limits_{x\to 0} f(x,0) = \lim\limits_{x\to 0} 0 = 0$;当点 $P(x,y)$ 沿直线 $y = kx$ 趋于点$(0,0)$ 时,有 $\lim\limits_{\substack{(x,y)\to(0,0) \\ y=kx}} \dfrac{xy}{x^2+y^2} = \lim\limits_{x\to 0} \dfrac{kx^2}{x^2+k^2x^2} = \dfrac{k}{1+k^2}$. 因此,$\lim\limits_{(x,y)\to(0,0)} f(x,y)$ 不存在,故函数 $f(x,y)$ 在点$(0,0)$ 处不连续.

例 6 证明:函数 $f(x,y) = \sqrt{x^2+y^2}$ 在点$(0,0)$ 处连续,但在点$(0,0)$ 处不存在偏导数.

证 $f(x,y) = \sqrt{x^2+y^2}$ 是二元初等函数,与一元函数情形一样,初等函数在其定义域上是连续的,因此该函数在点$(0,0)$ 处连续,即

$$\lim\limits_{(x,y)\to(0,0)} \sqrt{x^2+y^2} = 0 = f(0,0).$$

另一方面,

$$f'_x(0,0) = \lim\limits_{\Delta x\to 0} \dfrac{f(0+\Delta x,0)-f(0,0)}{\Delta x} = \lim\limits_{\Delta x\to 0} \dfrac{|\Delta x|}{\Delta x},$$

上述极限显然不存在,因而 $f'_x(0,0)$ 不存在;同理可证 $f'_y(0,0)$ 不存在.

9.4.2 高阶偏导数

设函数 $z = f(x,y)$ 在区域 D 内具有偏导数

$$\dfrac{\partial z}{\partial x} = f'_x(x,y),\quad \dfrac{\partial z}{\partial y} = f'_y(x,y),$$

那么在 D 内 $f'_x(x,y),f'_y(x,y)$ 都是 x,y 的函数.

如果函数 $z=f(x,y)$ 在区域 D 内的偏导数 $f'_x(x,y),f'_y(x,y)$ 也具有偏导数，则它们的偏导数称为函数 $z=f(x,y)$ 的**二阶偏导数**. 按照对变量求导次序的不同，有下列四个二阶偏导数：

$$\frac{\partial}{\partial x}\left(\frac{\partial z}{\partial x}\right)=\frac{\partial^2 z}{\partial x^2}=f''_{xx}(x,y)=z''_{xx}, \qquad \frac{\partial}{\partial y}\left(\frac{\partial z}{\partial x}\right)=\frac{\partial^2 z}{\partial x\partial y}=f''_{xy}(x,y)=z''_{xy},$$

$$\frac{\partial}{\partial x}\left(\frac{\partial z}{\partial y}\right)=\frac{\partial^2 z}{\partial y\partial x}=f''_{yx}(x,y)=z''_{yx}, \qquad \frac{\partial}{\partial y}\left(\frac{\partial z}{\partial y}\right)=\frac{\partial^2 z}{\partial y^2}=f''_{yy}(x,y)=z''_{yy}.$$

其中 $\frac{\partial}{\partial y}\left(\frac{\partial z}{\partial x}\right)=\frac{\partial^2 z}{\partial x\partial y}=f''_{xy}(x,y), \frac{\partial}{\partial x}\left(\frac{\partial z}{\partial y}\right)=\frac{\partial^2 z}{\partial y\partial x}=f''_{yx}(x,y)$ 称为**混合偏导数**.

同样可定义三阶、四阶及 n 阶偏导数. 二阶及二阶以上的偏导数统称为**高阶偏导数**.

例 7 设 $z=x^3y^2-3xy^3-xy+1$，求 $\frac{\partial^2 z}{\partial x^2},\frac{\partial^3 z}{\partial x^3},\frac{\partial^2 z}{\partial y\partial x}$ 和 $\frac{\partial^2 z}{\partial x\partial y}$.

解 $\frac{\partial z}{\partial x}=3x^2y^2-3y^3-y, \qquad \frac{\partial^2 z}{\partial x^2}=6xy^2, \qquad \frac{\partial^3 z}{\partial x^3}=6y^2,$

$\frac{\partial z}{\partial y}=2x^3y-9xy^2-x, \qquad \frac{\partial^2 z}{\partial x\partial y}=6x^2y-9y^2-1, \qquad \frac{\partial^2 z}{\partial y\partial x}=6x^2y-9y^2-1.$

由例 7 可见，$\frac{\partial^2 z}{\partial y\partial x}=\frac{\partial^2 z}{\partial x\partial y}$，那么在什么情况下这个式子一定成立呢？

定理 9.4.1 如果函数 $z=f(x,y)$ 的两个二阶混合偏导数 $\frac{\partial^2 z}{\partial y\partial x}$ 及 $\frac{\partial^2 z}{\partial x\partial y}$ 在区域 D 内连续，那么在该区域内这两个二阶混合偏导数必相等.

证明从略.

例 8 验证函数 $z=\ln\sqrt{x^2+y^2}$ 满足方程 $\frac{\partial^2 z}{\partial x^2}+\frac{\partial^2 z}{\partial y^2}=0$.

证 因为 $z=\ln\sqrt{x^2+y^2}=\frac{1}{2}\ln(x^2+y^2)$，所以

$$\frac{\partial z}{\partial x}=\frac{x}{x^2+y^2}, \qquad \frac{\partial z}{\partial y}=\frac{y}{x^2+y^2},$$

$$\frac{\partial^2 z}{\partial x^2}=\frac{(x^2+y^2)-x\cdot 2x}{(x^2+y^2)^2}=\frac{y^2-x^2}{(x^2+y^2)^2},$$

$$\frac{\partial^2 z}{\partial y^2}=\frac{(x^2+y^2)-y\cdot 2y}{(x^2+y^2)^2}=\frac{x^2-y^2}{(x^2+y^2)^2}.$$

因此 $\frac{\partial^2 z}{\partial x^2}+\frac{\partial^2 z}{\partial y^2}=\frac{y^2-x^2}{(x^2+y^2)^2}+\frac{x^2-y^2}{(x^2+y^2)^2}=0.$

例 9 证明函数 $u=\frac{1}{r}$ 满足方程 $\frac{\partial^2 u}{\partial x^2}+\frac{\partial^2 u}{\partial y^2}+\frac{\partial^2 u}{\partial z^2}=0$，其

中 $r = \sqrt{x^2 + y^2 + z^2}$.

证
$$\frac{\partial u}{\partial x} = -\frac{1}{r^2} \cdot \frac{\partial r}{\partial x} = -\frac{1}{r^2} \cdot \frac{x}{r} = -\frac{x}{r^3},$$

$$\frac{\partial^2 u}{\partial x^2} = \frac{\partial}{\partial x}\left(-\frac{x}{r^3}\right) = -\frac{r^3 - x \cdot \frac{\partial}{\partial x}(r^3)}{r^6} = -\frac{r^3 - x \cdot 3r^2 \frac{\partial r}{\partial x}}{r^6} = -\frac{1}{r^3} + \frac{3x^2}{r^5}.$$

利用函数关于自变量的对称性,得

$$\frac{\partial^2 u}{\partial y^2} = -\frac{1}{r^3} + \frac{3y^2}{r^5}, \quad \frac{\partial^2 u}{\partial z^2} = -\frac{1}{r^3} + \frac{3z^2}{r^5}.$$

因此
$$\frac{\partial^2 u}{\partial x^2} + \frac{\partial^2 u}{\partial y^2} + \frac{\partial^2 u}{\partial z^2} = \left(-\frac{1}{r^3} + \frac{3x^2}{r^5}\right) + \left(-\frac{1}{r^3} + \frac{3y^2}{r^5}\right) + \left(-\frac{1}{r^3} + \frac{3z^2}{r^5}\right)$$
$$= -\frac{3}{r^3} + \frac{3(x^2+y^2+z^2)}{r^5} = -\frac{3}{r^3} + \frac{3r^2}{r^5} = 0.$$

9.4.3 全微分

在一元函数 $y = f(x)$ 中,微分 $dy = A\Delta x = f'(x)dx$ 是函数增量 Δy 的线性部分.对于多元函数,是否也有相应的量?下面以二元函数为例讨论这一问题.

根据一元函数微分学中增量与微分的关系,可得

$$f(x+\Delta x, y) - f(x,y) \approx f'_x(x,y)\Delta x,$$
$$f(x, y+\Delta y) - f(x,y) \approx f'_y(x,y)\Delta y,$$

上面两式的左端分别叫做二元函数对 x 和对 y 的**偏增量**,而右端分别叫做二元函数对 x 和对 y 的**偏微分**.

在实际问题中,有时需要研究多元函数中各个自变量同时取得增量时因变量所获得的增量,即所谓全增量问题.以二元函数为例讨论如下.

设函数 $z = f(x,y)$ 在点 $P(x,y)$ 的某邻域内有定义,$P_1(x+\Delta x, y+\Delta y)$ 为该邻域内的任意一点,则称这两点的函数值之差 $f(x+\Delta x, y+\Delta y) - f(x,y)$ 为函数在点 P 对应于自变量增量 $\Delta x, \Delta y$ 的**全增量**,记作 Δz,即

$$\Delta z = f(x+\Delta x, y+\Delta y) - f(x,y). \tag{9.4.1}$$

与一元函数一样,考虑采用自变量的增量 $\Delta x, \Delta y$ 的线性函数来近似地代替函数的全增量 Δz,从而引入如下定义.

定义 9.4.2 设函数 $z = f(x,y)$ 在点 (x,y) 的某邻域内有定义,如果函数在点 (x,y) 的全增量

$$\Delta z = f(x+\Delta x, y+\Delta y) - f(x,y)$$

可表示为

$$\Delta z = A\Delta x + B\Delta y + o(\rho) \quad (\rho = \sqrt{(\Delta x)^2 + (\Delta y)^2}), \tag{9.4.2}$$

其中 A,B 不依赖于 $\Delta x、\Delta y$,而仅与 x,y 有关,则称函数 $z=f(x,y)$ 在点 (x,y) **可微**,而称 $A\Delta x+B\Delta y$ 为函数 $z=f(x,y)$ 在点 (x,y) 的**全微分**,记作 $\mathrm{d}z$,即

$$\mathrm{d}z = \mathrm{d}f(x,y)|_{(x,y)=(x_0,y_0)} = A\Delta x + B\Delta y. \tag{9.4.3}$$

可见全微分 $\mathrm{d}z$ 是 $\Delta x、\Delta y$ 的线性函数,且当 $\rho \to 0$ 时,$\mathrm{d}z$ 与 Δz 仅相差一个较 ρ 高阶的无穷小量,因此也可以说全微分 $\mathrm{d}z$ 是全增量 Δz 的线性主要部分,简称**线性主部**.

一元函数微分表达式中,其自变量增量前面的系数就是函数在该点的导数,对于全微分表达式(9.4.3),其中系数 A,B 也有类似结论.

下面讨论函数 $z=f(x,y)$ 在点 (x,y) 可微的条件.

定理 9.4.2(必要条件) 如果函数 $z=f(x,y)$ 在点 (x,y) 可微,则该函数在点 (x,y) 的偏导数 $\dfrac{\partial z}{\partial x}$ 和 $\dfrac{\partial z}{\partial y}$ 必定存在,且函数 $z=f(x,y)$ 在点 (x,y) 的全微分为

$$\mathrm{d}z = \frac{\partial z}{\partial x}\Delta x + \frac{\partial z}{\partial y}\Delta y. \tag{9.4.4}$$

证 设函数 $z=f(x,y)$ 在点 $P(x,y)$ 可微.于是,对于点 P 的某个邻域内的任意一点 $P'(x+\Delta x, y+\Delta y)$,有 $\Delta z = A\Delta x + B\Delta y + o(\rho)$.特别当 $\Delta y = 0$ 时,有

$$f(x+\Delta x, y) - f(x,y) = A\Delta x + o(|\Delta x|).$$

上式两边各除以 Δx,再令 $\Delta x \to 0$,取极限,得

$$\lim_{\Delta x \to 0} \frac{f(x+\Delta x,y) - f(x,y)}{\Delta x} = A,$$

即偏导数 $\dfrac{\partial z}{\partial x}$ 存在,且 $\dfrac{\partial z}{\partial x} = A$.

同理可证偏导数 $\dfrac{\partial z}{\partial y}$ 存在,且 $\dfrac{\partial z}{\partial y} = B$,所以式(9.4.4)成立.

一元函数在某点的导数存在是微分存在的充分必要条件.但对于多元函数来说,情形就不同了.当函数的各偏导数都存在时,虽然能从形式上写出 $\dfrac{\partial z}{\partial x}\Delta x + \dfrac{\partial z}{\partial y}\Delta y$,但它与 Δz 之差并不一定是较 ρ 高阶的无穷小,因此它不一定是函数的全微分.换言之,偏导数 $\dfrac{\partial z}{\partial x}$ 和 $\dfrac{\partial z}{\partial y}$ 存在是可微分的必要条件,但不是充分条件.例如,函数

$$f(x,y) = \begin{cases} \dfrac{xy}{\sqrt{x^2+y^2}}, & x^2+y^2 \neq 0, \\ 0, & x^2+y^2 = 0 \end{cases}$$

在点 $(0,0)$ 处虽然有 $f_x(0,0) = 0$ 及 $f_y(0,0) = 0$,但函数在 $(0,0)$ 处不可微,即 $\Delta z - [f_x(0,0)\Delta x + f_y(0,0)\Delta y]$ 不是较 ρ 高阶的无穷小.这是因为当 $(\Delta x, \Delta y)$ 沿

直线 $y = x$ 趋于 $(0,0)$ 时,

$$\frac{\Delta z-[f_x(0,0)\cdot\Delta x+f_y(0,0)\cdot\Delta y]}{\rho} = \frac{\Delta x\cdot\Delta y}{(\Delta x)^2+(\Delta y)^2}$$

$$= \frac{\Delta x\cdot\Delta x}{(\Delta x)^2+(\Delta x)^2} = \frac{1}{2} \neq 0.$$

这表示当 $\rho\to 0$ 时,$\Delta z-[f_x(0,0)\Delta x+f_y(0,0)\Delta y]$ 并不是较 ρ 高阶的无穷小,因此函数 $f(x,y)$ 在点 $(0,0)$ 处的全微分并不存在,即函数在点 $(0,0)$ 处是不可微的。

由定理 9.4.2 及上述例子可知,偏导数存在是可微的必要条件而不是充分条件。但是,如果再假定函数的各个偏导数连续,则可以证明函数是可微的。

定理 9.4.3(充分条件) 如果函数 $z = f(x,y)$ 的偏导数 $\dfrac{\partial z}{\partial x}$ 和 $\dfrac{\partial z}{\partial y}$ 在点 (x,y) 处连续,则函数在该点可微。

定理 9.4.3 给出了函数可微的一个充分条件,采用这个定理去验证可微性比用定义去验证更方便。

例 10 计算函数 $z = x^2y + y^2$ 的全微分。

解 因为 $\dfrac{\partial z}{\partial x} = 2xy$,$\dfrac{\partial z}{\partial y} = x^2 + 2y$,这两个偏导数在平面 $\mathbf{R}^2$ 上连续,所以

$$dz = 2xy\, dx + (x^2 + 2y)\, dy.$$

例 11 计算函数 $z = e^{xy}$ 在点 $(2,1)$ 处的全微分。

解 因为 $\dfrac{\partial z}{\partial x} = ye^{xy}$,$\dfrac{\partial z}{\partial y} = xe^{xy}$,则 $\left.\dfrac{\partial z}{\partial x}\right|_{\substack{x=2\\y=1}} = e^2$,$\left.\dfrac{\partial z}{\partial y}\right|_{\substack{x=2\\y=1}} = 2e^2$,所以

$$dz = e^2\, dx + 2e^2\, dy.$$

例 12 计算函数 $u = x + \sin\dfrac{y}{2} + e^{yz}$ 的全微分。

解 因为 $\dfrac{\partial u}{\partial x} = 1$,$\dfrac{\partial u}{\partial y} = \dfrac{1}{2}\cos\dfrac{y}{2} + ze^{yz}$,$\dfrac{\partial u}{\partial z} = ye^{yz}$,所以

$$du = dx + \left(\frac{1}{2}\cos\frac{y}{2} + ze^{yz}\right)dy + ye^{yz}\, dz.$$

定理 9.4.2 和定理 9.4.3 的结论可推广到三元及三元以上的多元函数。

按照习惯,Δx 和 Δy 分别记作 dx 和 dy,并分别称为自变量的微分,则函数 $z = f(x,y)$ 的全微分可写为

$$dz = \frac{\partial z}{\partial x}dx + \frac{\partial z}{\partial y}dy.$$

二元函数的全微分等于它的两个偏微分之和,此即为二元函数的微分复合叠加原理。微分复合叠加原理也适用于二元以上的函数。例如,函数 $u = f(x,y,z)$ 的

全微分为

$$du = \frac{\partial u}{\partial x}dx + \frac{\partial u}{\partial y}dy + \frac{\partial u}{\partial z}dz.$$

如果函数在区域 D 内各点处都可微,那么称这函数在 D 内可微.

对于一元函数,函数在一点可微,则函数在该点必连续,反之不真. 这一结论对多元函数仍成立.

事实上,如果 $z = f(x,y)$ 在点 (x,y) 可微,则

$$\Delta z = f(x+\Delta x, y+\Delta y) - f(x,y) = A\Delta x + B\Delta y + o(\rho),$$

$\lim\limits_{\rho \to 0}\Delta z = 0$,从而

$$\lim_{(\Delta x, \Delta y) \to (0,0)} f(x+\Delta x, y+\Delta y) = \lim_{\rho \to 0}[f(x,y) + \Delta z] = f(x,y).$$

因此函数 $z = f(x,y)$ 在点 (x,y) 处连续.

多元函数在某点可微,则函数在该点必连续,且偏导数必存在,但偏导数存在不一定连续. 这是因为偏导数 $f'_x(x_0,y_0)$,$f'_y(x_0,y_0)$ 存在只表明点 $P(x,y)$ 沿平行于 x 轴或 y 轴趋于点 $P_0(x_0,y_0)$ 时函数变化的情况;而连续、可微性却是与 $P_0(x_0,y_0)$ 的一个邻域有关的概念,这些概念均与极限有关. 在某点 $P_0(x_0,y_0)$ 的邻域上趋于该点比限制在平行于坐标轴上的变化要复杂得多,这就是偏导数起不到一元函数中导数的作用的原因.

全微分可应用于近似计算与误差估计.

例 13 求 $\sqrt[3]{(2.02)^2 + (1.97)^2}$ 的近似值.

解 设 $f(x,y) = \sqrt[3]{x^2+y^2}$,取点 $P_0(x_0,y_0) = P_0(2,2)$,$\Delta x = 0.02$,$\Delta y = -0.03$,则

$$f'_x(x,y) = \frac{2x}{3(\sqrt[3]{x^2+y^2})^2}, \quad f'_x(2,2) = \frac{1}{3},$$

$$f'_y(x,y) = \frac{2y}{3(\sqrt[3]{x^2+y^2})^2}, \quad f'_y(2,2) = \frac{1}{3}.$$

又 $f(2,2) = 2$,由

$$\Delta z = f(x_0+\Delta x, y_0+\Delta y) - f(x_0,y_0)$$
$$\approx dz$$
$$= f'_x(x_0,y_0)dx + f'_y(x_0,y_0)dy$$
$$= \frac{1}{3} \times 0.02 + \frac{1}{3} \times (-0.03).$$

故 $\sqrt[3]{(2.02)^2 + (1.97)^2} \approx f(2,2) + \frac{1}{3} \times 0.02 + \frac{1}{3} \times (-0.03) \approx 1.997.$

习题 9.4

(A)

1. 求下列函数的偏导数：

   (1) $z = x^3 y - xy^3$；　　(2) $z = \sin(xy) + \cos^2(xy)$；　　(3) $z = \dfrac{x^2 + y^2}{xy}$；

   (4) $z = \ln\tan\dfrac{x}{y}$；　　(5) $u = (xy)^z$；　　(6) $z = \sin\dfrac{x}{y}\cos\dfrac{y}{x}$.

2. 求下列函数的二阶偏导数：

   (1) $z = \sin(x^2 + y^2)$；　　　　　　　(2) $z = \sqrt{1 + x^2 y^2}$；

   (3) $z = e^{\frac{y^2}{x}}$；　　　　　　　　　(4) $u = \dfrac{1}{\sqrt{x^2 + y^2 + z^2}}$.

3. 求下列函数的全微分：

   (1) $z = \arctan\dfrac{y}{x}\ (x \neq 0)$；　　　　(2) $u = x^3 + y^3 + z^3 - 3e^{xyz}$；

   (3) $u = \left(\dfrac{x}{y}\right)^{\frac{1}{z}}$ 在点 $(1,1,1)$ 处.

(B)

1. 设 $f(x,y) = \begin{cases} \dfrac{x^2 y^2}{(x^2 + y^2)^{\frac{3}{2}}}, & x^2 + y^2 \neq 0, \\ 0, & x^2 + y^2 = 0, \end{cases}$ 证明：$f(x,y)$ 在点 $(0,0)$ 处连续且偏导数存在.

2. 已知 $\dfrac{\partial^2 z}{\partial y^2} = 2$，且 $f(x,0) = 1$，$f'_y(x,0) = x$，求 $f(x,y)$.

3. 求下列函数的全微分：

   (1) $z = \arctan\dfrac{x+y}{x-y}$；　　(2) $z = \sqrt{\dfrac{x+2y}{x-2y}}$；　　(3) $z = (x^2 + y^2)e^{-\arctan\frac{y}{x}}$.

4. 求下列各式的近似值：

   (1) $1.08^{3.96}$；　　　　　　　　　　　　(2) $\sin 29° \times \tan 46°$；

   (3) $\sqrt{1.97^3 + 1.02^3}$.

9.5　多元复合函数求导法则

9.5.1　复合函数的中间变量均为一元函数

定理 9.5.1　如果函数 $u = \varphi(t)$ 及 $v = \psi(t)$ 都在点 t 处可导，函数 $z = f(u,v)$

在对应点 $(u,v) = (\varphi(t), \psi(t))$ 具有连续偏导数,则复合函数 $z = f(\varphi(t), \psi(t))$ 在点 t 处可导,且有

$$\frac{\mathrm{d}z}{\mathrm{d}t} = \frac{\partial z}{\partial u} \cdot \frac{\mathrm{d}u}{\mathrm{d}t} + \frac{\partial z}{\partial v} \cdot \frac{\mathrm{d}v}{\mathrm{d}t}. \tag{9.5.1}$$

证法一 因为函数 $z = f(u,v)$ 具有连续的偏导数,所以它是可微的,即有

$$\mathrm{d}z = \frac{\partial z}{\partial u}\mathrm{d}u + \frac{\partial z}{\partial v}\mathrm{d}v.$$

又因为 $u = \varphi(t)$ 及 $v = \psi(t)$ 都可导,因而可微,即有

$$\mathrm{d}u = \frac{\mathrm{d}u}{\mathrm{d}t}\mathrm{d}t, \quad \mathrm{d}v = \frac{\mathrm{d}v}{\mathrm{d}t}\mathrm{d}t,$$

代入上式得

$$\mathrm{d}z = \frac{\partial z}{\partial u} \cdot \frac{\mathrm{d}u}{\mathrm{d}t}\mathrm{d}t + \frac{\partial z}{\partial v} \cdot \frac{\mathrm{d}v}{\mathrm{d}t}\mathrm{d}t = \left(\frac{\partial z}{\partial u} \cdot \frac{\mathrm{d}u}{\mathrm{d}t} + \frac{\partial z}{\partial v} \cdot \frac{\mathrm{d}v}{\mathrm{d}t}\right)\mathrm{d}t,$$

从而

$$\frac{\mathrm{d}z}{\mathrm{d}t} = \frac{\partial z}{\partial u} \cdot \frac{\mathrm{d}u}{\mathrm{d}t} + \frac{\partial z}{\partial v} \cdot \frac{\mathrm{d}v}{\mathrm{d}t}.$$

证法二 当 t 取得增量 Δt 时,u,v 及 z 相应地取得增量 $\Delta u, \Delta v$ 及 Δz. 由 $z = f(u,v), u = \varphi(t)$ 及 $v = \psi(t)$ 的可微性,有

$$\Delta z = \frac{\partial z}{\partial u}\Delta u + \frac{\partial z}{\partial v}\Delta v + o(\rho) = \frac{\partial z}{\partial u}\left[\frac{\mathrm{d}u}{\mathrm{d}t}\Delta t + o(\Delta t)\right] + \frac{\partial z}{\partial v}\left[\frac{\mathrm{d}v}{\mathrm{d}t}\Delta t + o(\Delta t)\right] + o(\rho)$$

$$= \left(\frac{\partial z}{\partial u} \cdot \frac{\mathrm{d}u}{\mathrm{d}t} + \frac{\partial z}{\partial v} \cdot \frac{\mathrm{d}v}{\mathrm{d}t}\right)\Delta t + \left(\frac{\partial z}{\partial u} + \frac{\partial z}{\partial v}\right)o(\Delta t) + o(\rho),$$

$$\frac{\Delta z}{\Delta t} = \frac{\partial z}{\partial u} \cdot \frac{\mathrm{d}u}{\mathrm{d}t} + \frac{\partial z}{\partial v} \cdot \frac{\mathrm{d}v}{\mathrm{d}t} + \left(\frac{\partial z}{\partial u} + \frac{\partial z}{\partial v}\right)\frac{o(\Delta t)}{\Delta t} + \frac{o(\rho)}{\Delta t},$$

令 $\Delta t \to 0$,上式两边取极限,即得 $\dfrac{\mathrm{d}z}{\mathrm{d}t} = \dfrac{\partial z}{\partial u} \cdot \dfrac{\mathrm{d}u}{\mathrm{d}t} + \dfrac{\partial z}{\partial v} \cdot \dfrac{\mathrm{d}v}{\mathrm{d}t}.$

注 $\lim\limits_{\Delta t \to 0}\dfrac{o(\rho)}{\Delta t} = \lim\limits_{\Delta t \to 0}\dfrac{o(\rho)}{\rho} \cdot \dfrac{\sqrt{(\Delta u)^2 + (\Delta v)^2}}{\Delta t} = 0 \cdot \sqrt{\left(\dfrac{\mathrm{d}u}{\mathrm{d}t}\right)^2 + \left(\dfrac{\mathrm{d}v}{\mathrm{d}t}\right)^2} = 0.$

定理 9.5.1 的结论可推广到中间变量多于两个的情形.

例如,设 $z = f(u,v,w), u = \varphi(t), v = \psi(t), w = \omega(t)$,则 $z = f(\varphi(t), \psi(t), \omega(t))$ 对 t 的导数为

$$\frac{\mathrm{d}z}{\mathrm{d}t} = \frac{\partial z}{\partial u}\frac{\mathrm{d}u}{\mathrm{d}t} + \frac{\partial z}{\partial v}\frac{\mathrm{d}v}{\mathrm{d}t} + \frac{\partial z}{\partial w}\frac{\mathrm{d}w}{\mathrm{d}t}. \tag{9.5.2}$$

例 1 设 $z = y\ln x, x = \mathrm{e}^t, y = \sin t$,求 $\dfrac{\mathrm{d}z}{\mathrm{d}t}$.

解 $\dfrac{\partial z}{\partial x} = \dfrac{y}{x}, \dfrac{\partial z}{\partial y} = \ln x, \dfrac{\mathrm{d}x}{\mathrm{d}t} = \mathrm{e}^t, \dfrac{\mathrm{d}y}{\mathrm{d}t} = \cos t.$ 由式(9.5.1) 得

$$\frac{\mathrm{d}z}{\mathrm{d}t} = \frac{\partial z}{\partial x} \cdot \frac{\mathrm{d}x}{\mathrm{d}t} + \frac{\partial z}{\partial y} \cdot \frac{\mathrm{d}y}{\mathrm{d}t} = \frac{y}{x}\mathrm{e}^t + \ln x \cdot \cos t.$$

9.5.2 复合函数的中间变量均为二元函数

定理 9.5.2 如果函数 $u=\varphi(x,y),v=\psi(x,y)$ 都在点 (x,y) 具有对 x 及 y 的偏导数,函数 $z=f(u,v)$ 在对应点 (u,v) 具有连续偏导数,则复合函数 $z=f(\varphi(x,y),\psi(x,y))$ 在点 (x,y) 的两个偏导数存在,且有

$$\frac{\partial z}{\partial x}=\frac{\partial z}{\partial u}\cdot\frac{\partial u}{\partial x}+\frac{\partial z}{\partial v}\cdot\frac{\partial v}{\partial x}, \tag{9.5.3}$$

$$\frac{\partial z}{\partial y}=\frac{\partial z}{\partial u}\cdot\frac{\partial u}{\partial y}+\frac{\partial z}{\partial v}\cdot\frac{\partial v}{\partial y}. \tag{9.5.4}$$

定理 9.5.2 的证明同定理 9.5.1. 式(9.5.3)和式(9.5.4)也称求复合函数偏导数的链式法则.

推广 设 $z=f(u,v,w),u=\varphi(x,y),v=\psi(x,y),w=\omega(x,y)$,则

$$\frac{\partial z}{\partial x}=\frac{\partial z}{\partial u}\cdot\frac{\partial u}{\partial x}+\frac{\partial z}{\partial v}\cdot\frac{\partial v}{\partial x}+\frac{\partial z}{\partial w}\cdot\frac{\partial w}{\partial x},$$

$$\frac{\partial z}{\partial y}=\frac{\partial z}{\partial u}\cdot\frac{\partial u}{\partial y}+\frac{\partial z}{\partial v}\cdot\frac{\partial v}{\partial y}+\frac{\partial z}{\partial w}\cdot\frac{\partial w}{\partial y}.$$

讨论:

(1) 设 $z=f(u,v),u=\varphi(x,y),v=\psi(y)$,则

$$\frac{\partial z}{\partial x}=\frac{\partial z}{\partial u}\cdot\frac{\partial u}{\partial x}, \quad \frac{\partial z}{\partial y}=\frac{\partial z}{\partial u}\cdot\frac{\partial u}{\partial y}+\frac{\partial z}{\partial v}\cdot\frac{\mathrm{d}v}{\mathrm{d}y};$$

(2) 设 $z=f(u,x,y)$,且 $u=\varphi(x,y)$,则

$$\frac{\partial z}{\partial x}=\frac{\partial f}{\partial u}\frac{\partial u}{\partial x}+\frac{\partial f}{\partial x}, \quad \frac{\partial z}{\partial y}=\frac{\partial f}{\partial u}\frac{\partial u}{\partial y}+\frac{\partial f}{\partial y}.$$

这里 $\frac{\partial z}{\partial x}$ 与 $\frac{\partial f}{\partial x}$ 是不同的,$\frac{\partial z}{\partial x}$ 是把复合函数 $z=f(\varphi(x,y),x,y)$ 中的 y 看做不变而对 x 的偏导数,$\frac{\partial f}{\partial x}$ 是把 $f(u,x,y)$ 中的 u 及 y 看做不变而对 x 的偏导数. $\frac{\partial z}{\partial y}$ 与 $\frac{\partial f}{\partial y}$ 也有类似的区别.

9.5.3 复合函数的中间变量既有一元函数,又有二元函数

定理 9.5.3 如果函数 $u=\varphi(x,y)$ 在点 (x,y) 具有对 x 及对 y 的偏导数,函数 $v=\psi(y)$ 在点 y 处可导,函数 $z=f(u,v)$ 在对应点 (u,v) 具有连续偏导数,则复合函数 $z=f(\varphi(x,y),\psi(y))$ 在点 (x,y) 的两个偏导数存在,且有

$$\frac{\partial z}{\partial x}=\frac{\partial z}{\partial u}\cdot\frac{\partial u}{\partial x}, \quad \frac{\partial z}{\partial y}=\frac{\partial z}{\partial u}\cdot\frac{\partial u}{\partial y}+\frac{\partial z}{\partial v}\cdot\frac{\mathrm{d}v}{\mathrm{d}y}.$$

例 2 设 $z=\mathrm{e}^u\sin v,u=xy,v=x+y$,求 $\frac{\partial z}{\partial x}$ 和 $\frac{\partial z}{\partial y}$.

解 $\dfrac{\partial z}{\partial x} = \dfrac{\partial z}{\partial u} \cdot \dfrac{\partial u}{\partial x} + \dfrac{\partial z}{\partial v} \cdot \dfrac{\partial v}{\partial x} = e^u \sin v \cdot y + e^u \cos v \cdot 1$

$\qquad = e^{xy}[y\sin(x+y) + \cos(x+y)],$

$\dfrac{\partial z}{\partial y} = \dfrac{\partial z}{\partial u} \cdot \dfrac{\partial u}{\partial y} + \dfrac{\partial z}{\partial v} \cdot \dfrac{\partial v}{\partial y}$

$\qquad = e^u \sin v \cdot x + e^u \cos v \cdot 1$

$\qquad = e^{xy}[x\sin(x+y) + \cos(x+y)].$

例 3 设 $u = f(x,y,z) = e^{x^2+y^2+z^2}$,而 $z = x^2 \sin y$. 求 $\dfrac{\partial u}{\partial x}$ 和 $\dfrac{\partial u}{\partial y}$.

解 $\dfrac{\partial u}{\partial x} = \dfrac{\partial f}{\partial x} + \dfrac{\partial f}{\partial z} \cdot \dfrac{\partial z}{\partial x} = 2x e^{x^2+y^2+z^2} + 2z e^{x^2+y^2+z^2} \cdot 2x\sin y$

$\qquad = 2x(1+2x^2\sin^2 y) e^{x^2+y^2+x^4\sin^2 y}.$

$\dfrac{\partial u}{\partial y} = \dfrac{\partial f}{\partial y} + \dfrac{\partial f}{\partial z} \cdot \dfrac{\partial z}{\partial y} = 2y e^{x^2+y^2+z^2} + 2z e^{x^2+y^2+z^2} \cdot x^2\cos y$

$\qquad = 2(y + x^4\sin y\cos y) e^{x^2+y^2+x^4\sin^2 y}.$

例 4 设 $z = uv + \sin t$,而 $u = e^t, v = \cos t$. 求全导数 $\dfrac{dz}{dt}$.

解 $\dfrac{dz}{dt} = \dfrac{\partial z}{\partial u} \cdot \dfrac{du}{dt} + \dfrac{\partial z}{\partial v} \cdot \dfrac{dv}{dt} + \dfrac{\partial z}{\partial t} = v \cdot e^t + u \cdot (-\sin t) + \cos t$

$\qquad = e^t \cos t - e^t \sin t + \cos t = e^t(\cos t - \sin t) + \cos t.$

例 5 设 $w = f(x+y+z, xyz), f$ 具有二阶连续偏导数,求 $\dfrac{\partial w}{\partial x}$ 及 $\dfrac{\partial^2 w}{\partial x \partial z}$.

解 令 $u = x+y+z, v = xyz$,则 $w = f(u,v)$. 引入记号:

$$f'_1 = \dfrac{\partial f(u,v)}{\partial u}, \quad f''_{12} = \dfrac{\partial^2 f(u,v)}{\partial u \partial v},$$

同理有 f'_2, f''_{11}, f''_{22} 等.

$\dfrac{\partial w}{\partial x} = \dfrac{\partial f}{\partial u} \cdot \dfrac{\partial u}{\partial x} + \dfrac{\partial f}{\partial v} \cdot \dfrac{\partial v}{\partial x} = f'_1 + yz f'_2,$

$\dfrac{\partial^2 w}{\partial x \partial z} = \dfrac{\partial}{\partial z}(f'_1 + yz f'_2) = \dfrac{\partial f'_1}{\partial z} + y f'_2 + yz \dfrac{\partial f'_2}{\partial z}$

$\qquad = f''_{11} + xy f''_{12} + y f'_2 + yz f''_{21} + xy^2 z f''_{22}$

$\qquad = f''_{11} + y(x+z) f''_{12} + y f'_2 + xy^2 z f''_{22}.$

其中 $\dfrac{\partial f'_1}{\partial z} = \dfrac{\partial f'_1}{\partial u} \cdot \dfrac{\partial u}{\partial z} + \dfrac{\partial f'_1}{\partial v} \cdot \dfrac{\partial v}{\partial z} = f''_{11} + xy f''_{12},$

$\dfrac{\partial f'_2}{\partial z} = \dfrac{\partial f'_2}{\partial u} \cdot \dfrac{\partial u}{\partial z} + \dfrac{\partial f'_2}{\partial v} \cdot \dfrac{\partial v}{\partial z} = f''_{21} + xy f''_{22}.$

例 6 设 $u = f(x,y)$ 的所有二阶偏导数连续,把下列表达式转换成极坐标系中的形式:(1) $\left(\dfrac{\partial u}{\partial x}\right)^2 + \left(\dfrac{\partial u}{\partial y}\right)^2$;(2) $\dfrac{\partial^2 u}{\partial x^2} + \dfrac{\partial^2 u}{\partial y^2}.$

解 由直角坐标与极坐标间的关系式得

$$u = f(x,y) = f(\rho\cos\theta, \rho\sin\theta),$$

其中 $x = \rho\cos\theta, y = \rho\sin\theta, \rho = \sqrt{x^2+y^2}, \theta = \arctan\dfrac{y}{x}$.

应用复合函数求导法则,得

$$\frac{\partial u}{\partial x} = \frac{\partial u}{\partial \rho}\frac{\partial \rho}{\partial x} + \frac{\partial u}{\partial \theta}\frac{\partial \theta}{\partial x} = \frac{\partial u}{\partial \rho}\frac{x}{\rho} - \frac{\partial u}{\partial \theta}\frac{y}{\rho^2} = \frac{\partial u}{\partial \rho}\cos\theta - \frac{\partial u}{\partial \theta}\frac{\sin\theta}{\rho},$$

$$\frac{\partial u}{\partial y} = \frac{\partial u}{\partial \rho}\frac{\partial \rho}{\partial y} + \frac{\partial u}{\partial \theta}\frac{\partial \theta}{\partial y} = \frac{\partial u}{\partial \rho}\frac{y}{\rho} + \frac{\partial u}{\partial \theta}\frac{x}{\rho^2} = \frac{\partial u}{\partial \rho}\sin\theta + \frac{\partial u}{\partial \theta}\frac{\cos\theta}{\rho}.$$

两式平方后相加,得

$$\left(\frac{\partial u}{\partial x}\right)^2 + \left(\frac{\partial u}{\partial y}\right)^2 = \left(\frac{\partial u}{\partial \rho}\right)^2 + \frac{1}{\rho^2}\left(\frac{\partial u}{\partial \theta}\right)^2.$$

再求二阶偏导数,得

$$\frac{\partial^2 u}{\partial x^2} = \frac{\partial}{\partial \rho}\left(\frac{\partial u}{\partial x}\right)\cdot\frac{\partial \rho}{\partial x} + \frac{\partial}{\partial \theta}\left(\frac{\partial u}{\partial x}\right)\cdot\frac{\partial \theta}{\partial x}$$

$$= \frac{\partial}{\partial \rho}\left(\frac{\partial u}{\partial \rho}\cos\theta - \frac{\partial u}{\partial \theta}\frac{\sin\theta}{\rho}\right)\cdot\cos\theta - \frac{\partial}{\partial \theta}\left(\frac{\partial u}{\partial \rho}\cos\theta - \frac{\partial u}{\partial \theta}\frac{\sin\theta}{\rho}\right)\cdot\frac{\sin\theta}{\rho}$$

$$= \frac{\partial^2 u}{\partial \rho^2}\cos^2\theta - 2\frac{\partial^2 u}{\partial \rho\partial \theta}\frac{\sin\theta\cos\theta}{\rho} + \frac{\partial^2 u}{\partial \theta^2}\frac{\sin^2\theta}{\rho^2} + \frac{\partial u}{\partial \theta}\frac{2\sin\theta\cos\theta}{\rho^2} + \frac{\partial u}{\partial \rho}\frac{\sin^2\theta}{\rho}.$$

同理可得

$$\frac{\partial^2 u}{\partial y^2} = \frac{\partial^2 u}{\partial \rho^2}\sin^2\theta + 2\frac{\partial^2 u}{\partial \rho\partial \theta}\frac{\sin\theta\cos\theta}{\rho} + \frac{\partial^2 u}{\partial \theta^2}\frac{\cos^2\theta}{\rho^2} - \frac{\partial u}{\partial \theta}\frac{2\sin\theta\cos\theta}{\rho^2} + \frac{\partial u}{\partial \rho}\frac{\cos^2\theta}{\rho},$$

两式相加,得

$$\frac{\partial^2 u}{\partial x^2} + \frac{\partial^2 u}{\partial y^2} = \frac{\partial^2 u}{\partial \rho^2} + \frac{1}{\rho}\frac{\partial u}{\partial \rho} + \frac{1}{\rho^2}\frac{\partial^2 u}{\partial \theta^2} = \frac{1}{\rho^2}\left[\rho\frac{\partial}{\partial \rho}\left(\rho\frac{\partial u}{\partial \rho}\right) + \frac{\partial^2 u}{\partial \theta^2}\right].$$

9.5.4 全微分形式不变性

设 $z = f(u,v)$ 具有连续偏导数,则有全微分 $\mathrm{d}z = \dfrac{\partial z}{\partial u}\mathrm{d}u + \dfrac{\partial z}{\partial v}\mathrm{d}v$. 如果 $z = f(u,v)$ 具有连续偏导数,而 $u = \varphi(x,y), v = \psi(x,y)$ 也具有连续偏导数,则

$$\mathrm{d}z = \frac{\partial z}{\partial x}\mathrm{d}x + \frac{\partial z}{\partial y}\mathrm{d}y = \left(\frac{\partial z}{\partial u}\frac{\partial u}{\partial x} + \frac{\partial z}{\partial v}\frac{\partial v}{\partial x}\right)\mathrm{d}x + \left(\frac{\partial z}{\partial u}\frac{\partial u}{\partial y} + \frac{\partial z}{\partial v}\frac{\partial v}{\partial y}\right)\mathrm{d}y$$

$$= \frac{\partial z}{\partial u}\left(\frac{\partial u}{\partial x}\mathrm{d}x + \frac{\partial u}{\partial y}\mathrm{d}y\right) + \frac{\partial z}{\partial v}\left(\frac{\partial v}{\partial x}\mathrm{d}x + \frac{\partial v}{\partial y}\mathrm{d}y\right) = \frac{\partial z}{\partial u}\mathrm{d}u + \frac{\partial z}{\partial v}\mathrm{d}v.$$

由此可见,无论 z 是自变量 u,v 的函数还是中间变量 u,v 的函数,它的全微分形式是一样的. 这个性质叫做**一阶全微分形式不变性**.

例 7 设 $z = e^u\sin v, u = xy, v = x+y$,利用全微分形式不变性求全微分.

解
$$dz = \frac{\partial z}{\partial u}du + \frac{\partial z}{\partial v}dv = e^u \sin v \, du + e^u \cos v \, dv$$
$$= e^u \sin v(y dx + x dy) + e^u \cos v(dx + dy)$$
$$= e^u(y\sin v + \cos v)dx + e^u(x\sin v + \cos v)dy$$
$$= e^{xy}[y\sin(x+y) + \cos(x+y)]dx$$
$$\quad + e^{xy}[x\sin(x+y) + \cos(x+y)]dy.$$

习题 9.5

(A)

1. 求下列复合函数的偏导数或全导数：

   (1) $z = x^2 + y^2, x = s-t, y = s+t$, 求 $\dfrac{\partial z}{\partial s}, \dfrac{\partial z}{\partial t}$;

   (2) $z = \arctan(xy), y = e^x$, 求 $\dfrac{dz}{dx}$;

   (3) $z = \dfrac{x^2 + y^2}{xy} \cdot e^{\frac{x^2+y^2}{xy}}$, 求 $\dfrac{\partial z}{\partial x}, \dfrac{\partial z}{\partial y}$;

   (4) $z = x^2 + xy + y^2, x = t^2, y = t$, 求 $\dfrac{dz}{dt}$;

   (5) $z = x^2 \ln y, x = \dfrac{u}{v}, y = 3u - 2v$, 求 $\dfrac{\partial z}{\partial u}, \dfrac{\partial z}{\partial v}$;

   (6) $z = e^{x-2y}, x = \sin t, y = t^3$, 求 $\dfrac{dz}{dt}$;

   (7) $z = \arcsin(x-y), x = 3t, y = 4t^2$, 求 $\dfrac{dz}{dt}$.

2. 设 $z = \arctan \dfrac{x}{y}$, 而 $x = u+v, y = u-v$, 验证
$$\frac{\partial z}{\partial u} + \frac{\partial z}{\partial v} = \frac{u-v}{u^2 + v^2}.$$

(B)

1. 设 $u = f(xy + \varphi(x^2 + y^2))$ 满足复合函数求偏导数条件，求 $\dfrac{\partial u}{\partial x}, \dfrac{\partial u}{\partial y}$.

2. 求下列函数的二阶偏导数，其中具有二阶连续偏导数或导数：

   (1) $z = f(x^2 + y^2)$;   (2) $z = f\left(x, \dfrac{x}{y}\right)$;

   (3) $z = f(xy, y)$;   (4) $z = f(xy^2, x^2 y)$.

3. $z = f(x+y, xy), f$ 可微, 求 $\dfrac{\partial z}{\partial x}, \dfrac{\partial z}{\partial y}$.

4. $u = f\left(\dfrac{x}{y}, \dfrac{y}{z}\right)$, f 可微,求 $\dfrac{\partial u}{\partial x}, \dfrac{\partial u}{\partial y}, \dfrac{\partial u}{\partial z}$.

5. 设 $z = xy + xF(u)$,而 $u = \dfrac{y}{x}$, $F(u)$ 为可导函数,证明
$$x\dfrac{\partial z}{\partial x} + y\dfrac{\partial z}{\partial y} = z + xy.$$

6. 设 $z = \dfrac{y}{f(x^2 - y^2)}$,其中 $f(u)$ 为可导函数,证明
$$\dfrac{1}{x}\dfrac{\partial z}{\partial x} + \dfrac{1}{y}\dfrac{\partial z}{\partial y} = \dfrac{z}{y^2}.$$

9.6 隐函数及其求导法则

9.6.1 由一个方程确定的隐函数

在一元函数微分学中提出了隐函数的概念,并指出了不经过显化直接由方程
$$F(x, y) = 0 \tag{9.6.1}$$
求它所确定的隐函数的导数的方法. 本节将给出隐函数存在定理,并根据多元复合函数求导法则来导出隐函数的求导公式.

定理 9.6.1(隐函数存在定理 1)　设函数 $F(x, y)$ 在点 $P(x_0, y_0)$ 的某一邻域内具有连续偏导数,且 $F(x_0, y_0) = 0$, $F'_y(x_0, y_0) \neq 0$,则方程 $F(x, y) = 0$ 在点 (x_0, y_0) 的某一邻域内唯一确定一个连续且具有连续导数的函数 $y = f(x)$,它满足条件 $y_0 = f(x_0)$,并有
$$\dfrac{dy}{dx} = -\dfrac{F'_x}{F'_y}. \tag{9.6.2}$$

证　将 $y = f(x)$ 代入 $F(x, y) = 0$,得恒等式
$$F(x, f(x)) \equiv 0,$$
等式两边对 x 求导得
$$\dfrac{\partial F}{\partial x} + \dfrac{\partial F}{\partial y} \cdot \dfrac{dy}{dx} = 0,$$
由于 F'_y 连续,且 $F'_y(x_0, y_0) \neq 0$,所以存在 (x_0, y_0) 的一个邻域,在这个邻域内 $F'_y \neq 0$,于是得
$$\dfrac{dy}{dx} = -\dfrac{F'_x}{F'_y}.$$
式(9.6.2)就是隐函数的求导公式.

例 1　验证方程 $x^2 + y^2 - 1 = 0$ 在点 $(0, 1)$ 的某一邻域内能唯一确定一个隐

函数 $y = f(x)$,且该隐函数有连续导数;当 $x = 0$ 时 $y = 1$,求这个函数的一阶与二阶导数在 $x = 0$ 的值.

解 设 $F(x,y) = x^2 + y^2 - 1$,则 $F'_x = 2x, F'_y = 2y, F(0,1) = 0, F'_y(0,1) = 2 \neq 0$.因此由隐函数存在定理1可知,方程 $x^2 + y^2 - 1 = 0$ 在点 $(0,1)$ 的某一邻域内能唯一确定一个有连续导数的函数 $y = f(x)$.

$$\frac{dy}{dx} = -\frac{F'_x}{F'_y} = -\frac{x}{y}, \quad \frac{dy}{dx}\bigg|_{\substack{x=0 \\ y=1}} = 0,$$

$$\frac{d^2 y}{dx^2} = -\frac{y - xy'}{y^2} = -\frac{y - x\left(-\frac{x}{y}\right)}{y^2} = -\frac{y^2 + x^2}{y^3} = -\frac{1}{y^3}, \quad \frac{d^2 y}{dx^2}\bigg|_{\substack{x=0 \\ y=1}} = -1.$$

例2 求由方程 $\sin y + e^x - xy^2 = 0$ 所确定的隐函数的导数.

解 设 $F(x,y) = \sin y + e^x - xy^2$,方程确定的隐函数为 $y = y(x)$,则 $F'_x = e^x - y^2, F'_y = \cos y - 2xy$,所以

$$y' = -\frac{F'_x}{F'_y} = \frac{y^2 - e^x}{\cos y - 2xy}.$$

例3 设 $\ln \sqrt{x^2 + y^2} = \arctan \frac{y}{x}$,求 dy.

解 化简方程并求全微分,利用微分形式不变性,得

$$\frac{1}{2} \cdot \frac{1}{x^2 + y^2} d(x^2 + y^2) = \frac{1}{1 + \left(\frac{y}{x}\right)^2} d\left(\frac{y}{x}\right),$$

即

$$\frac{x dx + y dy}{x^2 + y^2} = \frac{x^2}{x^2 + y^2} \cdot \frac{x dy - y dx}{x^2} = \frac{x dy - y dx}{x^2 + y^2},$$

故

$$dy = \frac{x + y}{x - y} dx.$$

隐函数存在定理1还可以推广到多元函数.一个二元方程 $F(x,y) = 0$ 可以确定一个一元隐函数,一个三元方程 $F(x,y,z) = 0$ 可以确定一个二元隐函数.

定理 9.6.2(隐函数存在定理2) 设函数 $F(x,y,z)$ 在点 $P(x_0, y_0, z_0)$ 的某一邻域内具有连续的偏导数,且 $F(x_0, y_0, z_0) = 0, F'_z(x_0, y_0, z_0) \neq 0$,则方程 $F(x,y,z) = 0$ 在点 (x_0, y_0, z_0) 的某一邻域内唯一确定一个连续且具有连续偏导数的函数 $z = f(x,y)$,它满足条件 $z_0 = f(x_0, y_0)$,并有

$$\frac{\partial z}{\partial x} = -\frac{F'_x}{F'_z}, \quad \frac{\partial z}{\partial y} = -\frac{F'_y}{F'_z}. \tag{9.6.3}$$

证 将 $z = f(x,y)$ 代入 $F(x,y,z) = 0$,得 $F(x, y, f(x,y)) \equiv 0$,将上式两端分别对 x 和 y 求导,得

$$F'_x + F'_z \cdot \frac{\partial z}{\partial x} = 0, \quad F'_y + F'_z \cdot \frac{\partial z}{\partial y} = 0.$$

因为 F_z' 连续,且 $F_z'(x_0,y_0,z_0) \neq 0$,所以存在点 (x_0,y_0,z_0) 的一个邻域,使 $F_z' \neq 0$,于是得

$$\frac{\partial z}{\partial x} = -\frac{F_x'}{F_z'}, \quad \frac{\partial z}{\partial y} = -\frac{F_y'}{F_z'}.$$

例 4 设 $x^2 + y^2 + z^2 - 4z = 0$,求 $\frac{\partial^2 z}{\partial x^2}$.

解 设 $F(x,y,z) = x^2 + y^2 + z^2 - 4z$,则 $F_x' = 2x, F_z' = 2z - 4$. 当 $z \neq 2$ 时,应用式(9.6.3),得

$$\frac{\partial z}{\partial x} = -\frac{F_x'}{F_z'} = -\frac{2x}{2z-4} = \frac{x}{2-z},$$

$$\frac{\partial^2 z}{\partial x^2} = \frac{(2-z) + x \frac{\partial z}{\partial x}}{(2-z)^2} = \frac{(2-z) + x\left(\frac{x}{2-z}\right)}{(2-z)^2} = \frac{(2-z)^2 + x^2}{(2-z)^3}.$$

例 5 求由下列方程确定的隐函数 $z = z(x,y)$ 的偏导数和全微分.

(1) $z^3 - 3xyz - a^3 = 0$;

(2) $e^{-xy} - 2z + e^z = 0$;

(3) $x^2 + z^2 - 2ye^z = 0$;

(4) $f\left(\frac{y}{x}, \frac{z}{x}\right) = 0$.

解 设方程左边的函数为 $F(x,y,z)$.

(1) $F_x' = -3yz, F_y' = -3xz, F_z' = 3z^2 - 3xy$,所以

$$\frac{\partial z}{\partial x} = -\frac{F_x'}{F_z'} = \frac{3yz}{3(z^2-xy)} = \frac{yz}{z^2-xy}, \quad \frac{\partial z}{\partial y} = -\frac{F_y'}{F_z'} = \frac{3xz}{3(z^2-xy)} = \frac{xz}{z^2-xy}.$$

因此,

$$dz = \frac{\partial z}{\partial x}dx + \frac{\partial z}{\partial y}dy = \frac{z}{z^2-xy}(ydx + xdy).$$

(2) $F_x' = -ye^{-xy}, F_y' = -xe^{-xy}, F_z' = -2 + e^z$,所以

$$\frac{\partial z}{\partial x} = -\frac{F_x'}{F_z'} = \frac{ye^{-xy}}{e^z - 2}, \quad \frac{\partial z}{\partial y} = -\frac{F_y'}{F_z'} = \frac{xe^{-xy}}{e^z - 2}.$$

从而,

$$dz = \frac{\partial z}{\partial x}dx + \frac{\partial z}{\partial y}dy = \frac{e^{-xy}}{e^z - 2}(ydx + xdy).$$

(3) 对方程两边求全微分,得

$$2xdx + 2zdz - 2e^z dy - 2ye^z dz = 0,$$

即 $(z - ye^z)dz = -xdx + e^z dy$,所以

$$dz = \frac{-xdx + e^z dy}{z - ye^z}.$$

由全微分与偏导数的关系,有

$$\frac{\partial z}{\partial x} = -\frac{x}{z - ye^z}, \quad \frac{\partial z}{\partial y} = \frac{e^z}{z - ye^z}.$$

(4) 设 $u = \dfrac{y}{x}, v = \dfrac{z}{x}$，则 $F(x,y,z) = f(u,v)$，所以

$$F'_x = f'_u u'_x + f'_v v'_x = -\dfrac{y}{x^2}f'_u - \dfrac{z}{x^2}f'_v,$$

$$F'_y = f'_u u'_y + f'_v v'_y = \dfrac{1}{x}f'_u + f'_v \cdot 0 = \dfrac{1}{x}f'_u,$$

$$F'_z = f'_u u'_z + f'_v v'_z = f'_u \cdot 0 + f'_v \cdot \dfrac{1}{x} = \dfrac{1}{x}f'_v.$$

从而有

$$z'_x = -\dfrac{F'_x}{F'_z} = \dfrac{y}{x} \cdot \dfrac{f'_u}{f'_v} + \dfrac{z}{x}, \quad z'_y = -\dfrac{F'_y}{F'_z} = -\dfrac{f'_u}{f'_v}.$$

因此，

$$\mathrm{d}z = z'_x \mathrm{d}x + z'_y \mathrm{d}y = \dfrac{1}{x}\left(y\dfrac{f'_u}{f'_v} + z\right)\mathrm{d}x - \dfrac{f'_u}{f'_v}\mathrm{d}y.$$

例 6 求由方程 $\dfrac{x}{z} = \ln\dfrac{z}{y}$ 所确定的隐函数 $z = z(x,y)$ 的全微分.

解 方程可以改写为

$$\dfrac{x}{z} = \ln z - \ln y.$$

利用微分形式的不变性和微分法则，对上式两边求全微分，得

$$\dfrac{z\mathrm{d}x - x\mathrm{d}z}{z^2} = \dfrac{1}{z}\mathrm{d}z - \dfrac{1}{y}\mathrm{d}y,$$

即 $(z+x)\mathrm{d}z = z\mathrm{d}x + \dfrac{z^2}{y}\mathrm{d}y$，所以

$$\mathrm{d}z = \dfrac{z}{z+x}\left(\mathrm{d}x + \dfrac{z}{y}\mathrm{d}y\right).$$

*9.6.2 由方程组确定的隐函数

在一定条件下，由方程组 $F(x,y,u,v) = 0, G(x,y,u,v) = 0$ 可以确定一对二元函数 $u = u(x,y), v = v(x,y)$. 例如，方程 $xu - yv = 0$ 和 $yu + xv = 1$ 可以确定两个二元函数

$$u = \dfrac{y}{x^2 + y^2}, \quad v = \dfrac{x}{x^2 + y^2}.$$

如何根据原方程组求 u, v 的偏导数？

*定理 9.6.3（隐函数存在定理 3） 设 $F(x,y,u,v), G(x,y,u,v)$ 在点 $P(x_0, y_0, u_0, v_0)$ 的某一邻域内具有对各个变量的连续偏导数，又 $F(x_0, y_0, u_0, v_0) = 0$, $G(x_0, y_0, u_0, v_0) = 0$，且偏导数所组成的函数行列式（或称雅可比（Jacobi）式）

$$J = \frac{\partial(F,G)}{\partial(u,v)} = \begin{vmatrix} \frac{\partial F}{\partial u} & \frac{\partial F}{\partial v} \\ \frac{\partial G}{\partial u} & \frac{\partial G}{\partial v} \end{vmatrix}$$

在点 $P(x_0,y_0,u_0,v_0)$ 不等于零,则方程组 $F(x,y,u,v)=0, G(x,y,u,v)=0$ 在点 $P(x_0,y_0,u_0,v_0)$ 的某一邻域内恒能唯一确定一组连续且具有连续偏导数的函数 $u=u(x,y), v=v(x,y)$,它们满足条件 $u_0=u(x_0,y_0), v_0=v(x_0,y_0)$,并有

$$\frac{\partial u}{\partial x}=-\frac{1}{J}\frac{\partial(F,G)}{\partial(x,v)}=-\frac{\begin{vmatrix}F'_x & F'_v \\ G'_x & G'_v\end{vmatrix}}{\begin{vmatrix}F'_u & F'_v \\ G'_u & G'_v\end{vmatrix}}, \quad \frac{\partial v}{\partial x}=-\frac{1}{J}\frac{\partial(F,G)}{\partial(u,x)}=-\frac{\begin{vmatrix}F'_u & F'_x \\ G'_u & G'_x\end{vmatrix}}{\begin{vmatrix}F'_u & F'_v \\ G'_u & G'_v\end{vmatrix}},$$

$$\frac{\partial u}{\partial y}=-\frac{1}{J}\frac{\partial(F,G)}{\partial(y,v)}=-\frac{\begin{vmatrix}F'_y & F'_v \\ G'_y & G'_v\end{vmatrix}}{\begin{vmatrix}F'_u & F'_v \\ G'_u & G'_v\end{vmatrix}}, \quad \frac{\partial v}{\partial y}=-\frac{1}{J}\frac{\partial(F,G)}{\partial(u,y)}=-\frac{\begin{vmatrix}F'_u & F'_y \\ G'_u & G'_y\end{vmatrix}}{\begin{vmatrix}F'_u & F'_v \\ G'_u & G'_v\end{vmatrix}}.$$

证明略. (9.6.4)

设方程组 $F(x,y,u,v)=0, G(x,y,u,v)=0$ 确定一对具有连续偏导数的二元函数 $u=u(x,y), v=v(x,y)$,则:

偏导数 $\frac{\partial u}{\partial x}$ 和 $\frac{\partial v}{\partial x}$ 由方程组 $\begin{cases} F'_x + F'_u \frac{\partial u}{\partial x} + F'_v \frac{\partial v}{\partial x} = 0, \\ G'_x + G'_u \frac{\partial u}{\partial x} + G'_v \frac{\partial v}{\partial x} = 0 \end{cases}$ 确定;

偏导数 $\frac{\partial u}{\partial y}$ 和 $\frac{\partial v}{\partial y}$ 由方程组 $\begin{cases} F'_y + F'_u \frac{\partial u}{\partial y} + F'_v \frac{\partial v}{\partial y} = 0, \\ G'_y + G'_u \frac{\partial u}{\partial y} + G'_v \frac{\partial v}{\partial y} = 0 \end{cases}$ 确定.

例 7 设 $xu-yv=0, yu+xv=1$,求 $\frac{\partial u}{\partial x}, \frac{\partial v}{\partial x}, \frac{\partial u}{\partial y}$ 和 $\frac{\partial v}{\partial y}$.

解 两个方程两边分别对 x 求偏导,得关于 $\frac{\partial u}{\partial x}$ 和 $\frac{\partial v}{\partial x}$ 的方程组

$$\begin{cases} u + x\frac{\partial u}{\partial x} - y\frac{\partial v}{\partial x} = 0, \\ y\frac{\partial u}{\partial x} + v + x\frac{\partial v}{\partial x} = 0. \end{cases}$$

当 $J = \begin{vmatrix} x & -y \\ y & x \end{vmatrix} = x^2 + y^2 \neq 0$ 时,解上述方程组得

$$\frac{\partial u}{\partial x} = -\frac{xu+yv}{x^2+y^2}, \quad \frac{\partial v}{\partial x} = \frac{yu-xv}{x^2+y^2}.$$

两个方程两边分别对 y 求偏导,得关于 $\frac{\partial u}{\partial y}$ 和 $\frac{\partial v}{\partial y}$ 的方程组

$$\begin{cases} x\frac{\partial u}{\partial y} - v - y\frac{\partial v}{\partial y} = 0, \\ u + y\frac{\partial u}{\partial y} + x\frac{\partial v}{\partial y} = 0. \end{cases}$$

当 $x^2+y^2 \neq 0$ 时,解得

$$\frac{\partial u}{\partial y} = \frac{xv-yu}{x^2+y^2}, \quad \frac{\partial v}{\partial y} = -\frac{xu+yv}{x^2+y^2}.$$

另解 将两个方程的两边微分得

$$\begin{cases} u\mathrm{d}x + x\mathrm{d}u - v\mathrm{d}y - y\mathrm{d}v = 0, \\ u\mathrm{d}y + y\mathrm{d}u + v\mathrm{d}x + x\mathrm{d}v = 0, \end{cases} \text{即} \begin{cases} x\mathrm{d}u - y\mathrm{d}v = v\mathrm{d}y - u\mathrm{d}x, \\ y\mathrm{d}u + x\mathrm{d}v = -u\mathrm{d}y - v\mathrm{d}x, \end{cases}$$

解之得

$$\mathrm{d}u = -\frac{xu+yv}{x^2+y^2}\mathrm{d}x + \frac{xv-yu}{x^2+y^2}\mathrm{d}y, \quad \mathrm{d}v = \frac{yu-xv}{x^2+y^2}\mathrm{d}x - \frac{xu+yv}{x^2+y^2}\mathrm{d}y.$$

于是,

$$\frac{\partial u}{\partial x} = -\frac{xu+yv}{x^2+y^2}, \quad \frac{\partial u}{\partial y} = \frac{xv-yu}{x^2+y^2}, \quad \frac{\partial v}{\partial x} = \frac{yu-xv}{x^2+y^2}, \quad \frac{\partial v}{\partial y} = -\frac{xu+yv}{x^2+y^2}.$$

*例 8 设函数 $x=x(u,v), y=y(u,v)$ 在点 (u,v) 的某一邻域内连续且有连续偏导数,又 $\frac{\partial(x,y)}{\partial(u,v)} \neq 0$.

(1) 证明方程组

$$\begin{cases} x = x(u,v), \\ y = y(u,v) \end{cases} \tag{9.6.5}$$

在点 (x,y,u,v) 的某一邻域内唯一确定一组单值连续且有连续偏导数的反函数 $u = u(x,y), v = v(x,y)$.

(2) 求反函数 $u = u(x,y), v = v(x,y)$ 对 x,y 的偏导数.

解 (1) 将方程组(9.6.5)改写成下面的形式

$$\begin{cases} F(x,y,u,v) \equiv x - x(u,v) = 0, \\ G(x,y,u,v) \equiv y - y(u,v) = 0, \end{cases}$$

则按假设

$$J = \frac{\partial(F,G)}{\partial(u,v)} = \frac{\partial(x,y)}{\partial(u,v)} \neq 0.$$

由定理 9.6.3 即得所要证的结论.

(2) 将方程组(9.6.5)所确定的反函数 $u = u(x,y), v = v(x,y)$ 代入(9.6.5),得

$$\begin{cases} x \equiv x(u(x,y),v(x,y)), \\ y \equiv y(u(x,y),v(x,y)). \end{cases}$$

将上述恒等式两边分别对 x 求偏导数,得

$$\begin{cases} 1 = \dfrac{\partial x}{\partial u} \cdot \dfrac{\partial u}{\partial x} + \dfrac{\partial x}{\partial v} \cdot \dfrac{\partial v}{\partial x}, \\ 0 = \dfrac{\partial y}{\partial u} \cdot \dfrac{\partial u}{\partial x} + \dfrac{\partial y}{\partial v} \cdot \dfrac{\partial v}{\partial x}, \end{cases}$$

由于 $J \neq 0$,故可解得

$$\frac{\partial u}{\partial x} = \frac{1}{J} \frac{\partial y}{\partial v}, \quad \frac{\partial v}{\partial x} = -\frac{1}{J} \frac{\partial y}{\partial u}.$$

同理,可得

$$\frac{\partial u}{\partial y} = -\frac{1}{J} \frac{\partial x}{\partial v}, \quad \frac{\partial v}{\partial y} = \frac{1}{J} \frac{\partial x}{\partial u}.$$

习题 9.6

(A)

1. 设 $y = y(x)$ 是由下列方程确定的隐函数,求 $\dfrac{\mathrm{d}y}{\mathrm{d}x}$.

   (1) $xy + \ln y - \ln x = 0$; (2) $xe^y - y + 1 = 0$;

   (3) $x^y - y^x = 0$; (4) $\sin(xy) - x^2 y^2 - x + y = 0$.

2. 设 $z = z(x,y)$ 是由下列方程确定的隐函数,求 $\dfrac{\partial z}{\partial x}, \dfrac{\partial z}{\partial y}$.

   (1) $e^z - xyz = 0$; (2) $x + 2y + 2z - 2\sqrt{xyz} = 0$.

3. 求由下列方程确定的隐函数的微分或全微分:

   (1) $x^3 + \sin y - x^2 e^y = 0$,求 $\mathrm{d}y$; (2) $e^z - xy^2 + \sin(y+z) = 0$,求 $\mathrm{d}z$;

   (3) $x^2 + z^2 - \ln \dfrac{z}{y} = 0$,求 $\mathrm{d}z$; (4) $e^{xy} - \arctan \dfrac{y}{x} = 0$,求 $\mathrm{d}y$;

   (5) $2xz - 2xyz + \ln(xyz) = 0$,求 $\mathrm{d}z \bigg|_{x=1, y=1}$;

   (6) $F\left(x + \dfrac{z}{y}, y + \dfrac{z}{x}\right) = 0$,$F(u,v)$ 可微,求 $\mathrm{d}z$.

4. 设 $2\sin(x + 2y - 3z) = x + 2y - 3z$,证明 $\dfrac{\partial z}{\partial x} + \dfrac{\partial z}{\partial y} = 1$.

(B)

1. 设 $x = x(y,z), y = y(x,z), z = z(x,y)$ 都是由方程 $F(x,y,z) = 0$ 所确定的具有连续偏导数的函数,证明:

$$\frac{\partial x}{\partial y} + \frac{\partial y}{\partial z} + \frac{\partial z}{\partial x} = -1.$$

2. 设 $\begin{cases} z = x^2 + y^2, \\ x^2 + 2y^2 + 3z^2 = 20, \end{cases}$ 求 $\dfrac{\mathrm{d}y}{\mathrm{d}x}, \dfrac{\mathrm{d}z}{\mathrm{d}x}$.

3. 设 $\begin{cases} x - u^2 - yv = 0, \\ y - v^2 - xu = 0, \end{cases}$ 求 $\dfrac{\partial u}{\partial x}, \dfrac{\partial u}{\partial y}, \dfrac{\partial v}{\partial x}, \dfrac{\partial v}{\partial y}$.

9.7 二元函数的极值

在实际问题中,常常会遇到多元函数的最大值、最小值问题. 与一元函数类似,多元函数的最大值、最小值与极大值、极小值有着密切的联系. 本节以二元函数为例,讨论多元函数的极值问题.

9.7.1 二元函数的极值

定义 9.7.1 设函数 $z = f(x, y)$ 的定义域为 $D, P_0(x_0, y_0)$ 为 D 的内点. 若存在 P_0 的某个邻域 $U(P_0) \subset D$, 使得对于该邻域内异于 P_0 的任何点 (x, y), 都有
$$f(x, y) < f(x_0, y_0),$$
则称函数 $f(x, y)$ 在点 (x_0, y_0) 有**极大值** $f(x_0, y_0)$, 点 (x_0, y_0) 称为函数 $f(x, y)$ 的**极大值点**; 若对于该邻域内异于 P_0 的任何点 (x, y), 都有
$$f(x, y) > f(x_0, y_0),$$
则称函数 $f(x, y)$ 在点 (x_0, y_0) 有**极小值** $f(x_0, y_0)$, 点 (x_0, y_0) 称为函数 $f(x, y)$ 的**极小值点**. 极大值、极小值统称为**极值**. 使函数取得极值的点称为**极值点**.

例 1 函数 $z = 2x^2 + y^2$ 在点 $(0, 0)$ 处有极小值. 从几何上看,该函数表示一开口向上的椭圆抛物面,点 $(0, 0, 0)$ 是它的顶点.

例 2 函数 $z = 3 - \sqrt{x^2 + y^2}$ 在点 $(0, 0)$ 处有极大值. 从几何上看,该函数表示一开口向下的半圆锥面,点 $(0, 0, 3)$ 是它的顶点.

例 3 函数 $z = y^2 - x^2$ 在点 $(0, 0)$ 处无极值. 从几何上看,该函数的图形为双曲抛物面(马鞍面).

二元函数的极值问题,一般可以利用偏导数来解决. 下面两个定理就是关于这个问题的结论.

定理 9.7.1(必要条件) 设函数 $z = f(x, y)$ 在点 (x_0, y_0) 具有偏导数,且在点 (x_0, y_0) 处有极值,则有
$$f'_x(x_0, y_0) = 0, \quad f'_y(x_0, y_0) = 0.$$

证明略.

与一元函数类似,对于多元函数,使所有一阶偏导数同时为零的点称为该函数的**驻点**.

根据定理 9.7.1 知,具有偏导数的极值点必定是驻点. 但是,函数的驻点不一

定是极值点. 例如,点$(0,0)$是函数$z=y^2-x^2$的驻点,但函数在该点并无极值.

怎样判断一个驻点是不是极值点呢?

定理 9.7.2(充分条件) 设函数$z=f(x,y)$在点(x_0,y_0)的某个邻域内连续且有一阶和二阶连续偏导数,又$f'_x(x_0,y_0)=0$,$f'_y(x_0,y_0)=0$,令
$$f''_{xx}(x_0,y_0)=A,\quad f''_{xy}(x_0,y_0)=B,\quad f''_{yy}(x_0,y_0)=C,$$
则函数$f(x,y)$在点(x_0,y_0)处是否取得极值的条件如下:

(1) 当$AC-B^2>0$时具有极值,且当$A<0$时有极大值,当$A>0$时有极小值;

(2) 当$AC-B^2<0$时没有极值;

(3) 当$AC-B^2=0$时可能有极值,也可能没有极值.

证明略.

根据定理9.7.1和定理9.7.2,具有二阶连续偏导数的函数$z=f(x,y)$的极值的求法如下:

第一步 解方程组
$$\begin{cases} f'_x(x_0,y_0)=0, \\ f'_y(x_0,y_0)=0, \end{cases}$$
即可求得所有驻点;

第二步 对于每一个驻点(x_0,y_0),求出二阶偏导数的值A,B和C;

第三步 确定$AC-B^2$的符号,按定理9.7.2的结论判定$f(x_0,y_0)$是不是极值,是极大值还是极小值.

例 4 求函数$f(x,y)=x^3-y^3+3x^2+3y^2-9x$的极值.

解 解方程组
$$\begin{cases} f'_x(x,y)=3x^2+6x-9=0, \\ f'_y(x,y)=-3y^2+6y=0, \end{cases}$$
求得驻点$(1,0),(1,2),(-3,0)$及$(-3,2)$.

再求出二阶偏导数
$$f''_{xx}(x,y)=6x+6,\quad f''_{xy}(x,y)=0,\quad f''_{yy}(x,y)=-6y+6.$$

在点$(1,0)$处,$AC-B^2=12\times 6>0$,又$A=12>0$,所以在$(1,0)$处函数有极小值$f(1,0)=-5$;

在点$(1,2)$处,$AC-B^2=12\times(-6)<0$,所以在$(1,2)$处函数没有极值;

在点$(-3,0)$处,$AC-B^2=-12\times 6<0$,所以在$(-3,0)$处函数没有极值;

在点$(-3,2)$处,$AC-B^2=-12\times(-6)>0$,又$A=-12<0$,所以在$(-3,2)$处函数有极大值$f(-3,2)=31$.

在讨论一元函数极值问题时,函数的极值既可能在驻点处取得,也可能在导数

不存在的点处取得.同样,多元函数的极值也可能在偏导数不存在的点处取得.例如,在例2中,函数 $z=3-\sqrt{x^2+y^2}$ 在点(0,0)处有极大值,但该函数在(0,0)处的偏导数不存在.因此,考虑函数的极值问题时,除了考虑函数的驻点外,还要考虑那些使偏导数不存在的点.

9.7.2 二元函数的最值

由第2章知,闭区间上连续的一元函数必有最大值和最小值.对于二元函数也有类似的结论.

根据9.3节性质1知,有界闭区域上的连续函数必有最大值和最小值.

假定函数 $f(x,y)$ 在闭区域 D 上连续,偏导数存在且只有有限个驻点,则求函数的最大值和最小值的步骤为:

第一步　求出函数 $f(x,y)$ 在 D 上的所有驻点;
第二步　求出函数 $f(x,y)$ 在 D 上所有驻点处的函数值;
第三步　求出函数 $f(x,y)$ 在 D 的边界上的函数值;
第四步　将上述所求的函数值进行比较,其中最大者即为最大值,最小者即为最小值.

例5　求函数 $z=x^2y(5-x-y)$ 在有界闭区域 $D: x\geqslant 0, y\geqslant 0, x+y\leqslant 4$ 上的最值.

解　解方程组

$$\begin{cases} \dfrac{\partial z}{\partial x}=xy(10-3x-2y)=0, \\ \dfrac{\partial z}{\partial y}=x^2(5-x-2y)=0, \end{cases}$$

求出该函数的驻点为 $\left(\dfrac{5}{2},\dfrac{5}{4}\right)$,且 $z\left(\dfrac{5}{2},\dfrac{5}{4}\right)=\dfrac{625}{64}$.

下面求函数 z 在边界上的最值:

在边界 $x=0$ 和 $y=0$ 上,函数值均为 $z=0$;

在边界 $x+y=4$ 上,函数 $z=x^2(4-x)(0\leqslant x\leqslant 4)$ 为一元函数.由 $\dfrac{\mathrm{d}z}{\mathrm{d}x}=8x-3x^2=0$,得 $x=\dfrac{8}{3}$,且 $z\left(\dfrac{8}{3}\right)=\dfrac{256}{27}$,则端点处函数值为 $z(0)=0, z(4)=0$.

综上可知,函数的最大值为 $z\left(\dfrac{5}{2},\dfrac{5}{4}\right)=\dfrac{625}{64}$,最小值为 $z(0,4)=z(4,0)=0$.

例6　做一个容积为 $32\ \mathrm{m}^3$ 的长方体无盖水箱,问它的长、宽、高各取何值时用料最省?

解　设长方体的长、宽、高各为 x, y, z 米,其体积为 V,则水箱的底和侧面积之

和为
$$S = xy + 2(xz + yz).$$
由 $V = xyz = 32$,知 $xz = \dfrac{32}{y}, yz = \dfrac{32}{x}$,故
$$S = xy + 64\left(\dfrac{1}{x} + \dfrac{1}{y}\right) \quad (x > 0, y > 0).$$
$$S'_x = y - \dfrac{64}{x^2}, \quad S'_y = x - \dfrac{64}{y^2}.$$
解方程组
$$\begin{cases} y - \dfrac{64}{x^2} = 0, \\ x - \dfrac{64}{y^2} = 0, \end{cases}$$
得 $x = y = \sqrt[3]{64} = 4$,故唯一的驻点为 $P_0(4,4)$.

考虑到实际问题,最小值一定存在且驻点是唯一的,从而所得的驻点是最小值点,此时 $z = \dfrac{32}{4 \times 4} = 2$.所以当长、宽都为 4 m,高为 2 m 时用料最省.

例7 某工厂生产两种产品 A,B,出售单价分别为 10 元与 9 元,生产 x 单位的产品 A 与生产 y 单位的产品 B 的总费用(元)是
$$400 + 2x + 3y + 0.01(3x^2 + xy + 3y^2).$$
问两种产品各生产多少,工厂可取得最大利润?

解 设 $L(x,y)$ 表示产品 A 与产品 B 分别生产 x 与 y 单位时所得的总利润.因为总利润等于总收入减去总费用,所以
$$L(x,y) = (10x + 9y) - [400 + 2x + 3y + 0.01(3x^2 + xy + 3y^2)]$$
$$= 8x + 6y - 0.01(3x^2 + xy + 3y^2) - 400.$$
由 $L'_x(x,y) = 8 - 0.01(6x + y) = 0, \quad L'_y(x,y) = 6 - 0.01(x + 6y) = 0$,
得驻点 $(120, 80)$.再由
$$A = L''_{xx}(x,y) = -0.06 < 0, \quad B = L''_{xy}(x,y) = -0.01,$$
$$C = L''_{yy}(x,y) = -0.06,$$
得 $AC - B^2 = -0.06 \times (-0.06) - (-0.01)^2 = 3.5 \times 10^{-3} > 0$.
所以当 $x = 120, y = 80$ 时,$L(120, 80) = 320$ 是最大值,即生产 120 件产品 A、80 件产品 B 时所得利润最大.

*9.7.3 条件极值与拉格朗日乘数法

上面给出的求二元函数极值的方法中,两个自变量 x 与 y 在定义域内相互独立,无其他约束条件,这类极值称为**无条件极值**.但在实际问题中,常常会遇到对函

数的自变量还有附加条件的极值问题.

例8 在直线 $x+y=2$ 上求一点,使得该点到原点的距离最短.

解 对于平面上的点 (x,y),它到原点的距离为 $d=\sqrt{x^2+y^2}$.由于这个点在给定的直线上,它的坐标应满足方程 $x+y=2$.这个问题的数学提法是:在满足约束条件 $x+y=2$ 下,求函数 $d=\sqrt{x^2+y^2}$ 的最小值,并将这个函数称为**目标函数**.

若使 d 达到最小,应使 $\rho=d^2=x^2+y^2$ 达到最小.由约束条件可得 $y=2-x$,代入到 ρ 的表达式中得 $\rho=x^2+(2-x)^2=2x^2-4x+4$,令 $\rho'=4x-4=0$,得到驻点 $x=1$.再代入约束条件,可得 $y=1$.由实际问题考虑,最小值一定存在且驻点唯一,可知直线上的点 $(1,1)$ 到原点的距离 $d=\sqrt{1+1}=\sqrt{2}$ 是最短距离.

像这样对自变量有附加条件的极值称为**条件极值**.下面介绍求解条件极值问题的一般方法——拉格朗日乘数法.

定理9.7.3(拉格朗日(Lagrange)乘数法) 设二元函数 $f(x,y)$ 和 $\varphi(x,y)$ 在所考虑的区域内有连续的偏导数,且 $\varphi_x'(x,y)$ 和 $\varphi_y'(x,y)$ 不同时为零.令

$$L(x,y)=f(x,y)+\lambda\varphi(x,y), \quad (9.7.1)$$

其中常系数 λ 称为**拉格朗日乘数**,$L(x,y)$ 称为**拉格朗日函数**.求 $L(x,y)$ 的两个偏导数,并建立方程组

$$\begin{cases} L_x'=f_x'(x,y)+\lambda\varphi_x'(x,y)=0, \\ L_y'=f_y'(x,y)+\lambda\varphi_y'(x,y)=0, \\ L_\lambda'=\varphi(x,y)=0. \end{cases} \quad (9.7.2)$$

如果函数 $z=f(x,y)$ 在约束条件 $\varphi(x,y)=0$ 下的极值点是 (x_0,y_0),则存在 λ_0,使得 λ_0, x_0, y_0 是方程组(9.7.2)的解.

证明略.

拉格朗日乘数法给出了求条件极值的一般方法,其步骤如下:

第一步 根据目标函数和约束条件写出拉格朗日函数,即式(9.7.1);

第二步 建立方程组,即式(9.7.2);

第三步 求出式(9.7.2)的全部解,如果 λ_0, x_0, y_0 是式(9.7.2)的解,则点 (x_0, y_0) 是这个条件极值问题的可能的极值点;

第四步 判断点 (x_0, y_0) 是否为条件极值的极值点.

注 拉格朗日乘数法只给出了函数 $f(x,y)$ 在点 (x_0, y_0) 取得条件极值的必要条件,即 (x_0, y_0) 是可能的极值点,而是否为极值点还需具体分析.此外,在求解方程组(9.7.2)时没有必要将相应的 λ_0 求出.

例9 某工厂生产甲、乙两种产品,当两种产品的产量分别为 x 和 y 时,总收益 $R(x,y)=27x+52y-x^2-2xy-4y^2$(万元),成本 $C(x,y)=32+12x+18y$(万元).另外,生产甲产品每单位还需支付排污费1万元,生产乙产品每单位支付排污费2万元.如果排污费用支出总额限制为6万元,怎样安排生产,能使总利润最大,

最大总利润是多少?

解 (1) 总利润函数
$$f(x,y) = R(x,y) - C(x,y) - (x+2y)$$
$$= 14x + 32y - x^2 - 2xy - 4y^2 - 32.$$

(2) 在条件 $x+2y=6$(即 $\varphi(x,y) = x+2y-6$)下的拉格朗日函数
$$L(x,y) = f(x,y) + \lambda\varphi(x,y)$$
$$= 14x + 32y - x^2 - 2xy - 4y^2 - 32 + \lambda(x+2y-6).$$

(3) 建立方程组
$$\begin{cases} L'_x = 14 - 2x - 2y + \lambda = 0, \\ L'_y = 32 - 2x - 8y + 2\lambda = 0, \\ L'_\lambda = x + 2y - 6 = 0, \end{cases}$$

解得唯一的驻点 $(2,2)$.

根据问题的实际意义可知,总利润存在最大值,故最大值必在驻点 $(2,2)$ 处取得. 即生产甲产品 2 单位、乙产品 2 单位时,可获得最大利润 $L(2,2) = 32$ 万元.

习题 9.7

(A)

1. 求下列函数的极值:

   (1) $z = x^3 + 3xy^2 - 15x - 12y$;
   (2) $z = -x^4 - y^4 + 4xy - 1$;
   (3) $z = x^3 + y^3 - 3xy$;
   (4) $z = 4(x-y) - x^2 - y^2$;
   (5) $z = e^{2x}(x + y^2 + 2y)$;
   (6) $z = xy + \dfrac{50}{x} + \dfrac{20}{y}$;
   (7) $z = 5 - \sqrt{x^2 + y^2}$;
   (8) $z = x^3 + y^3 - 3x^2 - 3y^2$.

2. 用拉格朗日乘数法求下列条件极值:

   (1) 目标函数 $z = xy$,约束条件 $x+y=1$;
   (2) 目标函数 $u = x - 2y + 2z$,约束条件 $x^2 + y^2 + z^2 = 1$.

3. 求函数 $z = x^2 - y^2$,在 $D = \{(x,y) \mid x^2 + y^2 \leqslant 4\}$ 上的最值.

4. 求函数 $z = x^2 - xy + y^2$,在 $D = \{(x,y) \mid |x| + |y| \leqslant 1\}$ 上的最值.

5. 将一个正数 a 分成三个正数之和,使得它们的乘积最大,如何分?

6. 造一个容积为 27 m³ 的有盖长方体水箱,应如何选择水箱尺寸使得用料最省?

(B)

1. 求由方程 $x^2 + y^2 + z^2 - 2x + 2y - 4z - 10 = 0$ 所确定的隐函数 $z = z(x,y)$ 的极值.

9.8 二重积分

9.8.1 二重积分的概念

1. 曲顶柱体的体积

设有一立体,它的底是 xOy 面上的闭区域 D,它的侧面是以 D 的边界曲线为准线而母线平行于 z 轴的柱面,它的顶是曲面 $z = f(x,y)$,这里 $f(x,y) \geqslant 0$ 且在 D 上连续. 这种立体称为**曲顶柱体**(见图 9-16). 现在讨论如何计算曲顶柱体的体积 V.

首先,用一组曲线网把 D 分割成 n 个小区域
$$\Delta\sigma_1, \Delta\sigma_2, \cdots, \Delta\sigma_n,$$
分别以这些小闭区域的边界曲线为准线,作母线平行于 z 轴的柱面,这些柱面把原来的曲顶柱体分为 n 个小曲顶柱体. 在每个 $\Delta\sigma_i$ 中任取一点 (ξ_i, η_i),以 $f(\xi_i, \eta_i)$ 为高而底为 $\Delta\sigma_i$ 的平顶柱体(见图 9-17)的体积为
$$f(\xi_i, \eta_i)\Delta\sigma_i \quad (i = 1, 2, \cdots, n),$$

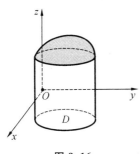
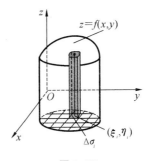

图 9-16　　　　图 9-17

这 n 个平顶柱体的体积之和
$$\sum_{i=1}^{n} f(\xi_i, \eta_i)\Delta\sigma_i$$
可以作为整个曲顶柱体体积的近似值. 为求得曲顶柱体体积的精确值,将分割无限加密,取极限,即
$$V = \lim_{\lambda \to 0} \sum_{i=1}^{n} f(\xi_i, \eta_i)\Delta\sigma_i,$$
其中 λ 是 n 个小区域的直径中的最大值.

注　一个闭区域的直径是指区域上任意两点间距离的最大值.

2. 平面薄片的质量

设有一平面薄片占有 xOy 面上的闭区域 D，它在点 (x,y) 处的面密度为 $\rho(x,y)$，这里 $\rho(x,y) > 0$ 且在 D 上连续．现在计算该薄片的质量 M．

如果薄片是均匀的，即面密度为常数，那么薄片的质量可以用公式

$$\text{质量} = \text{面密度} \times \text{面积}$$

来计算．

用一组曲线网把 D 分成 n 个小区域：$\Delta\sigma_1, \Delta\sigma_2, \cdots, \Delta\sigma_n$．把各小块的质量近似地看做均匀薄片的质量，即 $\rho(\xi_i, \eta_i)\Delta\sigma_i$，则各小块质量的和 $\sum_{i=1}^{n}\rho(\xi_i,\eta_i)\Delta\sigma_i$ 可以作为平面薄片的质量的近似值．将分割无限加密，取极限，得到平面薄片的质量

$$M = \lim_{\lambda \to 0} \sum_{i=1}^{n} \rho(\xi_i, \eta_i) \Delta\sigma_i,$$

其中 λ 是 n 个小区域的直径中的最大值．

上述两个问题的实际意义虽然不同，但所求量都归结为同一形式的和的极限．由此，可以抽象出二重积分的定义．

3. 二重积分的定义

定义 9.8.1 设 $f(x,y)$ 是有界闭区域 D 上的有界函数．将闭区域 D 任意分成 n 个小闭区域

$$\Delta\sigma_1, \Delta\sigma_2, \cdots, \Delta\sigma_n.$$

其中 $\Delta\sigma_i$ 表示第 i 个小区域，也表示它的面积，λ_i 表示 $\Delta\sigma_i$ 内任意两点间距离的最大值．在每个 $\Delta\sigma_i$ 上任取一点 (ξ_i, η_i)，作和

$$\sum_{i=1}^{n} f(\xi_i, \eta_i) \Delta\sigma_i.$$

如果当各小区域的最大直径 $\lambda = \max\{\lambda_i\}$ 趋于零时，这个和的极限总存在，则称此极限为函数 $f(x,y)$ 在闭区域 D 上的**二重积分**，记作 $\iint\limits_{D} f(x,y)\mathrm{d}\sigma$，即

$$\iint\limits_{D} f(x,y)\mathrm{d}\sigma = \lim_{\lambda \to 0} \sum_{i=1}^{n} f(\xi_i, \eta_i) \Delta\sigma_i. \tag{9.8.1}$$

其中 $f(x,y)$ 称为**被积函数**，$f(x,y)\mathrm{d}\sigma$ 称为**被积表达式**，$\mathrm{d}\sigma$ 称为**面积元素**，x,y 称为**积分变量**，D 称为**积分区域**，$\sum_{i=1}^{n} f(\xi_i, \eta_i)\Delta\sigma_i$ 称为**积分和**．

在二重积分的定义中对闭区域 D 的划分是任意的，如果在直角坐标系中用平行于坐标轴的直线网来划分区域 D，那么除了包含边界点的一些小闭区域外，其余的小闭区域都是矩形闭区域．设矩形闭区域 $\Delta\sigma_i$ 的边长为 Δx_i 和 Δy_i，则 $\Delta\sigma_i =$

$\Delta x_i \Delta y_i$,因此在直角坐标系中,有时也把面积元素 $d\sigma$ 记作 $dxdy$,而把二重积分记作

$$\iint_D f(x,y) dxdy,$$

其中 $dxdy$ 称为**直角坐标系中的面积微元**.

4. 二重积分的存在性

当 $f(x,y)$ 在闭区域 D 上连续时,积分和的极限必定存在,也就是说函数 $f(x,y)$ 在 D 上的二重积分必定存在. 假定函数 $f(x,y)$ 在闭区域 D 上总是连续的,则 $f(x,y)$ 在 D 上的二重积分都是存在的.

5. 二重积分的几何意义

如果 $f(x,y) \geqslant 0$,被积函数 $f(x,y)$ 可解释为曲顶柱体的顶点在点 (x,y) 处的竖坐标,所以二重积分的几何意义就是曲顶柱体的体积. 如果 $f(x,y)$ 是负的,柱体就在 xOy 面的下方,二重积分的绝对值仍等于柱体的体积,但二重积分的值是负的.

9.8.2 二重积分的性质

下面假定所给出的函数在相应的区域上可积,不加证明地给出二重积分的一些重要性质.

性质1(线性性质) 设 c_1 和 c_2 为常数,则

$$\iint_D [c_1 f(x,y) + c_2 g(x,y)] d\sigma = c_1 \iint_D f(x,y) d\sigma + c_2 \iint_D g(x,y) d\sigma.$$

性质2(区域可加性) 如果闭区域 D 被有限条曲线分为有限个闭区域,则在 D 上的二重积分等于在各部分闭区域上的二重积分的和.

例如,D 分为两个闭区域 D_1 与 D_2,则

$$\iint_D f(x,y) d\sigma = \iint_{D_1} f(x,y) d\sigma + \iint_{D_2} f(x,y) d\sigma.$$

性质3(面积计算) $\iint_D 1 \cdot d\sigma = \iint_D d\sigma = \sigma$($\sigma$ 为 D 的面积).

性质4(单调性) 如果在 D 上恒有 $f(x,y) \leqslant g(x,y)$,则

$$\iint_D f(x,y) d\sigma \leqslant \iint_D g(x,y) d\sigma.$$

特别地,有

$$\left| \iint_D f(x,y) d\sigma \right| \leqslant \iint_D |f(x,y)| d\sigma.$$

性质5(估值公式) 设 M 和 m 分别是 $f(x,y)$ 在闭区域 D 上的最大值和最小值,σ 为 D 的面积,则有

$$m\sigma \leqslant \iint_D f(x,y)\,\mathrm{d}\sigma \leqslant M\sigma.$$

性质 6(二重积分中值定理) 设函数 $f(x,y)$ 在闭区域 D 上连续，σ 为 D 的面积，则在 D 上至少存在一点 (ξ,η) 使得

$$\iint_D f(x,y)\,\mathrm{d}\sigma = f(\xi,\eta)\sigma.$$

二重积分的中值定理说明，在区域 D 上以曲面 $f(x,y)$ 为顶的曲顶柱体的体积，等于区域 D 上以某一点 (ξ,η) 的函数值 $f(\xi,\eta)$ 为高的平顶柱体的体积。

9.8.3 二重积分的计算

二重积分的计算可以归结为求两次定积分。

1. 在直角坐标系下计算二重积分

先介绍区域的表示：

X-型区域(见图 9-18)：$D = \{(x,y) \mid a \leqslant x \leqslant b, \varphi_1(x) \leqslant y \leqslant \varphi_2(x)\}$。

Y-型区域(见图 9-19)：$D = \{(x,y) \mid \psi_1(y) \leqslant x \leqslant \psi_2(y), c \leqslant y \leqslant d\}$。

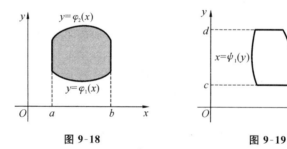

图 9-18　　　　　　　　图 9-19

此时二重积分在几何上表示以曲面 $z = f(x,y)$ 为顶、以区域 D 为底的曲顶柱体的体积。下面应用定积分的方法来计算这个体积。

不妨设积分区域为 X-型区域：$D = \{(x,y) \mid a \leqslant x \leqslant b, \varphi_1(x) \leqslant y \leqslant \varphi_2(x)\}$。

如图 9-20 所示，对于 $x_0 \in [a,b]$，曲顶柱体在 $x = x_0$ 的截面为以区间 $[\varphi_1(x_0), \varphi_2(x_0)]$ 为底、以曲线 $z = f(x_0, y)$ 为曲边的曲边梯形，所以这截面的面积为

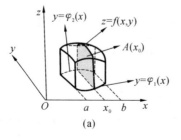
(a)

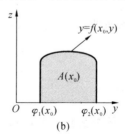
(b)

图 9-20

$$A(x_0) = \int_{\varphi_1(x_0)}^{\varphi_2(x_0)} f(x_0, y) dy.$$

根据平行截面面积为已知的立体体积的公式，得曲顶柱体的体积为

$$V = \int_a^b A(x) dx = \int_a^b \left[\int_{\varphi_1(x)}^{\varphi_2(x)} f(x, y) dy \right] dx,$$

即

$$V = \iint_D f(x, y) d\sigma = \int_a^b \left[\int_{\varphi_1(x)}^{\varphi_2(x)} f(x, y) dy \right] dx,$$

也可记为

$$\iint_D f(x, y) d\sigma = \int_a^b dx \int_{\varphi_1(x)}^{\varphi_2(x)} f(x, y) dy. \tag{9.8.2}$$

类似地，如果区域 D 为 Y- 型区域 $D = \{(x, y) \mid \psi_1(y) \leqslant x \leqslant \psi_2(y), c \leqslant y \leqslant d\}$，则有

$$\iint_D f(x, y) d\sigma = \int_c^d dy \int_{\psi_1(y)}^{\psi_2(y)} f(x, y) dx. \tag{9.8.3}$$

以上将二重积分化为两个依次进行的定积分称为**二次积分**或**累次积分**.

例1 计算 $\iint_D xy d\sigma$，其中 D 是由直线 $y = 1$、$x = 2$ 及 $y = x$ 所围成的闭区域.

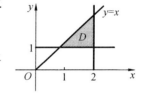

图 9-21

解法一 画出区域 D，如图 9-21 所示. 把 D 看成是 X- 型区域 $\{(x, y) \mid 1 \leqslant x \leqslant 2, 1 \leqslant y \leqslant x\}$. 于是

$$\iint_D xy d\sigma = \int_1^2 \left(\int_1^x xy dy \right) dx = \int_1^2 \left(x \cdot \frac{y^2}{2} \right) \Big|_1^x dx$$

$$= \frac{1}{2} \int_1^2 (x^3 - x) dx$$

$$= \frac{1}{2} \left(\frac{x^4}{4} - \frac{x^2}{2} \right) \Big|_1^2 = \frac{9}{8}.$$

解法二 把 D 看成是 Y- 型区域 $\{(x, y) \mid 1 \leqslant y \leqslant 2, y \leqslant x \leqslant 2\}$. 于是

$$\iint_D xy d\sigma = \int_1^2 \left(\int_y^2 xy dx \right) dy = \int_1^2 \left[\left(y \cdot \frac{x^2}{2} \right) \Big|_y^2 \right] dy$$

$$= \int_1^2 \left(2y - \frac{y^3}{2} \right) dy = \left(y^2 - \frac{y^4}{8} \right) \Big|_1^2 = \frac{9}{8}.$$

例2 计算 $\iint_D y\sqrt{1 + x^2 - y^2} d\sigma$，其中 D 是由直线 $y = 1$，$x = -1$ 及 $y = x$ 所围成的闭区域.

解 画出区域 D（见图 9-22），可把 D 看成是 X- 型区域 $\{(x, y) \mid -1 \leqslant x \leqslant 1,$

$x \leqslant y \leqslant 1\}$. 于是

$$\iint\limits_{D} y\sqrt{1+x^2-y^2}\,\mathrm{d}\sigma = \int_{-1}^{1}\mathrm{d}x\int_{x}^{1}y\sqrt{1+x^2-y^2}\,\mathrm{d}y$$

$$= -\frac{1}{3}\int_{-1}^{1}\left[(1+x^2-y^2)^{\frac{3}{2}}\Big|_{x}^{1}\right]\mathrm{d}x$$

$$= -\frac{1}{3}\int_{-1}^{1}(|x|^3-1)\,\mathrm{d}x$$

$$= -\frac{2}{3}\int_{0}^{1}(x^3-1)\,\mathrm{d}x = \frac{1}{2}.$$

例3 计算$\iint\limits_{D}xy\,\mathrm{d}\sigma$,其中$D$是由直线$y=x-2$及抛物线$y^2=x$所围成的闭区域.

解 积分区域可以表示为$D=D_1+D_2$(见图9-23).其中

$$D_1 = \{(x,y)\mid 0\leqslant x\leqslant 1,-\sqrt{x}\leqslant y\leqslant\sqrt{x}\},$$

$$D_2 = \{(x,y)\mid 1\leqslant x\leqslant 4,x-2\leqslant y\leqslant\sqrt{x}\}.$$

于是

$$\iint\limits_{D}xy\,\mathrm{d}\sigma = \int_{0}^{1}\mathrm{d}x\int_{-\sqrt{x}}^{\sqrt{x}}xy\,\mathrm{d}y+\int_{1}^{4}\mathrm{d}x\int_{x-2}^{\sqrt{x}}xy\,\mathrm{d}y$$

$$= 0+\frac{1}{2}\int_{1}^{4}(5x^2-x^3-4x)\,\mathrm{d}x$$

$$= \frac{1}{2}\left(\frac{5}{3}x^3-\frac{1}{4}x^4-2x^2\right)\Big|_{1}^{4} = \frac{45}{8}.$$

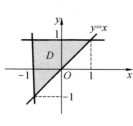

图 9-22

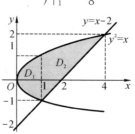

图 9-23

这里用式(9.8.2)计算比较麻烦.积分区域也可以表示为$D=\{(x,y)\mid -1\leqslant y\leqslant 2,y^2\leqslant x\leqslant y+2\}$.于是

$$\iint\limits_{D}xy\,\mathrm{d}\sigma = \int_{-1}^{2}\mathrm{d}y\int_{y^2}^{y+2}xy\,\mathrm{d}x = \int_{-1}^{2}\left(\frac{x^2}{2}y\right)\Big|_{y^2}^{y+2}\mathrm{d}y$$

$$= \frac{1}{2}\int_{-1}^{2}[y(y+2)^2-y^5]\,\mathrm{d}y$$

$$= \frac{1}{2}\left(\frac{y^4}{4}+\frac{4}{3}y^3+2y^2-\frac{y^6}{6}\right)\Big|_{-1}^{2} = \frac{45}{8}.$$

上述例题说明,在化二重积分为二次积分时,为了计算简便,需要选择恰当的积分次序.这时,既要考虑积分区域的形状,又要考虑被积函数的特性.

例 4 求两个底圆半径都等于 R 的直交圆柱面所围成的立体的体积.

解 如图 9-24 所示,设这两个圆柱面的方程分别为 $x^2+y^2=R^2$ 及 $x^2+z^2=R^2$.

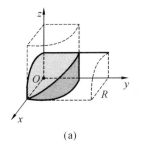
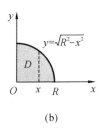

(a)　　　　　　　(b)

图 9-24

利用立体关于坐标平面的对称性,只要算出它在第一卦限部分的体积 V_1,然后再乘以 8 就行了.

所求立体在第一卦限部分是以 $D=\{(x,y)\mid 0\leqslant y\leqslant \sqrt{R^2-x^2},0\leqslant x\leqslant R\}$ 为底,以 $z=\sqrt{R^2-x^2}$ 为顶的曲顶柱体.于是

$$V=8\iint\limits_{D}\sqrt{R^2-x^2}\,\mathrm{d}\sigma=8\int_0^R\mathrm{d}x\int_0^{\sqrt{R^2-x^2}}\sqrt{R^2-x^2}\,\mathrm{d}y$$

$$=8\int_0^R(R^2-x^2)\,\mathrm{d}x$$

$$=\frac{16}{3}R^3.$$

例 5 计算二重积分 $\iint\limits_{D}x^2\mathrm{e}^{-y^2}\mathrm{d}x\mathrm{d}y$,其中 D 由直线 $y=x,y=1$ 及 y 轴围成.

解 将 D 看成 Y-型区域来计算.

$$\iint\limits_{D}x^2\mathrm{e}^{-y^2}\mathrm{d}x\mathrm{d}y=\int_0^1\mathrm{e}^{-y^2}\mathrm{d}y\int_0^y x^2\mathrm{d}x=\int_0^1\mathrm{e}^{-y^2}\left(\frac{1}{3}x^3\Big|_0^y\right)\mathrm{d}y=\frac{1}{3}\int_0^1 y^3\mathrm{e}^{-y^2}\mathrm{d}y$$

$$=\frac{1}{3\times 2}\int_0^1 y^2\mathrm{e}^{-y^2}\mathrm{d}y^2=\frac{1}{6}(-y^2\mathrm{e}^{-y^2}-\mathrm{e}^{-y^2})\Big|_0^1=\frac{1}{6}-\frac{1}{3\mathrm{e}}.$$

例 6 交换二次积分 $\int_0^1\mathrm{d}x\int_{x^2}^x f(x,y)\mathrm{d}y$ 的积分次序.

解 由题可知,积分区域为

$$\{(x,y)\mid 0\leqslant x\leqslant 1,x^2\leqslant y\leqslant x\},$$

画出积分区域(见图 9-25).重新确定二次积分的积分区域为

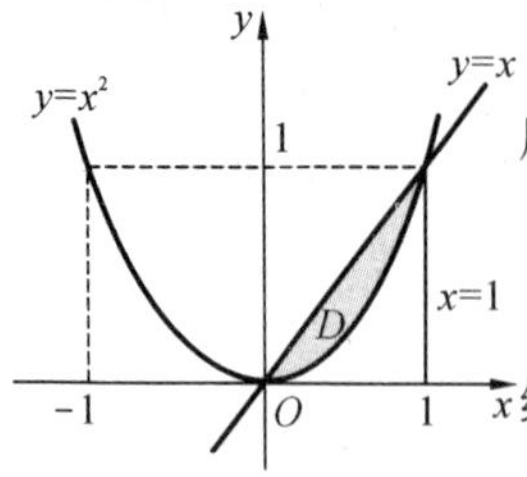

$\{(x,y) \mid 0 \leqslant y \leqslant 1, y \leqslant x \leqslant \sqrt{y}\}$,

所以 $\int_0^1 dx \int_{x^2}^x f(x,y)dy = \int_0^1 dy \int_y^{\sqrt{y}} f(x,y)dx.$

例 7 计算二重积分 $\iint_D \sqrt{x^2-y^2} dxdy$,其中 D 是由直线 $y=0, x=1$ 和 $y=x$ 所围成的三角形区域.

图 9-25

解 由定积分的几何意义知, $\int_0^x \sqrt{x^2-y^2} dy = \frac{\pi}{4}x^2$,于是按 X-型区域计算得

$$\iint_D \sqrt{x^2-y^2} dxdy = \int_0^1 dx \int_0^x \sqrt{x^2-y^2} dy = \frac{\pi}{4} \int_0^1 x^2 dx = \frac{\pi}{12}.$$

例 8 计算二次积分 $\int_0^{\frac{\pi}{6}} dy \int_y^{\frac{\pi}{6}} \frac{\cos x}{x} dx.$

解 因为 $\int \frac{\cos x}{x} dx$ 的原函数不能用初等函数表示,所以交换积分次序得

$$\int_0^{\frac{\pi}{6}} dy \int_y^{\frac{\pi}{6}} \frac{\cos x}{x} dx = \int_0^{\frac{\pi}{6}} dx \int_0^x \frac{\cos x}{x} dy = \int_0^{\frac{\pi}{6}} \left(\frac{\cos x}{x}\right) \Big|_0^x dx$$

$$= \int_0^{\frac{\pi}{6}} \cos x dx = \sin x \Big|_0^{\frac{\pi}{6}} = \frac{1}{2}.$$

2. 利用极坐标计算二重积分

有些二重积分,积分区域 D 的边界曲线用极坐标方程来表示比较方便,且被积函数用极坐标变量 r, θ 表示比较简单. 这时可以考虑利用极坐标来计算二重积分 $\iint_D f(x,y)d\sigma$.

按二重积分的定义, $\iint_D f(x,y)d\sigma = \lim_{\lambda \to 0} \sum_{i=1}^n f(\xi_i, \eta_i) \Delta \sigma_i.$

下面研究这个和式的极限在极坐标系中的形式. 以从极点 O 出发的一族射线及以极点为中心的一族同心圆构成的网将区域 D 分为 n 个小闭区域,如图 9-26 所示. 小闭区域的面积为

$$\Delta \sigma_i = \frac{1}{2}(r_i + \Delta r_i)^2 \cdot \Delta \theta_i - \frac{1}{2} \cdot r_i^2 \cdot \Delta \theta_i$$

$$= \frac{1}{2}(2r_i + \Delta r_i) \Delta r_i \cdot \Delta \theta_i$$

$$= \frac{r_i + (r_i + \Delta r_i)}{2} \cdot \Delta r_i \cdot \Delta \theta_i = \bar{r}_i \Delta r_i \Delta \theta_i,$$

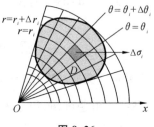

图 9-26

其中 $\bar{r_i}$ 表示相邻两圆弧的半径的平均值.

在 $\Delta\sigma_i$ 内取点 $(\bar{r_i}, \bar{\theta_i})$,设其直角坐标为 (ξ_i, η_i),则有 $\xi_i = \bar{r_i}\cos\bar{\theta_i}$, $\eta_i = \bar{r_i}\sin\bar{\theta_i}$. 于是

$$\lim_{\lambda\to 0}\sum_{i=1}^{n}f(\xi_i,\eta_i)\Delta\sigma_i = \lim_{\lambda\to 0}\sum_{i=1}^{n}f(\bar{r_i}\cos\bar{\theta_i},\bar{r_i}\sin\bar{\theta_i})\bar{r_i}\Delta r_i\Delta\theta_i,$$

即

$$\iint_D f(x,y)\mathrm{d}\sigma = \iint_D f(r\cos\theta, r\sin\theta)r\mathrm{d}r\mathrm{d}\theta. \tag{9.8.4}$$

这就是二重积分从直角坐标变换为极坐标的变换公式,其中 $r\mathrm{d}r\mathrm{d}\theta$ 就是**极坐标系中的面积微元**.

计算极坐标系下的二重积分,也要将它化为累次积分. 下面分三种情况说明.

(1) 极点 O 在积分区域 D 之外的情况,如图9-27所示,这时积分区域 D 可表示为

$$\{(r,\theta) \mid \varphi_1(\theta) \leqslant r \leqslant \varphi_2(\theta), \alpha \leqslant \theta \leqslant \beta\},$$

于是

$$\iint_D f(r\cos\theta, r\sin\theta)r\mathrm{d}r\mathrm{d}\theta = \int_\alpha^\beta \mathrm{d}\theta \int_{\varphi_1(\theta)}^{\varphi_2(\theta)} f(r\cos\theta, r\sin\theta)r\mathrm{d}r.$$

(2) 极点 O 在区域 D 的边界上,如图9-28所示,这时积分区域 D 可表示为

$$D = \{(r,\theta) \mid \alpha \leqslant \theta \leqslant \beta, 0 \leqslant r \leqslant \varphi(\theta)\},$$

于是

$$\iint_D f(r\cos\theta, r\sin\theta)r\mathrm{d}r\mathrm{d}\theta = \int_\alpha^\beta \mathrm{d}\theta \int_0^{\varphi(\theta)} f(r\cos\theta, r\sin\theta)r\mathrm{d}r.$$

(3) 极点 O 在区域 D 的内部,如图9-29所示,积分为

$$\iint_D f(r\cos\theta, r\sin\theta)r\mathrm{d}r\mathrm{d}\theta = \int_0^{2\pi} \mathrm{d}\theta \int_0^{\varphi(\theta)} f(r\cos\theta, r\sin\theta)r\mathrm{d}r.$$

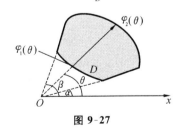

图 9-27   图 9-28

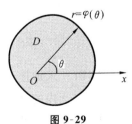

图 9-29

例9 计算 $\iint_D e^{-x^2-y^2}\mathrm{d}x\mathrm{d}y$,其中 D 是由中心在原点、半径为 a 的圆周所围成的闭区域.

解 如图9-30所示,在极坐标系中,闭区域 D 可表示为 $\{(r,\theta) \mid 0 \leqslant r \leqslant a, 0$

$\leqslant \theta \leqslant 2\pi\}$,于是

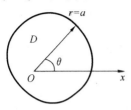

图 9-30

$$\iint_D e^{-x^2-y^2} dxdy = \iint_D e^{-r^2} rdrd\theta = \int_0^{2\pi} d\theta \int_0^a e^{-r^2} rdr$$
$$= 2\pi \cdot \left[-\frac{1}{2}\left(e^{-r^2}\Big|_0^a\right)\right] = \pi(1-e^{-a^2}).$$

注 此处积分$\iint\limits_D e^{-x^2-y^2} dxdy$也常写成$\iint\limits_{x^2+y^2\leqslant a^2} e^{-x^2-y^2} dxdy.$

下面利用$\iint\limits_{x^2+y^2\leqslant a^2} e^{-x^2-y^2} dxdy = \pi(1-e^{-a^2})$计算广义积分$\int_0^{+\infty} e^{-x^2} dx.$

设 $D_1 = \{(x,y) \mid x^2+y^2 \leqslant R^2, x \geqslant 0, y \geqslant 0\}$,$D_2 = \{(x,y) \mid x^2+y^2 \leqslant 2R^2, x \geqslant 0, y \geqslant 0\}$,$S = \{(x,y) \mid 0 \leqslant x \leqslant R, 0 \leqslant y \leqslant R\}$. 显然 $D_1 \subset S \subset D_2$. 由于 $e^{-x^2-y^2} > 0$,故在这些闭区域上的二重积分满足

$$\iint_{D_1} e^{-x^2-y^2} dxdy < \iint_S e^{-x^2-y^2} dxdy < \iint_{D_2} e^{-x^2-y^2} dxdy. \quad (9.8.5)$$

因为

$$\iint_S e^{-x^2-y^2} dxdy = \int_0^R e^{-x^2} dx \cdot \int_0^R e^{-y^2} dy = \left(\int_0^R e^{-x^2} dx\right)^2,$$

应用上面已得的结果有

$$\iint_{D_1} e^{-x^2-y^2} dxdy = \frac{\pi}{4}(1-e^{-R^2}), \quad \iint_{D_2} e^{-x^2-y^2} dxdy = \frac{\pi}{4}(1-e^{-2R^2}).$$

于是上面的不等式(9.8.5)可写成

$$\frac{\pi}{4}(1-e^{-R^2}) < \left(\int_0^R e^{-x^2} dx\right)^2 < \frac{\pi}{4}(1-e^{-2R^2}).$$

令 $R \to +\infty$,上式两端趋于同一极限$\frac{\pi}{4}$,从而得

$$\int_0^{+\infty} e^{-x^2} dx = \frac{\sqrt{\pi}}{2}.$$

例10 求球体 $x^2+y^2+z^2 \leqslant 4a^2$ 被圆柱面 $x^2+y^2 = 2ax(a>0)$ 所截得的(含在圆柱面内的部分)立体(见图9-31)的体积.

解 由对称性,所求立体体积为第一卦限部分的 4 倍,即

$$V = 4\iint_D \sqrt{4a^2-x^2-y^2} dxdy,$$

其中 D 为半圆周 $y = \sqrt{2ax-x^2}$ 及 x 轴所围成的闭区域.

在极坐标系中,D 可表示为

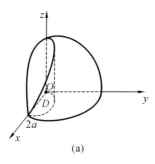
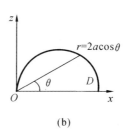

图 9-31

$$\left\{(r,\theta) \mid 0 \leqslant r \leqslant 2a\cos\theta, 0 \leqslant \theta \leqslant \frac{\pi}{2}\right\},$$

于是
$$V = 4\iint\limits_{D} \sqrt{4a^2 - r^2}\,r\mathrm{d}r\mathrm{d}\theta = 4\int_0^{\frac{\pi}{2}} \mathrm{d}\theta \int_0^{2a\cos\theta} \sqrt{4a^2 - r^2}\,r\mathrm{d}r$$
$$= \frac{32}{3}a^3 \int_0^{\frac{\pi}{2}} (1 - \sin^3\theta)\mathrm{d}\theta$$
$$= \frac{32}{3}a^3 \left(\frac{\pi}{2} - \frac{2}{3}\right).$$

例 11 计算二重积分 $\iint\limits_{D} (\sqrt{x^2 + y^2} + y)\mathrm{d}\sigma$,其中 D 是由圆 $x^2 + y^2 = 4$ 和圆 $(x+1)^2 + y^2 = 1$ 所围成的平面区域.

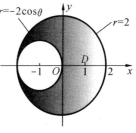

图 9-32

解 因为 D(见图 9-32)关于 x 轴对称,所以 $\iint\limits_{D} y\mathrm{d}\sigma = 0$.

$$\iint\limits_{D} (\sqrt{x^2 + y^2} + y)\mathrm{d}\sigma = 2\int_0^{\frac{\pi}{2}} \mathrm{d}\theta \int_0^2 r \cdot r\mathrm{d}r + 2\int_{\frac{\pi}{2}}^{\pi} \mathrm{d}\theta \int_{-2\cos\theta}^2 r \cdot r\mathrm{d}r$$
$$= \frac{\pi}{3}r^3 \Big|_0^2 + \frac{2}{3}\int_{\frac{\pi}{2}}^{\pi} \left[(r^3)\Big|_{-2\cos\theta}^2\right]\mathrm{d}\theta$$
$$= \frac{8\pi}{3} + \frac{2}{3}\int_{\frac{\pi}{2}}^{\pi} (8 + 8\cos^3\theta)\mathrm{d}\theta$$
$$= \frac{16\pi}{3} + \frac{16}{3}\int_{\frac{\pi}{2}}^{\pi} (1 - \sin^2\theta)\mathrm{d}\sin\theta$$
$$= \frac{16\pi}{3} + \frac{16}{3}\sin\theta\Big|_{\frac{\pi}{2}}^{\pi} - \frac{16}{9}\sin^3\theta\Big|_{\frac{\pi}{2}}^{\pi}$$
$$= \frac{16}{9}(3\pi - 2).$$

习题 9.8

(A)

1. 在直角坐标系下计算下列二重积分：

   (1) $\iint\limits_{D} x\mathrm{e}^{xy}\mathrm{d}x\mathrm{d}y$，其中 $D = \{(x,y) \mid 0 \leqslant x \leqslant 1, -1 \leqslant y \leqslant 0\}$；

   (2) $\iint\limits_{D} \dfrac{\mathrm{d}x\mathrm{d}y}{(x-y)^2}$，其中 $D = \{(x,y) \mid 1 \leqslant x \leqslant 2, 3 \leqslant y \leqslant 4\}$；

   (3) $\iint\limits_{D} (3x+2y)\mathrm{d}x\mathrm{d}y$，其中 D 是由两个坐标轴及直线 $x+y=2$ 围成；

   (4) $\iint\limits_{D} xy^2\mathrm{d}x\mathrm{d}y$，其中 D 是由抛物线 $y^2 = 2x$ 和直线 $x = \dfrac{1}{2}$ 围成；

   (5) $\iint\limits_{D} \dfrac{x^2}{y^2}\mathrm{d}x\mathrm{d}y$，其中 D 是由直线 $x = 2, y = x$ 和双曲线 $xy = \dfrac{1}{2}$ 围成；

   (6) $\iint\limits_{D} x\sqrt{y}\,\mathrm{d}x\mathrm{d}y$，其中 D 是由抛物线 $y = \sqrt{x}, y = x^2$ 围成；

   (7) $\iint\limits_{D} (2y-x)\mathrm{d}x\mathrm{d}y$，其中 D 是由直线 $y = x+2$ 和抛物线 $y = x^2$ 围成.

2. 将下列积分区域 D 对应的二重积分 $\iint\limits_{D} f(x,y)\mathrm{d}x\mathrm{d}y$ 按两种积分次序化为二次积分：

   (1) D 由直线 $y = x$ 及抛物线 $y^2 = 4x$ 围成；

   (2) D 由 x 轴及半圆周 $x^2+y^2 = 4 (y \geqslant 0)$ 围成；

   (3) D 由抛物线 $y = x^2$ 及 $y = 4-x^2$ 围成；

   (4) D 由直线 $y = x, y = 3x, x = 1$ 和 $x = 3$ 围成.

3. 改变下列二次积分的积分次序：

   (1) $I = \displaystyle\int_0^1 \mathrm{d}y \int_y^{\sqrt{y}} f(x,y)\mathrm{d}x$；　　　(2) $I = \displaystyle\int_0^1 \mathrm{d}y \int_{-\sqrt{1-y^2}}^{\sqrt{1-y^2}} f(x,y)\mathrm{d}x$；

   (3) $I = \displaystyle\int_0^e \mathrm{d}x \int_0^{\ln x} f(x,y)\mathrm{d}y$；　　　(4) $I = \displaystyle\int_{-1}^1 \mathrm{d}x \int_{-\sqrt{1-x^2}}^{1-x^2} f(x,y)\mathrm{d}y$；

   (5) $I = \displaystyle\int_0^1 \mathrm{d}x \int_0^x f(x,y)\mathrm{d}y + \int_1^2 \mathrm{d}x \int_0^{2-x} f(x,y)\mathrm{d}y$.

4. 计算二重积分 $\iint\limits_{D} \dfrac{\sin y}{y}\mathrm{d}\sigma$，其中 D 是由直线 $y = x$ 与 $y = \sqrt{x}$ 围成.

5. 求两个旋转抛物面 $z = 2-x^2-y^2$ 和 $z = x^2+y^2$ 所围成的立体的体积.

6. 求平面 $2x+y+z = 4$ 与三个坐标平面所围成的四面体的体积.

7. 计算二重积分 $\iint\limits_{D} \mathrm{e}^{-y^2}\mathrm{d}x\mathrm{d}y$，其中 D 是由直线 $y = x, y = 1$ 及 y 轴所围成的区域.

8. 利用极坐标计算下列各题:

(1) $\iint\limits_D e^{x^2+y^2} d\sigma$,其中 D 是由圆周 $x^2+y^2=4$ 所围成的闭区域;

(2) $\iint\limits_D \ln(1+x^2+y^2) d\sigma$,其中 D 是由圆周 $x^2+y^2=1$ 及坐标轴所围成的在第一象限内的闭区域;

(3) $\iint\limits_D \arctan\dfrac{y}{x} d\sigma$,其中 D 是由圆周 $x^2+y^2=4, x^2+y^2=1$ 及直线 $y=0, y=x$ 所围成的在第一象限内的闭区域.

(B)

1. 计算下列二重积分:

(1) $\iint\limits_D (\sqrt{x^2+y^2}+y) d\sigma$,其中 D 是由 $x^2+y^2=4, (x+1)^2+y^2=1$ 所围成的闭区域;

(2) $\iint\limits_D (x+y) dxdy$,其中 $D=\{(x,y)\mid x^2+y^2 \leqslant x+y+1\}$;

(3) $\iint\limits_D |x^2+y^2-1| dxdy$,其中 $D=\{(x,y)\mid 0\leqslant x\leqslant 1, 0\leqslant y\leqslant 1\}$.

2. 设函数 $f(x,y)$ 在闭区域 D 上连续,且 $f(x,y)=xy+\iint\limits_D f(u,v) dudv$,其中 D 是由 $y=0, y=x^2, x=1$ 围成的闭区域.

3. 求球体 $x^2+y^2+z^2 \leqslant R^2$ 被圆柱面 $x^2+y^2=Rx$ 所割下部分的立体的体积.

数学家陈省身简介

陈省身,汉族,生于 1911 年 10 月 28 日,逝世于 2004 年 12 月 3 日. 美籍华人,国际数学大师、著名教育家、中国科学院外籍院士,"走进美妙的数学花园"创始人,20 世纪世界级的几何学家. 少年时就喜爱数学,觉得数学既有趣又较容易,并且喜欢独立思考,自主发展,常常自己主动去看书,不是老师指定什么参考书才去看. 陈省身 1927 年进入南开大学数学系,1930 年毕业于南开大学,1931 年考入清华大学研究院,成为中国国内最早的数学研究生之一. 在孙光远博士指导下,陈省身发表了第一篇研究论文,内容是关于射影微分几何的. 1934 年,他毕业于清华大学研究院,同年,得到汉堡大学的奖学金,赴布拉希克所在的汉堡大学数学系留

陈省身

学.在布拉希克研究室他完成了博士论文,研究的是嘉当方法在微分几何中的应用.1936 年获得博士学位.从汉堡大学毕业之后,他来到巴黎.1936 年至 1937 年间在法国几何学大师 E·嘉当那里从事研究.E·嘉当每两个星期约陈省身去他家里谈一次,每次一小时.大师面对面的指导,使陈省身学到了老师的数学语言及思维方式,终身受益.

陈省身先后担任我国西南联大教授,美国普林斯顿高等研究所研究员,芝加哥大学、伯克利加州大学终身教授等,是美国国家数学研究所、南开大学数学研究所的创始所长.陈省身的数学工作范围比较广,包括微分几何、拓扑学、微分方程、几何、李群方面.他是发展现代微分几何学的大师.早在 20 世纪 40 年代,他结合微分几何与拓扑学的方法,完成了黎曼流形的高斯-博内一般形式和埃尔米特流形的示性类论.他首次应用纤维丛概念于微分几何的研究,引进了后来通称的陈氏示性类,为大范围微分几何提供了不可缺少的工具.他引进的一些概念、方法和工具,已远远超过微分几何与拓扑学的范围,成为整个现代数学中的重要组成部分.陈省身还是一位杰出的教育家,他培养了大批优秀的博士生.他本人也获得了许多荣誉和奖励,例如 1975 年获美国总统颁发的美国国家科学奖,1983 年获美国数学会"全体成就"斯蒂尔奖,1984 年获沃尔夫奖.

2004 年 11 月 2 日,经国际天文学联合会下属的小天体命名委员会讨论通过,国际小行星中心正式发布第 52733 号《小行星公报》通知国际社会,将一颗永久编号为 1998CS2 号的小行星命名为"陈省身星",以表彰他的贡献.

第 9 章总习题

1. (2013 年考研题) 设 D_k 是圆域 $D = \{(x,y) \mid x^2 + y^2 \leq 1\}$ 的第 k 象限的部分,记 $I_k = \iint\limits_{D_k}(y-x)\mathrm{d}x\mathrm{d}y$,则(   ).

   A. $I_1 > 0$ B. $I_2 > 0$ C. $I_3 > 0$ D. $I_4 > 0$

2. (2015 年考研题) 设 $D = \{(x,y) \mid x^2 + y^2 \leq 2x, x^2 + y^2 \leq 2y\}$,函数 $f(x,y)$ 在 D 上连续,则 $\iint\limits_{D} f(x,y)\mathrm{d}x\mathrm{d}y = ($ $)$.

   A. $\int_0^{\frac{\pi}{4}} \mathrm{d}\theta \int_0^{2\cos\theta} f(r\cos\theta, r\sin\theta) r \mathrm{d}r + \int_{\frac{\pi}{4}}^{\frac{\pi}{2}} \mathrm{d}\theta \int_0^{2\sin\theta} f(r\cos\theta, r\sin\theta) r \mathrm{d}r$

   B. $\int_0^{\frac{\pi}{4}} \mathrm{d}\theta \int_0^{2\sin\theta} f(r\cos\theta, r\sin\theta) r \mathrm{d}r + \int_{\frac{\pi}{4}}^{\frac{\pi}{2}} \mathrm{d}\theta \int_0^{2\cos\theta} f(r\cos\theta, r\sin\theta) r \mathrm{d}r$

   C. $2\int_0^1 \mathrm{d}x \int_{1-\sqrt{1-x^2}}^{x} f(x,y) \mathrm{d}y$

   D. $2\int_0^1 \mathrm{d}x \int_x^{\sqrt{2x-x^2}} f(x,y) \mathrm{d}y$

3. (2013年考研题) 设函数 $z=z(x,y)$ 是由方程 $(z+y)^x=xy$ 确定,则 $\dfrac{\partial z}{\partial x}\Big|_{(1,2)}=$ _____.

4. (2014年考研题) 设 D 是由曲线 $xy+1=0$ 与直线 $x+y=0$ 及 $y=2$ 所围成的有界区域,则 D 的面积为 _____.

5. (2014年考研题) 二次积分 $\displaystyle\int_0^1 dy\int_y^1 \left(\dfrac{e^{x^2}}{x}-e^{y^2}\right)dx=$ _____.

6. (2015年考研题) 若函数 $z=z(x,y)$ 由方程 $e^{x+2y+3z}+xyz=1$ 所确定,则 $dz\big|_{(0,0)}=$ _____.

7. 求下列函数的定义域,并画出图形:

   (1) $z=\sqrt{1-x^2}+\dfrac{1}{\sqrt{y^2-1}}$;

   (2) $z=\dfrac{1}{\ln(x^2+y^2)}$;

   (3) $f(x,y)=\sqrt{4-x^2-y^2}+\ln(x^2+y^2-1)$;

   (4) $f(x,y)=\dfrac{1}{\sqrt{y^2-2x}}$.

8. 求下列极限:

   (1) $\displaystyle\lim_{(x,y)\to(1,2)}(x^2+xy+y^2)$;   (2) $\displaystyle\lim_{(x,y)\to(0,1)}\dfrac{\sin xy}{y}$;

   (3) $\displaystyle\lim_{(x,y)\to(0,0)}\dfrac{1-\cos(x^2+y^2)}{(x^2+y^2)e^{x^2y^2}}$;   (4) $\displaystyle\lim_{(x,y)\to(0,0)}\dfrac{xy}{\sqrt{2-e^{xy}}-1}$.

9. 试证 $\displaystyle\lim_{(x,y)\to(0,0)}\dfrac{x^2y}{x^3+y^3}$ 不存在.

10. 在"充分"、"必要"和"充分必要"三者中选择一个正确的填入下列空格内.

    (1) $f(x,y)$ 在点 (x,y) 可微分是 $f(x,y)$ 在该点连续的 _____ 条件,$f(x,y)$ 在点 (x,y) 连续是 $f(x,y)$ 在该点可微分的 _____ 条件.

    (2) 函数 $z=f(x,y)$ 在点 (x,y) 的偏导数 $\dfrac{\partial z}{\partial x}$ 及 $\dfrac{\partial z}{\partial y}$ 存在是 $f(x,y)$ 在该点可微分的 _____ 条件,$z=f(x,y)$ 在点 (x,y) 可微分是函数在该点的偏导数 $\dfrac{\partial z}{\partial x}$ 及 $\dfrac{\partial z}{\partial y}$ 存在的 _____ 条件.

    (3) 函数 $z=f(x,y)$ 的偏导数 $\dfrac{\partial z}{\partial x}$ 及 $\dfrac{\partial z}{\partial y}$ 在点 (x,y) 存在且连续是 $f(x,y)$ 在该点可微分的 _____ 条件.

    (4) 函数 $z=f(x,y)$ 的两个二阶混合偏导数 $\dfrac{\partial^2 z}{\partial x\partial y}$ 及 $\dfrac{\partial^2 z}{\partial y\partial x}$ 在区域 D 内连续是

这两个二阶混合偏导数在 D 内相等的_____条件.

11. 计算偏导数：

(1) $z = e^{xy} + yx^2$，求 $\dfrac{\partial z}{\partial y}$；

(2) $z = \ln(xy)$，求 $\dfrac{\partial z}{\partial x}$；

(3) $z = (1 + x^2 y)^y$，求 $\dfrac{\partial z}{\partial x}$ 和 $\dfrac{\partial z}{\partial y}$；

(4) $f(x,y) = e^{x^2 y}$，求 $f'_x(x,y)$；

(5) $f(x,y) = 5x^2 y^3$，求 $f'_x(0,1)$；

(6) $z = x^2 \sin 3y$，求 $\dfrac{\partial z}{\partial y}$；

(7) $z = e^{\frac{x}{y}}$，求 $\dfrac{\partial z}{\partial x}$ 和 $\dfrac{\partial z}{\partial y}$；

(8) $f(x,y) = \ln\left(x + \dfrac{y}{2x}\right)$，求 $f'_y(1,0)$；

(9) $z = \sin(xy^2)$，求 $\dfrac{\partial z}{\partial x}$；

(10) $z = 3^{xy}$，求 $\dfrac{\partial z}{\partial x}$；

(11) $z = f(x^2 + y^2)$ 满足 $x\dfrac{\partial z}{\partial x} + y\dfrac{\partial z}{\partial y} = 1$，其中 f 可微，求 $f'(t)$；

(12) $f(x,y) = xy + \dfrac{y}{x}$，求 $f'_x(1,1)$；

(13) $f(x,y) = 2xy + e^y$，求 $f'_y(x,y)$；

(14) $z = (3x^2 + y^2)^{4x+2y}$，求 $\dfrac{\partial z}{\partial x}$ 和 $\dfrac{\partial z}{\partial y}$；

(15) $z = \ln\sqrt{x^2 + y^2}$，求 $\dfrac{\partial z}{\partial x}$ 和 $\dfrac{\partial z}{\partial y}$；

(16) $f(x,y) = e^{xy} + yx^2$，求 $f'_x(x,y)$ 和 $f'_y(x,y)$.

12. 求下列函数的偏导数：

(1) 函数 $z = f(x,y)$ 由方程 $\dfrac{x}{z} = \ln\dfrac{z}{y}$ 所确定，求 $\dfrac{\partial z}{\partial x}$；

(2) 隐函数 $xe^{x-y-z} - x + y + 2z = 0$ 在点 $(1,2,-1)$ 处的 $\dfrac{\partial z}{\partial x}, \dfrac{\partial z}{\partial y}$；

(3) 设 $u = x^2 + 3xy - y^2$，求 $\dfrac{\partial^2 u}{\partial x \partial y}$；

(4) 设 $z = x\ln(x+y)$，求 $\dfrac{\partial^2 z}{\partial x^2}$ 和 $\dfrac{\partial^2 z}{\partial x \partial y}$；

(5) 设 $f(x,y)=\ln(x^2+xy+y^2)$，求 $f'_x(1,2), f'_y(1,2), f''_{xy}(1,2), f''_{xx}(1,2)$ 及 $f''_{yy}(1,2)$.

13. 求下列函数的全微分：

(1) $z=xe^{xy}$，求 dz；

(2) $z=\ln(x+y^2)$，求 dz；

(3) $z=e^{xy}$，求 $dz\big|_{(1,0)}$；

(4) $z=3x^2+2xy-y^2$，求 $dz\big|_{(1,-1)}$；

(5) $z=x^y(x>0, x\neq 1)$，求 $dz\big|_{(2,2)}$；

(6) $z=\ln\sqrt{x^2+y^2}$，求 $dz\big|_{(1,1)}$；

(7) 设 $z=f(x,y)$ 由方程 $e^z-z+xy^3=0$ 确定，求 dz；

(8) 设 $z=z(x,y)$ 由方程 $e^z+x^2y+\ln z=0$ 确定，求 dz.

14. 求函数 $f(x,y)=4(x-y)-x^2-y^2$ 的极值.

15. 求函数 $f(x,y)=x+y$ 当 $x^2+y^2=1$ 时的驻点.

16. 要建造一个底面是正方形的无盖长方体水池，底面造价每平方米 10 元，侧面造价每平方米 5 元．现有经费 1 000 元，问底面正方形边长 x 和池高 y 各取多少时，才使水池的容积为最大？

17. 交换下列二次积分的积分次序：

(1) $\int_0^1 dy \int_0^{y^2} f(x,y)dx + \int_1^2 dy \int_0^{\sqrt{1-(y-1)^2}} f(x,y)dx$；

(2) $\int_0^1 dy \int_0^y f(x,y)dx$；

(3) $\int_0^2 dy \int_{y^2}^{2y} f(x,y)dx$；

(4) $\int_0^1 dy \int_{-\sqrt{1-y^2}}^{\sqrt{1-y^2}} f(x,y)dx$；

(5) $\int_0^\pi dx \int_{-\sin\frac{x}{2}}^{\sin x} f(x,y)dy$；

(6) $\int_0^1 dx \int_0^{x^2} f(x,y)dy + \int_1^2 dx \int_0^{2-x} f(x,y)dy$；

(7) $\int_0^1 dy \int_{\sqrt{y}}^{\sqrt{2-y^2}} f(x,y)dx$.

18. 计算下列二重积分：

(1) $\iint\limits_D 2dxdy$，其中 $D=\{(x,y)\,|\,1\leqslant x^2+y^2\leqslant 4\}$；

(2) $\iint\limits_{D}(x+6y)dxdy$,其中 D 是由直线 $y=x, y=5x$ 及 $x=1$ 所围成的区域;

(3) $\iint\limits_{D}(x+y)d\sigma$,其中 D 是由曲线 $y=x^2$,直线 $x=1$ 及 x 轴所围成的区域;

(4) $\iint\limits_{D}xe^{xy}d\sigma$,其中 $D=\{(x,y)\mid 0\leqslant x\leqslant 1, 0\leqslant y\leqslant 1\}$;

(5) $\iint\limits_{D}e^{x+y}dxdy$,其中区域 D 是由 $x=0, x=1, y=0, y=1$ 所围成的矩形;

(6) $\iint\limits_{D}(x+y-xy)dxdy$,其中 D 是由 x 轴,y 轴及 $x+y=1$ 所围成的区域;

(7) $\iint\limits_{D}xdxdy$,其中 D 是由 $y=x^2$ 与 $y=4x-x^2$ 所围成的区域;

(8) $\iint\limits_{D}(x+y)dxdy$,其中 D 表示 $|x|\leqslant 1$ 及 $|y|\leqslant 1$ 所围成的区域;

(9) $\iint\limits_{D}x^2ydxdy$,其中 D 是由 $y=2x, y=0, x=1$ 所围成的区域;

(10) $\iint\limits_{D}xy^2dxdy$,其中 D 是由 $y^2=2px$ 和 $x=\dfrac{p}{2}(p>0)$ 所围成的区域;

(11) $\iint\limits_{D}y^2d\sigma$,其中 D 是由 $y^2=x, x=1$ 所围成的区域;

(12) $\iint\limits_{D}(x^2-2y)d\sigma$,其中 D 是由 $y^2=x, y=x$ 所围成的区域.

19. 计算二重积分 $\iint\limits_{D}\dfrac{y^2}{x^2}dxdy$,其中 D 是由 $x^2+y^2=2x$ 所围成的平面区域.

20. 计算二重积分 $\iint\limits_{D}\dfrac{dxdy}{1+x^2+y^2}$,其中 D 是由 $x^2+y^2\leqslant 1$ 所围成的平面区域.

21. 计算下列曲面所围成的立体的体积:

(1) $z=1+x+y, z=0, x+y=1, x=0, y=0$;
(2) $z=x^2+y^2, y=1, z=0, y=x^2$.

22. 证明:

(1) 证明 $z=F\left(\dfrac{y}{x}\right)$ 满足方程 $x\dfrac{\partial z}{\partial x}+y\dfrac{\partial z}{\partial y}=0$;

(2) 设 $z=\ln(\sqrt{x}+\sqrt{y})$,证明 $x\dfrac{\partial z}{\partial x}+y\dfrac{\partial z}{\partial y}=\dfrac{1}{2}$;

(3) 设 $z=f(x^2+y^2)$,其中 $f(u)$ 为可导函数,证明 $y\dfrac{\partial z}{\partial x}-x\dfrac{\partial z}{\partial y}=0$.

23. (2015 年考研题)

计算二重积分 $\iint\limits_{D}x(x+y)dxdy$,其中 $D=\{(x,y)\mid x^2+y^2\leqslant 2, y\geqslant x^2\}$.

第10章 微分方程与差分方程

> 我们知道的是很少的,我们不知道的是无限的.
>
> —— 拉普拉斯

10.1 微分方程的一般概念

微积分以函数作为研究对象,但在实际问题中,往往不能直接建立所需要的函数关系,却比较容易建立起所求函数与其导数或微分之间的关系式,这样的关系式就是微分方程.通过求解微分方程,以得出所需要的函数.

例1 设曲线 $y = y(x)$ 过点 $(0,1)$ 且在任一点 $M(x,y)$ 处切线的斜率为 $3x^2$,求曲线方程 $y = y(x)$.

解 根据导数的几何意义,可知未知函数 $y = y(x)$ 应满足关系式:

$$\begin{cases} \dfrac{dy}{dx} = 3x^2, & (10.1.1) \\ y\mid_{x=0} = 1. & (10.1.2) \end{cases}$$

其中 $y\mid_{x=0}$ 表示 $x=0$ 时 y 的值.显然,满足式(10.1.1)的函数的一般形式为

$$y = x^3 + C \quad (C \text{ 为任意常数}). \tag{10.1.3}$$

将式(10.1.2)代入式(10.1.3)可得 $C=1$,则

$$y = x^3 + 1$$

即为所求的曲线方程.

例2 设一质量为 m 的物体在只受重力的作用下开始作自由落体运动,试求下落高度 h 与时间 t 的关系.

解 建立如图10-1所示的直角坐标系.其中坐标原点 O 为物体开始自由落体的点.由牛顿第二定律有

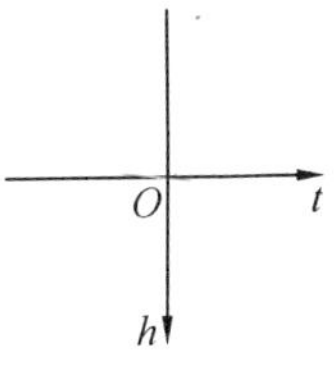

$$\begin{cases} \dfrac{d^2 h}{dt^2} = g, & (10.1.4) \\ h\mid_{t=0} = 0, h'\mid_{t=0} = 0, & (10.1.5) \end{cases}$$

图 10-1

其中 g 为重力加速度. 满足式(10.1.4)的函数的一般形式为

$$h = \frac{1}{2}gt^2 + C_1 t + C_2 \quad (C_1, C_2 \text{ 为任意常数}),$$

这是一簇曲线. 结合条件式(10.1.5)得 $h = \frac{1}{2}gt^2$.

定义 10.1.1 含有未知函数的导数或微分的方程, 称为微分方程. 微分方程中出现的未知函数的各阶导数的最高阶数, 称为微分方程的阶.

未知函数为一元函数的微分方程, 称为常微分方程.

例如, 例 1 中 $\frac{dy}{dx} = 3x^2$ 是一阶常微分方程.

未知函数为多元函数的微分方程, 称为偏微分方程.

例如 $z'_x + xz'_y = 0$ 和 $yz''_{xx} - xz''_{yy} = 0$ 均是偏微分方程.

本章只介绍常微分方程的概念和某些简单常微分方程的解法. n 阶微分方程的一般形式是

$$F(x, y, y', \cdots, y^{(n)}) = 0,$$

其中 $y^{(n)}$ 是必须出现的, 而 $x, y, y', \cdots, y^{(n-1)}$ 等变量则可以不出现.

例如 n 阶微分方程 $y^{(n)} + 1 = 0$ 中, 除 $y^{(n)}$ 外, 其他变量都没有出现.

定义 10.1.2 如果把一个函数代入微分方程后, 方程两端恒等, 则称此函数为该微分方程的解. 含有相互独立的任意常数并且任意常数的个数等于方程阶数的解称为微分方程的**通解**, 不含有任意常数的解称为方程的**特解**.

例如, 例 1 中 $y = x^3 + C$ (C 为任意常数) 和 $y = x^3 + 1$ 都是方程 $\frac{dy}{dx} = 3x^2$ 的解, 其中 $y = x^3 + C$ 是该方程的通解, 而 $y = x^3 + 1$ 为其一个特解.

为了得到合乎要求的特解, 必须根据要求对微分方程附加一定的条件, 如果这种附加条件是由系统在某一瞬间所处的状态给出的, 则称这种条件为**初始条件**.

例 3 验证: 函数 $x = C_1 \cos kt + C_2 \sin kt$ 是微分方程 $\frac{d^2 x}{dt^2} + k^2 x = 0$ 的解.

证 所给函数的导数为

$$\frac{dx}{dt} = -kC_1 \sin kt + kC_2 \cos kt,$$

$$\frac{d^2 x}{dt^2} = -k^2 C_1 \cos kt - k^2 C_2 \sin kt = -k^2 (C_1 \cos kt + C_2 \sin kt).$$

将 $\frac{d^2 x}{dt^2}$ 及 x 的表达式代入所给方程, 得

$$-k^2 (C_1 \cos kt + C_2 \sin kt) + k^2 (C_1 \cos kt + C_2 \sin kt) = 0.$$

这表明函数 $x = C_1 \cos kt + C_2 \sin kt$ 满足方程 $\frac{d^2 x}{dt^2} + k^2 x = 0$, 因此所给函数是所

给方程的解.

例 4 已知函数 $x = C_1\cos kt + C_2\sin kt\ (k \neq 0)$ 是微分方程 $\dfrac{d^2 x}{dt^2} + k^2 x = 0$ 的通解,求满足初始条件 $x\vert_{t=0} = A, x'\vert_{t=0} = 0$ 的特解.

解 由条件 $x\vert_{t=0} = A$ 及 $x = C_1\cos kt + C_2\sin kt$,得 $C_1 = A$. 再由条件 $x'\vert_{t=0} = 0$ 及 $x'(t) = -kC_1\sin kt + kC_2\cos kt$,得 $C_2 = 0$. 把 C_1 和 C_2 的值代入 $x = C_1\cos kt + C_2\sin kt$ 中,得 $x = A\cos kt$.

习题 10.1

(A)

1. 试说出下列各微分方程的阶数:
   (1) $x(y')^2 - 2yy' + x = 0$;
   (2) $x^2 y' - xy' + y = 0$;
   (3) $xy''' + 2y' + x^2 y = 0$;
   (4) $(7x - 6y)dx + (x + y)dy = 0$;
   (5) $L\dfrac{d^2 Q}{dt^2} + R\dfrac{dQ}{dt} + \dfrac{Q}{C} = 0$;
   (6) $\dfrac{d\rho}{d\theta} + \rho = \sin^2\theta$.

2. 指出下列各题中的函数是否为所给微分方程的解:
   (1) $xy' = 2y, y = 5x^2$;
   (2) $y' + y = 0, y = 3\sin x - 4\cos x$;
   (3) $y'' - 2y' + y = 0, y = x^2 e^x$;
   (4) $y'' - (\lambda_1 + \lambda_2)y' + \lambda_1\lambda_2 y = 0, y = C_1 e^{\lambda_1 x} + C_2 e^{\lambda_2 x}$.

3. 验证所给二元方程所确定的函数为所给微分方程的解:
   (1) $(x - 2y)y' = 2x - y, x^2 - xy + y^2 = C$;
   (2) $(xy - x)y'' + xy'^2 + yy' - 2y' = 0, y = \ln(xy)$.

4. 确定函数关系式中所含的参数(使函数满足所给的初始条件):
   (1) $x^2 - y^2 = C, y\vert_{x=0} = 5$;
   (2) $y = (C_1 + C_2 x)e^{2x}, y\vert_{x=0} = 0, y'\vert_{x=0} = 1$;
   (3) $y = C_1\sin(x - C_2), y\vert_{x=\pi} = 1, y'\vert_{x=\pi} = 0$.

(B)

1. 写出由下列条件确定的曲线所满足的微分方程:
   (1) 曲线在点 (x, y) 处的切线的斜率等于该点横坐标的平方;
   (2) 曲线上点 $P(x, y)$ 处的法线与 x 轴的交点为 Q,且线段 PQ 被 y 轴平分.

2. 某商品的销售量 x 是价格 P 的函数,如果要使该商品的销售收入在价格变化下保持不变,求:
   (1) 销售量 x 对价格 P 的函数关系所满足的微分方程;
   (2) 在这种情况下,该商品的需求量相对于价格 P 的弹性.

10.2　一阶微分方程

一阶微分方程的一般形式是
$$F(x,y,y')=0,$$
其中 x 是自变量，y 是未知函数，y' 是 y 的一阶导数.

一阶微分方程的通解含有一个任意常数，为了确定这个任意常数，必须给出一个初始条件. 通常都是给出 $x=x_0$ 时未知函数对应的值 $y=y_0$，记作
$$y(x_0)=y_0 \quad \text{或} \quad y|_{x=x_0}=y_0.$$

一阶微分方程有时也写成如下对称形式：
$$P(x,y)\mathrm{d}x+Q(x,y)\mathrm{d}y=0,$$
在这种方程中，变量 x 与 y 是对称的.

10.2.1　可分离变量的微分方程

设一阶微分方程
$$\frac{\mathrm{d}y}{\mathrm{d}x}=F(x,y).$$
如果右端函数能分解成 $F(x,y)=f(x)g(y)$，即
$$\frac{\mathrm{d}y}{\mathrm{d}x}=f(x)g(y), \tag{10.2.1}$$
则称方程(10.2.1)为**可分离变量的微分方程**，其中 $f(x),g(y)$ 都是连续函数. 根据这种方程的特点，可以通过积分来求解.

设 $g(y)\neq 0$，用 $g(y)$ 除方程的两端，使得未知函数与自变量置于等号的两边，得
$$\frac{1}{g(y)}\mathrm{d}y=f(x)\mathrm{d}x.$$
再对上述等式两边积分，即得
$$\int \frac{1}{g(y)}\mathrm{d}y=\int f(x)\mathrm{d}x.$$
如果 $g(y_0)=0$，则易知 $y=y_0$ 也是方程(10.2.1)的解. 上述求解可分离变量的微分方程的方法称为**分离变量法**.

例1　求微分方程 $\dfrac{\mathrm{d}y}{\mathrm{d}x}=2xy$ 的通解.

解　当 $y\neq 0$ 时，此方程为可分离变量方程，分离变量后得
$$\frac{1}{y}\mathrm{d}y=2x\mathrm{d}x,$$

两边积分
$$\int \frac{1}{y} dy = \int 2x dx,$$
得
$$\ln|y| = x^2 + C_1 \quad (C_1 \text{ 为任意常数}),$$
从而
$$y = \pm e^{x^2 + C_1} = \pm e^{C_1} e^{x^2}.$$

因为 $\pm e^{C_1}$ 仍是不等于零的任意常数,所以把它记作 C. 又 $y=0$ 是 $\frac{dy}{dx} = 2xy$ 的解,从而得题设方程的通解
$$y = Ce^{x^2} \quad (C \text{ 为任意常数}).$$

可分离变量的微分方程的解法:

第一步 分离变量,将方程写成 $h(y)dy = f(x)dx$ 的形式;

第二步 两端积分,$\int h(y)dy = \int f(x)dx$,设积分后得 $H(y) = F(x) + C$;

第三步 求出由 $H(y) = F(x) + C$ 所确定的隐函数 $y = \Phi(x)$ 或 $x = \Psi(y)$.

$H(y) = F(x) + C$,$y = \Phi(x)$ 或 $x = \Psi(y)$ 都是方程的通解,其中 $H(y) = F(x) + C$ 称为隐式(通)解.

例 2 求微分方程 $dP = kP(N-P)dt (N>0, k>0$,且都为常数$)$ 的解,此处假设 $0 < P < N$.

解 分离变量得
$$\frac{dP}{P(N-P)} = kdt,$$
两边积分得
$$\frac{1}{N} \ln \frac{P}{N-P} = kt + C$$
或
$$\frac{P}{N-P} = e^{N(kt+C)} = Ae^{at} \quad (C \text{ 为任意常数}),$$
其中 $A = e^{NC}$, $a = Nk$,由上式解出 P,得
$$P = \frac{NAe^{at}}{Ae^{at}+1} = \frac{N}{1+Be^{-at}},$$
其中 $B = \frac{1}{A} = e^{-NC}$. 这个方程称为**逻辑斯蒂曲线方程**.

例 3 求微分方程 $\frac{dy}{dx} = 1 + x + y^2 + xy^2$ 的通解.

解 方程可化为
$$\frac{dy}{dx} = (1+x)(1+y^2),$$
分离变量得
$$\frac{1}{1+y^2} dy = (1+x) dx,$$
两边积分 $\int \frac{1}{1+y^2} dy = \int (1+x) dx$,得

$$\arctan y = \frac{1}{2}x^2 + x + C,$$

于是题设方程的通解为 $y = \tan\left(\frac{1}{2}x^2 + x + C\right)$($C$ 为任意常数).

10.2.2 齐次微分方程

形如

$$\frac{\mathrm{d}y}{\mathrm{d}x} = \varphi\left(\frac{y}{x}\right) \tag{10.2.2}$$

的微分方程,称为**齐次微分方程**.

例 4 下列方程哪些是齐次微分方程?

(1) $xy' - y - \sqrt{y^2 - x^2} = 0$;   (2) $\sqrt{1-x^2}\, y' = \sqrt{1-y^2}$;

(3) $(x^2 + y^2)\mathrm{d}x - xy\,\mathrm{d}y = 0$;   (4) $(2x + y - 4)\mathrm{d}x + (x + y - 1)\mathrm{d}y = 0$;

(5) $\left(2x\mathrm{sh}\frac{y}{x} + 3y\mathrm{ch}\frac{y}{x}\right)\mathrm{d}x - 3x\mathrm{ch}\frac{y}{x}\mathrm{d}y = 0.$

解 (1) 因为原方程可化为 $\dfrac{\mathrm{d}y}{\mathrm{d}x} = \dfrac{y}{x} + \mathrm{sgn}(x)\sqrt{\left(\dfrac{y}{x}\right)^2 - 1}$,所以方程(1)是齐次微分方程;

(2) 因为原方程可化为 $\dfrac{\mathrm{d}y}{\mathrm{d}x} = \sqrt{\dfrac{1-y^2}{1-x^2}}$,所以方程(2)不是齐次微分方程;

(3) 因为原方程可化为 $\dfrac{\mathrm{d}y}{\mathrm{d}x} = \dfrac{x}{y} + \dfrac{y}{x}$,所以方程(3)是齐次微分方程;

(4) 因为 $\dfrac{\mathrm{d}y}{\mathrm{d}x} = -\dfrac{2x+y-4}{x+y-1}$,所以方程(4)不是齐次微分方程;

(5) 因为原方程可化为 $\dfrac{\mathrm{d}y}{\mathrm{d}x} = \dfrac{2}{3}\mathrm{th}\dfrac{y}{x} + \dfrac{y}{x}$,所以方程(5)是齐次微分方程.

齐次微分方程的求解过程:

在齐次微分方程(10.2.2)中,令 $u = \dfrac{y}{x}$,即 $y = ux$,得

$$\frac{\mathrm{d}y}{\mathrm{d}x} = u + x\frac{\mathrm{d}u}{\mathrm{d}x},$$

代入方程(10.2.2)得可分离变量的微分方程

$$u + x\frac{\mathrm{d}u}{\mathrm{d}x} = \varphi(u),$$

$$\frac{\mathrm{d}u}{\varphi(u) - u} = \frac{\mathrm{d}x}{x},$$

两端积分,

$$\int \frac{\mathrm{d}u}{\varphi(u) - u} = \int \frac{\mathrm{d}x}{x},$$

求出积分后,再用 $\frac{y}{x}$ 代替 u,即得所给齐次微分方程的通解.

例 5 解方程 $y^2 + x^2 \frac{\mathrm{d}y}{\mathrm{d}x} = xy \frac{\mathrm{d}y}{\mathrm{d}x}$.

解 原方程可写成 $\frac{\mathrm{d}y}{\mathrm{d}x} = \frac{y^2}{xy - x^2} = \frac{\left(\frac{y}{x}\right)^2}{\frac{y}{x} - 1}$,因此原方程是齐次微分方程.令

$\frac{y}{x} = u$,则 $y = ux, \frac{\mathrm{d}y}{\mathrm{d}x} = u + x\frac{\mathrm{d}u}{\mathrm{d}x}$,于是原方程变为

$$u + x\frac{\mathrm{d}u}{\mathrm{d}x} = \frac{u^2}{u-1}, \quad 即 \quad x\frac{\mathrm{d}u}{\mathrm{d}x} = \frac{u}{u-1}.$$

分离变量得
$$\left(1 - \frac{1}{u}\right)\mathrm{d}u = \frac{\mathrm{d}x}{x}.$$

两边积分得
$$u - \ln|u| + C_1 = \ln|x| \quad 或 \quad \ln|xu| = u + C_1 = u + \ln C \quad (C = \mathrm{e}^{C_1}).$$

将 $u = \frac{y}{x}$ 代入上式得题设方程的通解为

$$\ln|y| = \frac{y}{x} + \ln C \quad 或 \quad y = C\mathrm{e}^{\frac{y}{x}} \quad (C \text{ 为任意常数}).$$

例 6 求微分方程 $(x\mathrm{e}^{\frac{y}{x}} + y)\mathrm{d}x = x\mathrm{d}y$ 在初始条件 $y|_{x=1} = 0$ 下的特解.

解 原方程可写为 $\frac{\mathrm{d}y}{\mathrm{d}x} = \mathrm{e}^{\frac{y}{x}} + \frac{y}{x}$,令 $\frac{y}{x} = u$,则原方程可化为

$$x\frac{\mathrm{d}u}{\mathrm{d}x} + u = \mathrm{e}^u + u,$$

分离变量得 $\mathrm{e}^{-u}\mathrm{d}u = \frac{1}{x}\mathrm{d}x$,两边积分得 $-\mathrm{e}^{-u} = \ln|x| + C$.

由初始条件 $y|_{x=1} = 0$ 得 $u = 0$,代入上式得 $C = -1$,所以有 $-\mathrm{e}^{-u} = \ln|x| - 1$,将 $\frac{y}{x} = u$ 代入得 $-\mathrm{e}^{-\frac{y}{x}} = \ln|x| - 1$ 为所求特解,即

$$\mathrm{e}^{-\frac{y}{x}} + \ln|x| = 1.$$

10.2.3 一阶线性微分方程

形如

$$\frac{\mathrm{d}y}{\mathrm{d}x} + P(x)y = Q(x) \tag{10.2.3}$$

的微分方程,称为**一阶线性微分方程**. 如果 $Q(x) = 0$,则方程(10.2.3)变为

$$\frac{dy}{dx} + P(x)y = 0, \tag{10.2.4}$$

称为**一阶线性齐次微分方程**;而 $Q(x) \neq 0$ 时方程(10.2.3)称为**一阶线性非齐次微分方程**.

1. 一阶线性齐次微分方程的通解

将方程(10.2.4)分离变量,得

$$\frac{dy}{y} = -P(x)dx,$$

两边积分,得

$$\ln y = -\int P(x)dx + \ln C,$$

即

$$y = Ce^{-\int P(x)dx} \quad (C \text{ 为任意常数}). \tag{10.2.5}$$

式(10.2.5)即为方程(10.2.4)的通解.

例7 求方程 $(x-2)\dfrac{dy}{dx} = y$ 的通解.

解法一 原方程可化为 $\dfrac{dy}{dx} - \dfrac{1}{x-2}y = 0$,这是一阶线性齐次微分方程.

分离变量得

$$\frac{dy}{y} = \frac{dx}{x-2},$$

两边积分得

$$\ln|y| = \ln|x-2| + \ln C,$$

方程的通解为

$$y = C(x-2) \quad (C \text{ 为任意常数}).$$

解法二 原方程可化为 $\dfrac{dy}{dx} - \dfrac{1}{x-2}y = 0$,为一阶线性齐次微分方程,$P(x) = -\dfrac{1}{x-2}$,由式(10.2.5)得所求通解为

$$y = Ce^{-\int P(x)dx} = Ce^{\int \frac{1}{x-2}dx} = Ce^{\ln|x-2|} = C(x-2) \quad (C \text{ 为任意常数}).$$

2. 一阶线性非齐次微分方程的通解

方程(10.2.3)的解可用"常数变易法"求得,将线性齐次微分方程通解中的常数 C 换成 x 的待定函数 $u(x)$,即把

$$y = u(x)e^{-\int P(x)dx} \tag{10.2.6}$$

设为线性非齐次微分方程的通解. 代入线性非齐次微分方程(10.2.3),求得

$$u'(x)e^{-\int P(x)dx} - u(x)e^{-\int P(x)dx}P(x) + P(x)u(x)e^{-\int P(x)dx} = Q(x),$$

化简得

$$u'(x) = Q(x)e^{\int P(x)dx},$$

所以

$$u(x) = \int Q(x)e^{\int P(x)dx}dx + C,$$

将上式代入式(10.2.6),于是线性非齐次微分方程(10.2.3)的通解为

$$y = e^{-\int P(x)dx}\left[\int Q(x)e^{\int P(x)dx}dx + C\right] \quad (10.2.7)$$

或

$$y = Ce^{-\int P(x)dx} + e^{-\int P(x)dx}\int Q(x)e^{\int P(x)dx}dx \quad (C为任意常数). \quad (10.2.8)$$

可以看到:线性非齐次微分方程的通解等于对应的线性齐次微分方程通解与该线性非齐次微分方程的一个特解之和.

例8 求方程$\dfrac{dy}{dx} - \dfrac{2y}{x+1} = (x+1)^{\frac{5}{2}}$的通解.

解法一 这是一个线性非齐次微分方程.

先求对应的线性齐次微分方程$\dfrac{dy}{dx} - \dfrac{2y}{x+1} = 0$的通解.下面解题过程中$C$为任意常数.

分离变量得
$$\frac{dy}{y} = \frac{2dx}{x+1},$$

两边积分得
$$\ln y = 2\ln|x+1| + \ln C,$$

线性齐次微分方程的通解为
$$y = C(x+1)^2.$$

用常数变易法把C换成$u(x)$,即令$y = u(x) \cdot (x+1)^2$,代入所给线性非齐次微分方程,得

$$u'(x) \cdot (x+1)^2 + 2u \cdot (x+1) - \frac{2}{x+1}u(x) \cdot (x+1)^2 = (x+1)^{\frac{5}{2}},$$

即
$$u'(x) = (x+1)^{\frac{1}{2}},$$

两边积分,得
$$u(x) = \frac{2}{3}(x+1)^{\frac{3}{2}} + C.$$

再把上式代入$y = u(x) \cdot (x+1)^2$中,即得所求方程的通解为

$$y = (x+1)^2\left[\frac{2}{3}(x+1)^{\frac{3}{2}} + C\right].$$

解法二 $P(x) = -\dfrac{2}{x+1}, \quad Q(x) = (x+1)^{\frac{5}{2}}.$

因为$\int P(x)dx = \int\left(-\dfrac{2}{x+1}\right)dx = -2\ln|x+1|$,则$e^{-\int P(x)dx} = (x+1)^2$,于是

$$\int Q(x)e^{\int P(x)dx}dx = \int (x+1)^{\frac{5}{2}}(x+1)^{-2}dx$$
$$= \int (x+1)^{\frac{1}{2}}dx = \frac{2}{3}(x+1)^{\frac{3}{2}},$$

所以通解为

$$y = e^{-\int P(x)dx}\left[\int Q(x)e^{\int P(x)dx}dx + C\right]$$
$$= (x+1)^2\left[\frac{2}{3}(x+1)^{\frac{3}{2}} + C\right].$$

例9 解方程 $(x+y)\mathrm{d}y - \mathrm{d}x = 0$.

解法一 如果将方程写成 $\dfrac{\mathrm{d}y}{\mathrm{d}x} = \dfrac{1}{x+y}$，不是一阶线性微分方程. 但是，如果将方程变形为 $\dfrac{\mathrm{d}x}{\mathrm{d}y} = x+y$，即为一阶线性微分方程. 所以有

$$\begin{aligned}
x &= \mathrm{e}^{-\int P(y)\mathrm{d}y}\left[\int Q(y)\mathrm{e}^{\int P(y)\mathrm{d}y}\mathrm{d}y + C\right] \\
&= \mathrm{e}^{\int \mathrm{d}y}\left[\int y\mathrm{e}^{-\int \mathrm{d}y}\mathrm{d}y + C\right] = \mathrm{e}^{y}\int y\mathrm{e}^{-y}\mathrm{d}y + C\mathrm{e}^{y} \\
&= C\mathrm{e}^{y} + \mathrm{e}^{y}[-y\mathrm{e}^{-y} - \mathrm{e}^{-y}] = C\mathrm{e}^{y} - y - 1 \quad (C \text{ 为任意常数}).
\end{aligned}$$

解法二 令 $x+y = u$，则 $y = u-x$，$\mathrm{d}y = \mathrm{d}u - \mathrm{d}x$，代入方程得

$$u(\mathrm{d}u - \mathrm{d}x) - \mathrm{d}x = 0, \quad 即 \quad \dfrac{u}{u+1}\mathrm{d}u = \mathrm{d}x,$$

两边积分得

$$u - \ln|u+1| = x + C_1,$$

将 $u = x+y$ 代入上式，即得

$$y - \ln|x+y+1| = C_1 \quad 或 \quad x = C\mathrm{e}^{y} - y - 1 \quad (C = \pm\mathrm{e}^{-C_1}).$$

例10 设某种商品的供给量 Q_S 与需求量 Q_D 是依赖于价格 P 的线性函数，它们分别为

$$Q_S = -a + bP, \tag{10.2.9}$$

$$Q_D = c - dP, \tag{10.2.10}$$

其中 a,b,c,d 都是已知的大于零的常数. 函数式 (10.2.9) 表明供给量 Q_S 是价格 P 的单调递增函数；函数 (10.2.10) 表明需求量 Q_D 是价格 P 的递减函数. 由式 (10.2.9) 与式 (10.2.10) 得均衡价格 $\overline{P} = \dfrac{a+c}{b+d}$. 不难理解，当供给量超过需求量，即 $Q_S > Q_D$ 时，价格将下降；当供给量小于需求量，即 $Q_S < Q_D$ 时，价格将上升. 这样，市场价格就随时间的变化而在均衡价格 $\overline{P}$ 的上下波动. 因此，可以设想价格 P 是时间 t 的函数：$P = P(t)$. 假设在时间 t 时的价格 $P = P(t)$ 的变化率与这时的过剩需求量 $Q_D - Q_S$ 成正比，即有

$$\dfrac{\mathrm{d}P}{\mathrm{d}t} = l(Q_D - Q_S),$$

其中 l 是大于零的常数，将式 (10.2.9) 与式 (10.2.10) 代入上式，得

$$\dfrac{\mathrm{d}P}{\mathrm{d}t} + kP = h, \tag{10.2.11}$$

其中 $k = l(b+d)$，$h = l(a+c)$，都是正常数，方程 (10.2.11) 为一阶线性微分方程，其通解为

$$P = C\mathrm{e}^{-kt} + \dfrac{h}{k} = C\mathrm{e}^{-kt} + \overline{P}.$$

如果已知有初始条件 $P(0) = P_0$，则方程 (10.2.11) 的特解为

$$P = (P_0 - \overline{P})\mathrm{e}^{-kt} + \overline{P}.$$

第10章　微分方程与差分方程

习题 10.2

(A)

1. 求下列微分方程的通解：
   (1) $xy' - y\ln y = 0$；
   (2) $3x^2 + 5x - 5y' = 0$；
   (3) $\sqrt{1-x^2}\, y' = \sqrt{1-y^2}$；
   (4) $y' - xy' = a(y^2 + y')$；
   (5) $\sec^2 x \tan y\, dx + \sec^2 y \tan x\, dy = 0$；
   (6) $\dfrac{dy}{dx} = 10^{x+y}$.

2. 求下列微分方程满足所给初始条件的特解：
   (1) $y' = e^{2x-y}$, $y\big|_{x=0} = 0$；
   (2) $\cos x \sin y\, dy = \cos y \sin x\, dx$, $y\big|_{x=0} = \dfrac{\pi}{4}$；
   (3) $y'\sin x = y\ln y$, $y\big|_{x=\frac{\pi}{2}} = e$.

3. 求下列齐次微分方程的通解：
   (1) $xy' - y - \sqrt{y^2 - x^2} = 0$；
   (2) $x\dfrac{dy}{dx} = y\ln\dfrac{y}{x}$；
   (3) $(x^2 + y^2)dx - xy\,dy = 0$；
   (4) $(x^3 + y^3)dx - 3xy^2\,dy = 0$.

4. 求下列齐次微分方程满足所给初始条件的特解：
   (1) $(y^2 - 3x^2)dy + 2xy\,dx = 0$, $y\big|_{x=0} = 1$；
   (2) $y' = \dfrac{x}{y} + \dfrac{y}{x}$, $y\big|_{x=1} = 2$.

5. 求下列微分方程的通解：
   (1) $\dfrac{dy}{dx} + y = e^{-x}$；
   (2) $xy' + y = x^2 + 3x + 2$；
   (3) $y' + y\tan x = \sin 2x$；
   (4) $y\ln y\,dx + (x - \ln y)dy = 0$；
   (5) $(x-2)\dfrac{dy}{dx} = y + 2(x-2)^3$；
   (6) $(y^2 - 6x)\dfrac{dy}{dx} + 2y = 0$.

6. 求下列微分方程满足所给初始条件的特解：
   (1) $\dfrac{dy}{dx} - y\tan x = \sec x$, $y\big|_{x=0} = 0$；
   (2) $\dfrac{dy}{dx} + \dfrac{y}{x} = \dfrac{\sin x}{x}$, $y\big|_{x=\pi} = 1$；
   (3) $\dfrac{dy}{dx} + y\cot x = 5e^{\cos x}$, $y\big|_{x=\frac{\pi}{2}} = -4$.

(B)

1. 设 $f(x)$ 可微且满足关系式 $\displaystyle\int_0^x [2f(t) - 1]dt = f(x) - 1$，求 $f(x)$.

2. 试将伯努利方程
$$y' + P(x)y = Q(x)y^n \quad (n \neq 0, 1)$$

化为一阶线性方程,并求方程 $y' - 6\dfrac{y}{x} = -xy^2$ 的通解.

3. 求一曲线的方程,这曲线通过原点,并且它在点 (x,y) 处的切线斜率等于 $2x+y$.

4. 设有联结点 $O(0,0)$ 和 $A(1,1)$ 的一段向上凸的曲线弧 $\overparen{OA}$,对于 $\overparen{OA}$ 上任一点 $P(x,y)$,曲线弧 $\overparen{OP}$ 与直线段 $\overline{OP}$ 所围图形的面积为 x^2,求曲线弧 $\overparen{OA}$ 的方程.

10.3 几种二阶微分方程

对于二阶微分方程
$$F(x,y,y',y'') = 0,$$
在有些情况下,可以通过适当的变量代换,把它们化成一阶微分方程来求解. 具有这种性质的微分方程称为**可降阶的微分方程**. 相应的求解方法称为**降阶法**.

本节介绍三种容易用降阶法求解的二阶微分方程.

10.3.1 最简单的二阶微分方程

形如
$$y'' = f(x) \tag{10.3.1}$$
的微分方程,是**最简单的二阶微分方程**. 例如 10.1 节例 2 中的方程 $\dfrac{\mathrm{d}^2 h}{\mathrm{d} t^2} = g$ 就是这种类型的方程. 这种方程的通解可以经过两次积分而求得. 对于方程(10.3.1),积分得
$$y' = \int f(x)\mathrm{d}x + C_1,$$
再对上式积分,得
$$y = \int [\int f(x)\mathrm{d}x]\mathrm{d}x + C_1 x + C_2,$$
其中 C_1, C_2 为任意常数.

例 1 求微分方程 $y'' = x\mathrm{e}^x$ 的通解.

解 积分得 $y' = \int x\mathrm{e}^x \mathrm{d}x = (x-1)\mathrm{e}^x + C_1$,

再积分得 $y = (x-2)\mathrm{e}^x + C_1 x + C_2$ (C_1, C_2 为任意常数).

10.3.2 $y'' = f(x, y')$ 型的二阶微分方程

方程
$$y'' = f(x, y') \tag{10.3.2}$$
的特点是不明显地含未知函数 y,这种方程的解法如下:

令 $y' = p$,则 $y'' = p'$,代入方程(10.3.2)得
$$p' = f(x, p), \tag{10.3.3}$$

这是一个关于未知函数 p 的一阶微分方程. 可以求得方程(10.3.3)的通解为
$$p = \varphi(x, C_1),$$
则有
$$y' = \varphi(x, C_1),$$
对上式积分, 得方程(10.3.2)的通解为
$$y = \int \varphi(x, C_1) \mathrm{d}x + C_2 \quad (C_1, C_2 \text{为任意常数}).$$

例 2 求微分方程 $y'' = \dfrac{1}{x} y' + x \mathrm{e}^x$ 的通解.

解 令 $y' = p$, 则 $y'' = p'$, 代入方程得
$$p' = \frac{1}{x} p + x \mathrm{e}^x, \quad 即 \quad p' - \frac{1}{x} p = x \mathrm{e}^x,$$
由一阶线性微分方程的通解公式(10.2.7), 得
$$y' = p = x(\mathrm{e}^x + 2C_1),$$
从而得所给微分方程的通解为
$$y = (x - 1)\mathrm{e}^x + C_1 x^2 + C_2 \quad (C_1, C_2 \text{为任意常数}).$$

例 3 求微分方程 $(1 + x^2) y'' = 2xy'$ 满足初始条件
$$y\big|_{x=0} = 1, \quad y'\big|_{x=0} = 3$$
的特解.

解 令 $y' = p$, 代入方程并分离变量, 得
$$\frac{\mathrm{d}p}{p} = \frac{2x}{1 + x^2} \mathrm{d}x,$$
两端积分, 得
$$\ln|p| = \ln(1 + x^2) + C, \quad 即 \quad y' = p = C_1(1 + x^2) \quad (C_1 = \pm \mathrm{e}^C),$$
由条件 $y'\big|_{x=0} = 3$, 得 $C_1 = 3$. 所以
$$y' = 3(1 + x^2).$$
两端再积分一次, 得
$$y = x^3 + 3x + C_2,$$
又由条件 $y\big|_{x=0} = 1$, 得 $C_2 = 1$. 所以, 所求的特解为
$$y = x^3 + 3x + 1.$$

10.3.3 $y'' = f(y, y')$ 型的微分方程

方程
$$y'' = f(y, y') \tag{10.3.4}$$
的特点是不明显地含自变量 x, 这种方程的解法如下:

令 $y' = p$, 并利用复合函数的求导法则, 有
$$y'' = \frac{\mathrm{d}p}{\mathrm{d}x} = \frac{\mathrm{d}p}{\mathrm{d}y} \frac{\mathrm{d}y}{\mathrm{d}x} = p \frac{\mathrm{d}p}{\mathrm{d}y},$$

将上式代入式(10.3.4),得
$$p\frac{\mathrm{d}p}{\mathrm{d}y}=f(y,p).$$
这是一个关于变量 y 和 p 的一阶微分方程. 设它的通解为
$$y'=p=\varphi(y,C_1),$$
则通过分离变量并积分,得方程(10.3.4)的通解为
$$\int\frac{\mathrm{d}y}{\varphi(y,C_1)}=x+C_2.$$

例 4 求微分方程 $yy''-y'^2=0$ 的通解.

解 令 $y'=p$,则 $y''=p\dfrac{\mathrm{d}p}{\mathrm{d}y}$,代入原方程,得
$$yp\frac{\mathrm{d}p}{\mathrm{d}y}-p^2=0.$$
在 $y\neq 0, p\neq 0$ 时,约去 p 并分离变量,得
$$\frac{\mathrm{d}p}{p}=\frac{\mathrm{d}y}{y}.$$
两端积分,得
$$\ln|p|=\ln|y|+C,\quad 即\quad y'=p=C_1 y\quad (C_1=\pm e^C).$$
再分离变量并积分,得原方程的通解为
$$\ln|y|=C_1 x+C_2\quad 或\quad y=C_3 e^{C_1 x}\quad (C_1,C_2,C_3\text{ 为任意常数}).$$

习题 10.3

(A)

1. 求下列各微分方程的通解:

   (1) $y''=x+\sin x$;
   (2) $y'''=xe^x$;
   (3) $y''=1+y'^2$;
   (4) $y''=y'+x$;
   (5) $xy''+y'=0$;
   (6) $y^3 y''-1=0$;
   (7) $y''=y'^3+y'$.

2. 求下列各微分方程满足所给初始条件的特解:

   (1) $y''+1=0, y|_{x=1}=1, y'|_{x=1}=0$;
   (2) $y''-ay'^2=0, y|_{x=0}=0, y'|_{x=0}=-1$;
   (3) $y''=e^{2y}, y|_{x=0}=y'|_{x=0}=0$;
   (4) $y''=3\sqrt{y}, y|_{x=0}=1, y'|_{x=0}=2$.

(B)

1. 求 $xy''=y'+x^2$ 经过点 $M(1,0)$,且在 M 处的切线与直线 $y=3x-1$ 垂直的曲

线方程.

2. 位于坐标原点的我舰向位于 x 轴上点 $A(1,0)$ 处的敌舰发射制导鱼雷,使鱼雷永远对准敌舰.设敌舰以最大速度 v_0 沿平行于 y 轴的直线行驶,又设鱼雷速度的大小为 $5v_0$,试求鱼雷的轨迹曲线方程.

*10.4　二阶常系数线性微分方程

一般形如
$$y'' + py' + qy = f(x) \tag{10.4.1}$$
(其中 p,q 是(实)常数,$f(x)$ 是 x 的函数)的方程称为**二阶常系数线性微分方程**.

当 $f(x) \equiv 0$ 时,方程(10.4.1)
$$y'' + py' + qy = 0 \tag{10.4.2}$$
称为**二阶常系数线性齐次微分方程**;否则,方程(10.4.1)称为**二阶常系数线性非齐次微分方程**.

下面对方程(10.4.2)和方程(10.4.1)的解法分别进行讨论.

10.4.1　二阶常系数线性齐次微分方程

定理 10.4.1(线性齐次微分方程解的叠加原理)　如果 $y_1(x)$ 与 $y_2(x)$ 是方程(10.4.2)的解,则它们的线性组合
$$y = C_1 y_1(x) + C_2 y_2(x) \tag{10.4.3}$$
也是方程(10.4.2)的解,其中 C_1,C_2 为任意常数.

证　因为 $y_1(x)$ 与 $y_2(x)$ 是方程(10.4.2)的解,所以
$$y_1'' + py_1' + qy_1 = 0, \quad y_2'' + py_2' + qy_2 = 0,$$
进而
$$\begin{aligned}
y'' + py' + qy &= (C_1 y_1 + C_2 y_2)'' + p(C_1 y_1 + C_2 y_2)' + q(C_1 y_1 + C_2 y_2) \\
&= (C_1 y_1'' + C_2 y_2'') + p(C_1 y_1' + C_2 y_2') + q(C_1 y_1 + C_2 y_2) \\
&= C_1 (y_1'' + py_1' + qy_1) + C_2 (y_2'' + py_2' + qy_2) \\
&= C_1 \cdot 0 + C_2 \cdot 0 = 0,
\end{aligned}$$
即 $y = C_1 y_1(x) + C_2 y_2(x)$ 是(10.4.2)的解.

注意式(10.4.3)中含有两个常数,那它是否是方程(10.4.2)的通解呢?一般来说不一定.

例如,$y_1 = e^x$ 与 $y_2 = 2e^x$ 都是方程 $y'' - y' = 0$ 的解,但其线性组合为
$$y = C_1 y_1 + C_2 y_2 = C_1 e^x + C_2 \cdot 2e^x = (C_1 + 2C_2)e^x,$$
上式表面上看有两个任意常数 C_1, C_2,实际上 $C = C_1 + 2C_2$ 只是一个任意常数,因

此上述线性组合实际上为
$$y = Ce^x.$$

它不是方程的通解. 那么 $y_1(x)$ 与 $y_2(x)$ 满足什么条件, 其线性组合才是方程的通解呢? 为此引入下面的概念.

定义 10.4.1 如果存在常数 k, 使得 $y_1(x) = ky_2(x)$, 则称函数 $y_1(x)$ 与 $y_2(x)$ **线性相关**, 否则称 $y_1(x)$ 与 $y_2(x)$ **线性无关**.

根据定义, 判定两个函数 $y_1(x)$ 与 $y_2(x)$ 线性无关, 只需判定 $\dfrac{y_1(x)}{y_2(x)} \neq C$($C$ 为常数)即可.

例如, 因为 $\dfrac{e^x}{2e^x} = \dfrac{1}{2}$, 所以 e^x 与 $2e^x$ 线性相关, 而 $\dfrac{e^x}{e^{2x}} = \dfrac{1}{e^x}$, 故 e^x 与 e^{2x} 线性无关.

定理 10.4.2 (线性齐次微分方程通解的结构定理) 如果函数 $y_1(x)$ 与 $y_2(x)$ 是方程 (10.4.2) 的两个线性无关的解, 则函数
$$y = C_1 y_1(x) + C_2 y_2(x) \quad (C_1, C_2 \text{ 为两个独立的任意常数})$$
是齐次方程 (10.4.2) 的通解.

由定理 10.4.2 可知, 要求齐次方程 (10.4.2) 的通解就归结为求它的两个线性无关的特解.

当 r 为常数时, 指数函数 $y = e^{rx}$ 和它的各阶导数都只差一个常数因子. 由于指数函数有这一特点, 因此用 $y = e^{rx}$ 来尝试, 看能否选取适当的常数 r, 使函数 $y = e^{rx}$ 满足方程 (10.4.2).

将 $y = e^{rx}$ 求导 (当 r 为复数 $a + bi$, x 为实变量时, 导数公式 $\dfrac{d}{dx} e^{rx} = re^{rx}$ 仍成立. 事实上, 对欧拉公式
$$e^{(a+bi)x} = e^{ax}(\cos bx + i\sin bx)$$
两端求导, 得
$$\begin{aligned}\dfrac{d}{dx} e^{(a+bi)x} &= \dfrac{d}{dx}[e^{ax}(\cos bx + i\sin bx)] \\ &= ae^{ax}(\cos bx + i\sin bx) + e^{ax}(-b\sin bx + ib\cos bx) \\ &= (a+bi)e^{ax}(\cos bx + i\sin bx))\end{aligned}$$
得到
$$y' = re^{rx}, \quad y'' = r^2 e^{rx},$$
将 y、y' 和 y'' 代入方程 (10.4.2), 得
$$(r^2 + pr + q)e^{rx} = 0.$$
由于 $e^{rx} \neq 0$, 所以有
$$r^2 + pr + q = 0. \tag{10.4.4}$$

由此可见，只要 r 满足代数方程(10.4.4)，函数 $y = e^{rx}$ 就是微分方程(10.4.2)的解．称代数方程(10.4.4)为微分方程(10.4.2)的**特征方程**.

特征方程(10.4.4)是一个一元二次代数方程，其中 r^2，r 的系数及常数项恰好是微分方程中 y''，y' 及 y 的系数．

特征方程的两个根 r_1，r_2 可用公式

$$r_{1,2} = \frac{-p \pm \sqrt{p^2 - 4q}}{2}$$

求出．它们有三种不同的情形：$p^2 - 4q > 0$，$p^2 - 4q = 0$ 和 $p^2 - 4q < 0$. 下面分别讨论不同情形下方程(10.4.2)的通解与特征方程的根的关系．

(1) 当 $p^2 - 4q > 0$ 时，r_1，r_2 是两个不同的实根

$$r_1 = \frac{-p + \sqrt{p^2 - 4q}}{2}, \quad r_2 = \frac{-p - \sqrt{p^2 - 4q}}{2},$$

函数 $y_1 = e^{r_1 x}$，$y_2 = e^{r_2 x}$ 是方程的两个线性无关的解．这是因为，函数 $y_1 = e^{r_1 x}$，$y_2 = e^{r_2 x}$ 是方程的解，又 $\dfrac{y_1}{y_2} = \dfrac{e^{r_1 x}}{e^{r_2 x}} = e^{(r_1 - r_2)x}$ 不是常数，因此方程(10.4.2)的通解为

$$y = C_1 e^{r_1 x} + C_2 e^{r_2 x}.$$

(2) 当 $p^2 - 4q = 0$ 时，特征方程有两个相等的实根 $r_1 = r_2 = -\dfrac{p}{2}$，函数 $y_1 = e^{r_1 x}$，$y_2 = x e^{r_1 x}$ 是二阶常系数齐次线性微分方程的两个线性无关的解．这是因为，$y_1 = e^{r_1 x}$ 是方程的解，又

$$(x e^{r_1 x})'' + p(x e^{r_1 x})' + q(x e^{r_1 x}) = (2r_1 + x r_1^2) e^{r_1 x} + p(1 + x r_1) e^{r_1 x} + q x e^{r_1 x}$$
$$= e^{r_1 x}(2r_1 + p) + x e^{r_1 x}(r_1^2 + p r_1 + q) = 0,$$

所以 $y_2 = x e^{r_1 x}$ 也是方程的解，且 $\dfrac{y_2}{y_1} = \dfrac{x e^{r_1 x}}{e^{r_1 x}} = x$ 不是常数．

因此方程(10.4.2)的通解为

$$y = C_1 e^{r_1 x} + C_2 x e^{r_1 x}.$$

(3) 当 $p^2 - 4q < 0$ 时，特征方程有一对共轭复根 $r_{1,2} = \alpha \pm i\beta$，函数 $Y_1 = e^{(\alpha + i\beta)x}$，$Y_2 = e^{(\alpha - i\beta)x}$ 是微分方程(10.4.2)的两个线性无关的复数形式的解．可以验证，函数 $y_1 = e^{\alpha x} \cos\beta x$，$y_2 = e^{\alpha x} \sin\beta x$ 是微分方程(10.4.2)的两个线性无关的实数形式的解．

因此方程(10.4.2)的通解为

$$y = e^{\alpha x}(C_1 \cos\beta x + C_2 \sin\beta x).$$

综上所述，求二阶常系数齐次线性微分方程 $y'' + py' + qy = 0$ 的通解的步骤为：

第一步　写出微分方程的特征方程 $r^2 + pr + q = 0$；

第二步　求出特征方程的两个根 r_1 和 r_2；

第三步　根据特征方程的两个根的不同情况，求出微分方程的通解.

例 1　求微分方程 $y''-2y'-3y=0$ 的通解.

解　所给微分方程的特征方程为
$$r^2-2r-3=0, \quad 即 \quad (r+1)(r-3)=0.$$
其根 $r_1=-1, r_2=3$ 是两个不相等的实根，因此所求通解为
$$y=C_1\mathrm{e}^{-x}+C_2\mathrm{e}^{3x} \quad (C_1, C_2 \text{ 为任意常数}).$$

例 2　求方程 $y''+2y'+y=0$ 满足初始条件 $y|_{x=0}=4, y'|_{x=0}=-2$ 的特解.

解　所给方程的特征方程为
$$r^2+2r+1=0, \quad 即 \quad (r+1)^2=0.$$
其根 $r_1=r_2=-1$ 是两个相等的实根，因此所给微分方程的通解为
$$y=(C_1+C_2 x)\mathrm{e}^{-x}.$$
将条件 $y|_{x=0}=4$ 代入通解，得 $C_1=4$，从而
$$y=(4+C_2 x)\mathrm{e}^{-x}.$$
将上式对 x 求导，得
$$y'=(C_2-4-C_2 x)\mathrm{e}^{-x}.$$
再把条件 $y'|_{x=0}=-2$ 代入上式，得 $C_2=2$. 于是所求特解为
$$y=(4+2x)\mathrm{e}^{-x}.$$

例 3　求微分方程 $y''-2y'+5y=0$ 的通解.

解　所给方程的特征方程为 $r^2-2r+5=0$. 特征方程的根为 $r_1=1+2\mathrm{i}, r_2=1-2\mathrm{i}$，是一对共轭复根，因此所求通解为
$$y=\mathrm{e}^x(C_1\cos 2x+C_2\sin 2x).$$

现将二阶常系数线性齐次微分方程的通解形式列表，如表 10-1 所示，其中 C_1 和 C_2 为任意常数.

表 10-1

特征方程 $r^2+pr+q=0$ 根的判别式	特征方程 $r^2+pr+q=0$ 的根	微分方程 $y''+py'+qy=0$ 的通解
$p^2-4q>0$	$r_{1,2}=\dfrac{-p\pm\sqrt{p^2-4q}}{2}$（相异实根）	$y=C_1\mathrm{e}^{r_1 x}+C_2\mathrm{e}^{r_2 x}$
$p^2-4q=0$	$r_1=r_2=-\dfrac{p}{2}$（重根）	$y=(C_1+C_2 x)\mathrm{e}^{r_1 x}$
$p^2-4q<0$	$r_{1,2}=\alpha\pm\mathrm{i}\beta=-\dfrac{p}{2}\pm\dfrac{\mathrm{i}}{2}\sqrt{4q-p^2}$（复根）	$y=\mathrm{e}^{\alpha x}(C_1\cos\beta x+C_2\sin\beta x)$

10.4.2 二阶常系数线性非齐次微分方程

定理 10.4.3(线性非齐次微分方程通解的结构定理) 如果 $\tilde{y}$ 是非齐次微分方程(10.4.1)的一个特解,而 y^* 是对应的齐次微分方程(10.4.2)的通解,则 $y = \tilde{y} + y^*$ 是方程(10.4.1)的通解.

证 因为 $\tilde{y}$ 是非齐次微分方程(10.4.1)的特解,所以
$$\tilde{y}'' + p\tilde{y}' + q\tilde{y} = f(x).$$
又因为 y^* 是齐次微分方程(10.4.2)的通解,所以
$$(y^*)'' + p(y^*)' + qy^* = 0.$$
于是,对于 $y = \tilde{y} + y^*$,有
$$\begin{aligned} y'' + py' + qy &= (\tilde{y} + y^*)'' + p(\tilde{y} + y^*)' + q(\tilde{y} + y^*) \\ &= [\tilde{y}'' + p\tilde{y}' + q\tilde{y}] + [(y^*)'' + p(y^*)' + qy^*] \\ &= f(x) + 0 = f(x). \end{aligned}$$
所以 $y = \tilde{y} + y^*$ 是方程(10.4.1)的解. 又因为 y^* 中含有两个任意常数,故 $y = \tilde{y} + y^*$ 是方程(10.4.1)的通解.

由定理 10.4.3 可知,求非齐次微分方程(10.4.1)的通解,就归结为求它的一个特解 $\tilde{y}$ 以及对应的齐次微分方程(10.4.2)的通解 y^*,然后取和式 $y = \tilde{y} + y^*$,即得方程(10.4.1)的通解.

例 4 求非齐次微分方程 $y'' - y = -2x$ 的通解.

解 通过观察可知,$\tilde{y} = 2x$ 是原方程的一个特解,而它对应的齐次微分方程 $y'' - y = 0$ 的通解为 $y^* = C_1 e^{-x} + C_2 e^x$,所以原方程的通解为
$$y = \tilde{y} + y^* = 2x + C_1 e^{-x} + C_2 e^x \quad (C_1, C_2 \text{ 为任意常数}).$$

用观察法找非齐次微分方程的特解,对于比较简单的情形是可以的. 但是,对于比较复杂的情形就不那么容易了. 为此,下面对于 $f(x)$ 的几种常见形式,以表 10-2 列出找其特解的方法(待定系数法)(表 10-2 中 $P_m(x) = a_0 + a_1 x + a_2 x^2 + \cdots + a_m x^m$ 为已知的多项式).

表 10-2

$f(x)$ 的形式	取特解 $\tilde{y}$ 的条件	特解 $\tilde{y}$ 的形式
$f(x) = P_m(x)$	零不是特征值	$\tilde{y} = Q_m(x) = A_0 + A_1 x + \cdots + A_m x^m$ ($A_0, A_1, \cdots, A_m$ 为待定常数)
	零是单特征值	$\tilde{y} = x Q_m(x)$
	零是二重特征值	$\tilde{y} = x^2 Q_m(x)$
$f(x) = e^{ax} P_m(x)$ (α 为已知常数)	α 不是特征值	$\tilde{y} = e^{ax} Q_m(x)$
	α 是单特征值	$\tilde{y} = x e^{ax} Q_m(x)$
	α 是二重特征值	$\tilde{y} = x^2 e^{ax} Q_m(x)$

续表

$f(x)$ 的形式	取特解 $\bar{y}$ 的条件	特解 $\bar{y}$ 的形式
$f(x) = e^{\alpha x}(a_1 \cos\beta x + a_2 \sin\beta x)$ (α, a_1, a_2 均为已知常数)	$\alpha \pm i\beta$ 不是特征值	$\bar{y} = e^{\alpha x}(A_1 \cos\beta x + A_2 \sin\beta x)$ (A_1, A_2 为待定常数)
	$\alpha \pm i\beta$ 是特征值	$\bar{y} = xe^{\alpha x}(A_1 \cos\beta x + A_2 \sin\beta x)$ (A_1, A_2 为待定常数)

例 5 求微分方程 $y'' - 5y' + 6y = xe^{2x}$ 的通解.

解 所给方程是二阶常系数线性非齐次微分方程,且 $f(x)$ 是 $e^{\alpha x}P_m(x)$ 型(其中 $P_m(x) = x, \alpha = 2$).

与所给方程对应的齐次微分方程为 $y'' - 5y' + 6y = 0$,它的特征方程为 $r^2 - 5r + 6 = 0.$

特征方程有两个实根 $r_1 = 2, r_2 = 3$. 于是所给方程对应的齐次微分方程的通解为
$$y^* = C_1 e^{2x} + C_2 e^{3x}.$$

由于 $\alpha = 2$ 是特征方程的单根,所以应设方程的特解为
$$\bar{y} = xe^{2x}(A_0 + A_1 x).$$

把它代入所给方程,得 $-2A_1 x + 2A_1 - A_0 = x.$

比较两端 x 同次幂的系数,得
$$\begin{cases} -2A_1 = 1, \\ 2A_1 - A_0 = 0, \end{cases}$$

由此求得 $A_0 = -1, A_1 = -\dfrac{1}{2}$. 于是求得所给方程的一个特解为
$$\bar{y} = x\left(-\frac{1}{2}x - 1\right)e^{2x}.$$

从而所给方程的通解为
$$y = C_1 e^{2x} + C_2 e^{3x} - \frac{1}{2}(x^2 + 2x)e^{2x} \quad (C_1, C_2 \text{ 为任意常数}).$$

习题 10.4

(A)

1. 下列函数组在其定义区间内哪些是线性无关的?

(1) x, x^2; (2) $x, 2x$;

(3) $e^{2x}, 3e^{2x}$; (4) e^{-x}, e^x;

(5) $\cos 2x, \sin 2x$; (6) $e^{x^2}, 2xe^{x^2}$;

(7) $\sin 2x, \cos x \sin x$; (8) $e^x \cos 2x, e^x \sin 2x$;

(9) $\ln x, x \ln x$; (10) $e^{ax}, e^{bx} (a \neq b).$

2. 验证 $y_1 = \cos\omega x$ 及 $y_2 = \sin\omega x$ 都是方程 $y'' + \omega^2 y = 0$ 的解, 并写出该方程的通解.

3. 验证 $y_1 = e^{x^2}$ 及 $y_2 = xe^{x^2}$ 都是方程 $y'' - 4xy' + (4x^2 - 2)y = 0$ 的解, 并写出该方程的通解.

4. 验证:

   (1) $y = C_1 e^x + C_2 e^{2x} + \dfrac{1}{12} e^{5x}$ (C_1, C_2 是任意常数) 是方程 $y'' - 3y' + 2y = e^{5x}$ 的通解;

   (2) $y = C_1 \cos 3x + C_2 \sin 3x + \dfrac{1}{32}(4x\cos x + \sin x)$ (C_1, C_2 是任意常数) 是方程 $y'' + 9y = x\cos x$ 的通解;

   (3) $y = C_1 x^2 + C_2 x^2 \ln x$ (C_1, C_2 是任意常数) 是方程 $x^2 y'' - 3xy' + 4y = 0$ 的通解;

   (4) $y = C_1 x^5 + \dfrac{C_2}{x} - \dfrac{x^2}{9} \ln x$ (C_1, C_2 是任意常数) 是方程 $x^2 y'' - 3xy' - 5y = x^2 \ln x$ 的通解;

   (5) $y = \dfrac{1}{x}(C_1 e^x + C_2 e^{-x}) + \dfrac{e^x}{2}$ (C_1, C_2 是任意常数) 是方程 $xy'' + 2y' - xy = e^x$ 的通解.

5. 求下列各微分方程的通解或在给定初始条件下的特解:

   (1) $y'' - 4y' + 3y = 0$;　　　　　(2) $y'' - y' - 6y = 0$;
   (3) $y'' - 6y' - 9y = 0$;　　　　　(4) $y'' + 4y = 0$;
   (5) $y'' + y' - 2y = 0$, $y|_{x=0} = 3$, $y'|_{x=0} = 0$;
   (6) $y'' - 6y' + 9y = 0$, $y|_{x=0} = 0$, $y'|_{x=0} = 2$;
   (7) $y'' + 3y' + 2y = 0$, $y|_{x=0} = 1$, $y'|_{x=0} = 1$.

6. 求下列微分方程的通解或在给定初始条件下的特解:

   (1) $y'' - 6y' + 13y = 14$;　　　　(2) $y'' - 2y' - 3y = 2x + 1$;
   (3) $y'' + 2y' - 3y = e^{2x}$;　　　　(4) $y'' - y' - 2y = e^{2x}$;
   (5) $y'' + 4y = 8\sin 2x$;　　　　　(6) $y'' - 4y = 4$, $y|_{x=0} = 1$, $y'|_{x=0} = 0$;
   (7) $y'' + 4y = 8x$, $y|_{x=0} = 0$, $y'|_{x=0} = 4$;
   (8) $y'' - 5y' + 6y = 2e^x$, $y|_{x=0} = 1$, $y'|_{x=0} = 1$.

(B)

1. 设 $y'' + py' + qy = Ce^x$ 有一特解 $\tilde{y} = e^{2x} + (1+x)e^x$, 求 p, q, C 的值及其方程的通解.

2. 设函数 $g(x)$ 连续, 且满足 $g(x) = e^x + \int tg(t)\,dt - x\int g(t)\,dt$, 求 $g(x)$.

3. 已知二阶线性齐次微分方程的两个特解为 $y_1 = \sin x, y_2 = \cos x$,求该微分方程.

10.5 差 分 方 程

微分方程研究的是连续的自变量的变化规律,但现实世界中许多现象所涉及的自变量是离散的. 例如,许多实验数据是在一系列离散的、等间隔时间点上取得的,又如,经济变量的数据大多按等间隔时间周期来统计. 因此,各有关变量的取值是离散变化的. 为了寻求它们之间的关系和变化规律,就需要差分方程这一有力工具.

10.5.1 差分

定义 10.5.1 设函数 $y = f(x)$,记为 y_x,当取遍非负整数时函数值可以排成一个数列

$$y_0, y_1, \cdots, y_x, y_{x+1}, \cdots,$$

称差 $y_{x+1} - y_x$ 为函数 y_x 在点 x 处的**差分**,也称为**一阶差分**,记为 Δy_x,即

$$\Delta y_x = y_{x+1} - y_x.$$

称一阶差分的差分为 y_x 的**二阶差分**,记为 $\Delta^2 y_x$,即

$$\begin{aligned}\Delta^2 y_x &= \Delta(\Delta y_x) = \Delta y_{x+1} - \Delta y_x \\ &= (y_{x+2} - y_{x+1}) - (y_{x+1} - y_x) \\ &= y_{x+2} - 2y_{x+1} + y_x.\end{aligned}$$

类似地,可以定义 y_x 的三阶差分,四阶差分,$\cdots$,n 阶差分

$$\Delta^n y_x = \Delta(\Delta^{n-1} y_x) = \Delta^{n-1} y_{x+1} - \Delta^{n-1} y_x.$$

由定义可知,差分具有下列性质(读者自己证明):

(1) $\Delta(C) = 0$ (C 为常数);

(2) $\Delta(Cy_x) = C\Delta y_x$ (C 为常数);

(3) $\Delta(y_x + z_x) = \Delta y_x + \Delta z_x.$

例 1 求 $\Delta(x^2), \Delta^2(x^2), \Delta^3(x^2).$

解 设 $y_x = x^2$,则

$$\Delta(x^2) = \Delta y_x = y_{x+1} - y_x = (x+1)^2 - x^2 = 2x+1,$$

$$\Delta^2(x^2) = \Delta^2 y_x = \Delta(\Delta y_x) = \Delta(2x+1)$$

$$= [2(x+1)+1] - (2x+1) = 2,$$

$$\Delta^3(x^2) = \Delta^3 y_x = \Delta(\Delta^2 y_x) = \Delta(2) = 2-2 = 0.$$

例 2 设 $y_x = a^x (a \neq 0)$,求 $\Delta^2(y_x).$

解
$$\Delta(y_x) = y_{x+1} - y_x = a^{x+1} - a^x = (a-1) \cdot a^x,$$
$$\Delta^2 y_x = \Delta(\Delta y_x) = \Delta[(a-1)a^x] = (a-1)\Delta(a^x)$$
$$= (a-1) \cdot \Delta y_x = (a-1)^2 a^x.$$

例 3 设 $x^{(n)} = x(x-1)\cdots(x-n+1), x^{(0)} = 1$,求 $\Delta x^{(n)}$.

解 设 $y_x = x^{(n)}$,则
$$\Delta y_x = \Delta(x^{(n)}) = (x+1)^{(n)} - x^{(n)}$$
$$= (x+1)x(x-1)\cdots(x+1-n+1) - x(x-1)\cdots(x-n+1)$$
$$= [(x+1) - (x-n+1)]x(x-1)\cdots(x-n+2)$$
$$= nx^{n-1}.$$

10.5.2 差分方程

定义 10.5.2 含有自变量 x 和未知函数 y_x 在两个或两个以上的 $y_x, y_{x+1}, \cdots$ 的函数方程,称为**差分方程**. 方程中未知函数下标的最大值与最小值的差数称为**差分方程的阶**.

n 阶差分方程的一般形式为
$$F(x, y_x, y_{x+1}, \cdots, y_{x+n}) = 0,$$
其中 F 是已知函数.

注 n 阶差分方程中必须含有 y_x 和 y_{x+n}.

例 4 有某种商品 t 时期的供给量 S_t 与需求量 D_t 都是这一时期价格 P_t 的线性函数:$S_t = -a + bP_t, D_t = c - dP_t(a, b, c, d$ 都是大于零的常数). 设 t 时期的价格 P_t 由 $t-1$ 时期的价格 P_{t-1} 与供给量及需求量之差 $S_{t-1} - D_{t-1}$ 按如下关系确定:
$$P_t = P_{t-1} - \lambda(S_{t-1} - D_{t-1}) \quad (\lambda \text{ 为常数}),$$
即
$$P_t - [1 - \lambda(b+d)]P_{t-1} = \lambda(a+c),$$
这就是一个一阶差分方程.

差分方程也可以用函数的差分来定义.

定义 10.5.3 含有自变量 x,未知函数 y_x 及其差分 $\Delta y_x, \Delta^2 y_x, \cdots$ 的方程,称为**差分方程**. 方程中未知函数差分的最高阶数,称为**差分方程的阶**.

n 阶差分方程的一般形式为
$$F(x, y_x, \Delta y_x, \cdots, \Delta^{(n)} y_x) = 0,$$
其中 F 为已知函数.

注 n 阶差分方程中必须含有 $\Delta^{(n)} y_x$.

差分方程的不同形式之间可以互相转化.

例 5 $y_{x+2} - 2y_{x+1} - y_x = 3^x$ 是一个二阶差分方程,将原方程左边写成

$$(y_{x+2} - y_{x+1}) - (y_{x+1} - y_x) - 2y_x = \Delta y_{x+1} - \Delta y_x - 2y_x = \Delta^2 y_x - 2y_x,$$

则原方程可以化为 $\Delta^2 y_x - 2y_x = 3^x$.

注 差分方程的定义 10.5.2 和定义 10.5.3 不是等价的. 例如,方程 $\Delta^2 y_x + \Delta y_x = 0$ 按定义 10.5.3 是二阶差分方程. 但是,由于

$$\Delta^2 y_x + \Delta y_x = (y_{x+2} - 2y_{x+1} + y_x) + (y_{x+1} - y_x) = y_{x+2} - y_{x+1} = 0,$$

根据定义 10.5.2,这是一阶差分方程.

经济学和管理科学中所涉及的差分方程通常具有定义 10.5.2 中方程的形式. 因此,下面只讨论这一形式的差分方程.

定义 10.5.4 如果一个函数代入差分方程后,方程两边恒等,则称此函数为**该差分方程的解**.

例 6 设有差分方程 $y_{x+1} - y_x = 3$,把函数 $y_x = 10 + 3x$ 代入此方程,则左边 $= [10 + 3(x+1)] - (10 + 3x) = 3 =$ 右边,所以函数 $y_x = 10 + 3x$ 是此差分方程的解. 同样可以验证,函数 $y_x = C + 3x$ (C 为任意常数) 也是该差分方程的解.

与微分方程相似,如果差分方程的解中含有相互独立的任意常数的个数与差分方程的阶数相同,这样的解称为**通解**;确定了所有任意常数的解称为**特解**. 而确定任意常数的条件称为**初始条件**,初始条件的个数等于差分方程的阶数.

本书只讨论一阶常系数线性差分方程.

习题 10.5

1. 求下列函数的差分:

   (1) $y_x = C$ (C 为常数),求 Δy_x;　　(2) $y_x = x^2 + 2x$,求 $\Delta^2 y_x$;

   (3) $y_x = a^x$ ($a > 0, a \neq 1$),求 $\Delta^2 y_x$;　　(4) $y_x = \log_a x$ ($a > 0, a \neq 1$),求 $\Delta^2 y_x$;

   (5) $y_x = \sin ax$,求 Δy_x;　　(6) $y_x = x^3 + 2$,求 $\Delta^3 y_x$.

2. 证明:

   (1) $\Delta(y_x z_x) = y_{x+1} \Delta z_x + z_x \Delta y_x = z_{x+1} \Delta y_x + y_x \Delta z_x$;

   (2) $\Delta\left(\dfrac{y_x}{z_x}\right) = \dfrac{z_x \Delta y_x - y_x \Delta z_x}{z_x z_{x+1}}$.

3. 确定下列差分方程的阶:

   (1) $\Delta^2 y_x + y_x = 2^x$;　　(2) $\Delta^2 y_x - y_{x+2} = 1$;

   (3) $y_{x+5} - 2y_{x+4} + y_{x+3} = \sin 3x$;　　(4) $y_{x-2} - y_{x-4} = y_{x+2}$.

4. (1) 已知 $y_x = x^2$ 是方程 $\Delta^2 y_x - ay_x = 3x^2 + 2$ 的解,求 a.

(2) 已知 $y_x = e^x$ 是方程 $y_{x+1} + ay_{x-1} = 2e^x$ 的解,求 a.

*10.6 一阶常系数线性差分方程

形如
$$y_{x+1} - ay_x = f(x) \quad (a \neq 0) \tag{10.6.1}$$
的差分方程称为**一阶常系数线性差分方程**. 其中, $f(x)$ 为已知函数, y_x 为未知函数. 当 $f(x) \neq 0$ 时, 方程(10.6.1)称为**一阶常系数非齐次线性差分方程**; 当 $f(x) \equiv 0$ 时, 方程
$$y_{x+1} - ay_x = 0 \quad (a \neq 0) \tag{10.6.2}$$
称为**一阶常系数齐次线性差分方程**.

与微分方程相似,对于一阶差分方程的通解有如下的结论:

(1) 齐次差分方程的解乘以一个常数后仍是齐次差分方程的解;

(2) 非齐次差分方程的通解等于对应的齐次差分方程的通解加上非齐次差分方程的一个特解.

10.6.1 $y_{x+1} - ay_x = 0 (a \neq 0)$ 的解法

由10.5节例2知,指数函数的差分仍是指数函数,可以猜测方程(10.6.2)有形如 $y_x = r^x (r \neq 0)$ 的解. 将其代入方程(10.6.2)得
$$r^{x+1} - ar^x = r^x(r-a) = 0,$$
由于 $r \neq 0$, 故有 $r - a = 0$ 即 $r = a$, 所以 $y_x = a^x$ 就是齐次方程(10.6.2)的一个解. 由上面的结论(1),对任意常数 C, 函数 $y_x = Ca^x$ 也是该方程的解. 从而, 差分方程(10.6.2)的通解为 $y_x = Ca^x$ (C 为任意常数).

方程 $r - a = 0$ 称为差分方程(10.6.2)的**特征方程**, 其根 $r = a$ 称为**特征根**. 有特征根就可以确定方程(10.6.2)的通解为 $y_x = Ca^x$ (C 为任意常数).

例1 求差分方程 $y_{x+1} - 2y_x = 0$ 的通解,并求在满足初始条件 $y_0 = 5$ 时的特解.

解 由特征方程 $r - 2 = 0$, 得特征根 $r = 2$. 于是原方程的通解为
$$y_x = C \cdot 2^x \quad (C 为任意常数).$$
由初始条件 $y_0 = 5$ 得, $5 = C \cdot 2^0$, $C = 5$, 所以所求的特解为

$$y_x = 5 \cdot 2^x.$$

如果 y_0 是已知的,采用下面的**迭代法**.

将 $x = 0, 1, 2, 3, \cdots$ 依次代入方程 $y_{x+1} - ay_x = 0 (a \neq 0)$,得

$$y_1 = ay_0, y_2 = ay_1 = a^2 y_0, y_3 = ay_2 = a^3 y_0, \cdots.$$

一般地,有 $y_x = a^x y_0 (x = 0, 1, 2, 3, \cdots)$,容易验证 $y_x = a^x y_0$ 是方程(10.6.2)的解.

10.6.2 $y_{x+1} - ay_x = f(x) (a \neq 0)$ 的解法

下面只讨论当 $f(x)$ 是某些特殊形式的函数时方程(10.6.1)的特解.一般情况下方程(10.6.1)的特解可以用待定系数法求得.

方程(10.6.1)的特解形式与 $f(x)$ 的形式相同.因此,先设一个与 $f(x)$ 形式相同但含有待定系数的函数 $\tilde{y}_x$ 作为特解,代入方程(10.6.1)后,用待定系数法来确定所求特解 $\tilde{y}_x$.

当 $f(x) = b^x P_m(x) (b$ 为常数, $P_m(x)$ 为 m 次多项式)时,方程(10.6.1)为

$$y_{x+1} - ay_x = b^x P_m(x). \tag{10.6.3}$$

可以证明,此时方程(10.6.3)的特解形式是

$$\tilde{y}_x = \begin{cases} b^x Q_m(x), & b \text{ 不是特征值}, \\ xb^x Q_m(x), & b \text{ 是特征值}, \end{cases}$$

其中 $Q_m(x)$ 为 m 次多项式,包含 $m+1$ 个待定系数.

例 2 求差分方程 $y_{x+1} - 3y_x = -2$ 的通解.

解 原方程对应的齐次方程的特征方程为 $r - 3 = 0$,特征根为 $r = 3$,因此对应的齐次方程的通解为

$$y_x^* = C \cdot 3^x \quad (C \text{ 为任意常数}).$$

由于 $f(x) = -2 = 1^x \cdot (-2)$,即 $b = 1 \neq r, P_0(x) = -2$,故可设原方程有特解 $\tilde{y}_x = A$,代入原方程得 $A - 3A = -2$,于是 $A = 1$,即 $\tilde{y}_x = 1$,因此原方程的通解为

$$y_x = C \cdot 3^x + 1 \quad (C \text{ 为任意常数}).$$

例 3 求差分方程 $y_{x+1} - y_x = 2x$ 的通解.

解 原方程对应的齐次方程的特征方程为 $r - 1 = 0$,特征根为 $r = 1$,因此对应的齐次方程的通解为

$$y_x^* = C \quad (C \text{ 为任意常数}).$$

由于 $f(x)=2x$，即 $P_1(x)=2x, b=1=r$，故原方程有特解
$$\tilde{y}_x = x(Ax+B),$$
代入原方程得
$$(x+1)(Ax+A+B) - x(Ax+B) = 2x,$$
即
$$2Ax + A + B = 2x,$$
故 $A=1, B=-1$，于是 $\tilde{y}_x = x(x-1)$，原方程的通解为
$$y_x = C + x(x-1).$$

例 4 求差分方程 $y_{x+1} + 2y_x = 2^x$ 的通解.

解 特征根 $r=-2$，对应的齐次方程的特解为 $y_x^* = C(-2)^x$（C 为任意常数）.

由于 $f(x)=2^x$，即 $P_0(x)=1, b=2 \neq r$，故可令原方程的特解为
$$\tilde{y}_x = A \cdot 2^x,$$
代入原方程得
$$A \cdot 2^{x+1} + 2A \cdot 2^x = 2^x,$$
所以 $A=\dfrac{1}{4}$，从而 $\tilde{y}_x = \dfrac{1}{4} \cdot 2^x$. 于是原方程的通解为
$$y_x = C(-2)^x + \frac{1}{4} \cdot 2^x.$$

例 5 求差分方程 $y_{x+1} - 3y_x = x \cdot 3^x$ 的通解.

解 特征根 $r=3$，对应的齐次方程的特解为 $y_x^* = C \cdot 3^x$（C 为任意常数）.
由于 $f(x) = x \cdot 3^x$，即 $P_1(x)=x, b=3=r$，故可令原方程的特解为
$$\tilde{y}_x = x(Ax+B) \cdot 3^x,$$
代入原方程得
$$(x+1)[A(x+1)+B] \cdot 3^{x+1} - 3x(Ax+B) \cdot 3^x = x \cdot 3^x,$$
即
$$6Ax + 3A + 3B = x.$$
所以 $A=\dfrac{1}{6}, B=-\dfrac{1}{6}$，从而 $\tilde{y}_x = \dfrac{x}{6}(x-1) \cdot 3^x$. 于是原方程的通解为
$$y_x = C \cdot 3^x + \frac{1}{6}x(x-1) \cdot 3^x.$$

习题 10.6

(A)

1. 求下列一阶常系数齐次差分方程的通解或特解：

(1) $4y_{x+1} - 3y_x = 0$；

(2) $y_x + y_{x-1} = 0$；

(3) $y_x - y_{x-1} = 0$；

(4) $y_{x+2} - 2y_{x+1} = 0$；

(5) $\Delta y_x + 3y_x = 0$；

(6) $3y_{x+1} + 2y_x = 0, y_0 = 2$；

(7) $2\Delta y_t + 5y_t = 0, y_2 = 9$.

2. 求下列一阶常系数非齐次差分方程的通解及特解：

(1) $y_{x+1} - 5y_x = 3, y_0 = \dfrac{7}{3}$；

(2) $y_{x+1} + y_x = 2^x, y_0 = 2$；

(3) $y_{x+1} + 4y_x = 2x^2 + x - 1, y_0 = 1$.

(B)

1. 设 Y_x, Z_x, U_x 分别是下列差分方程的解

$$y_{x+1} + ay_x = f_1(x), y_{x+1} + ay_x = f_2(x), y_{x+1} + ay_x = f_3(x).$$

证明：$W_x = Y_x + Z_x + U_x$ 是差分方程

$$y_{x+1} + ay_x = f_1(x) + f_2(x) + f_3(x)$$

的解.

数学家拉普拉斯简介

拉普拉斯

拉普拉斯(Laplace,1749—1827 年)生于法国诺曼底的博蒙,父亲是一个农场

第10章　微分方程与差分方程

主,他从青年时期就显示出卓越的数学才能,18 岁时离家赴巴黎,决定从事数学工作.于是带着一封推荐信去找当时法国著名学者达朗贝尔,但被后者拒绝接见.拉普拉斯就寄去一篇力学方面的论文给达朗贝尔.这篇论文出色至极,以至达朗贝尔高兴得要当他的教父,并使拉普拉斯被推荐到军事学校教书.

此后,他同拉瓦锡在一起工作了一段时期,他们测定了许多物质的比热.1780 年,他们两人证明了将一种化合物分解为其组成元素所需的热量就等于这些元素形成该化合物时所放出的热量.这可以看做是热化学的开端,而且,它也是继布拉克关于潜热的研究工作之后向能量守恒定律迈进的又一个里程碑,60 年后这个定律终于瓜熟蒂落地诞生了.

拉普拉斯把注意力主要集中在天体力学的研究上面.他把牛顿的万有引力定律应用到整个太阳系,1773 年解决了一个当时著名的难题:解释木星轨道为什么在不断地收缩,而同时土星的轨道又在不断地膨胀.拉普拉斯用数学方法证明行星平均运动的不变性,即行星的轨道大小只有周期性变化,并证明为偏心率和倾角的 3 次幂.这就是著名的拉普拉斯定理.此后他开始了太阳系稳定性问题的研究.同年,他成为法国科学院副院士.

1784—1785 年,他求得天体对其外任一质点的引力分量可以用一个势函数来表示,这个势函数满足一个偏微分方程,即著名的拉普拉斯方程.1785 年他被选为科学院院士.

1786 年证明行星轨道的偏心率和倾角总保持很小和恒定,能自动调整,即摄动效应是守恒和周期性的,不会积累也不会消解.拉普拉斯注意到木星的三个主要卫星的平均运动 Z_1, Z_2, Z_3 服从下列关系式:$Z_1 - 3 \times Z_2 + 2 \times Z_3 = 0$.同样,土星的四个卫星的平均运动 Y_1, Y_2, Y_3, Y_4 也具有类似的关系:$5 \times Y_1 - 10 \times Y_2 + Y_3 + 4 \times Y_4 = 0$.后人称这些卫星之间存在可公度性,由此演变出时间之窗的概念.

1787 年发现月球的加速度同地球轨道的偏心率有关,从理论上解决了太阳系动态中观测到的最后一个反常问题.

1796 年他的著作《宇宙体系论》问世,书中提出了对后来有重大影响的关于行星起源的星云假说.在这部书中,他独立于康德,提出了第一个科学的太阳系起源理论——星云说.康德的星云说是从哲学角度提出的,而拉普拉斯则从数学、力学角度充实了星云说,因此,人们常常把他们两人的星云说称为"康德-拉普拉斯星云说".

他长期从事大行星运动理论和月球运动理论方面的研究,尤其是他特别注意研究太阳系天体摄动、太阳系的普遍稳定性问题以及太阳系稳定性的动力学问题.在总结前人研究的基础上取得大量重要成果,他的这些成果集中在 1799—1825 年出版的 5 卷 16 册巨著《天体力学》之内.在这部著作(是经典天体力学的代表作)中他第一次提出天体力学这一名词,因此被誉为法国的牛顿和天体力学之父.1814年拉普拉斯提出科学假设,假定如果有一个智能生物能确定从最大天体到最轻原子的运动的现时状态,就能按照力学规律推算出整个宇宙的过去状态和未来状态.后人把他所假定的智能生物称为拉普拉斯妖.

他发表的天文学、数学和物理学的论文有270多篇,专著合计有4 006多页.其中最有代表性的专著有《天体力学》、《宇宙体系论》和《概率分析理论》.

第10章总习题

1. 填空题.

   (1) $xy''' + 2x^2 y'^2 + x^3 y = x^4 + 1$ 是_____阶微分方程.

   (2) 与积分方程 $y = \int_{x_0}^{x} f(x,y) \mathrm{d}x$ 等价的微分方程初值问题是_____.

   (3) 已知 $y = 1, y = x, y = x^2$ 是某二阶非齐次线性微分方程的三个解,则该方程的通解为_____.

   (4) (2013年考研题) 微分方程 $y'' - y' + \dfrac{1}{4}y = 0$ 的通解为_____.

   (5) (2015年考研题) 设函数 $y = y(x)$ 是微分方程 $y'' + y' - 2y = 0$ 的解,且在 $x = 0$ 处取得极值3,则 $y(x) =$ _____.

2. 已知方程 $(x+C)^2 + y^2 = 1$(其中 C 为任意常数)所表示的函数为一微分方程的通解,求此微分方程.

3. 求下列微分方程的通解:

   (1) $xy' + y = 2\sqrt{xy}$;   (2) $xy'\ln x + y = ax(\ln x + 1)$;

   (3) $\dfrac{\mathrm{d}y}{\mathrm{d}x} = \dfrac{y}{2(\ln y - x)}$;   (4) $\dfrac{\mathrm{d}y}{\mathrm{d}x} + xy - x^3 y^3 = 0$;

   (5) $yy'' - y'^2 - 1 = 0$;   (6) $y'' + 2y' + 5y = \sin 2x$;

   (7) $y''' + y'' - 2y' = x(\mathrm{e}^x + 4)$.

4. 求下列微分方程满足所给初始条件的特解:

   (1) $y'' - ay'^2 = 0$,当 $x = 0$ 时,$y = 0, y' = -1$;

   (2) $2y'' - \sin 2y = 0$,当 $x = 0$ 时,$y = \dfrac{\pi}{2}, y' = 1$;

   (3) $y'' + 2y' + y = \cos x$,当 $x = 0$ 时,$y = 0, y' = \dfrac{3}{2}$.

5. 已知某曲线经过点 $(1,1)$,它的切线在纵轴上的截距等于切点的横坐标,求它的方程.

6. 设可导函数 $\varphi(x)$ 满足 $\varphi(x)\cos x + 2\int_0^x \varphi(t)\sin t\, dt = x+1$, 求 $\varphi(x)$.

7. 求下列差分方程的通解：

   (1) $y_{x+1} - 3y_x = 0$;   (2) $3y_x - 3y_{x+1} = x3^x + 1$.

8. 有某种商品 t 时期的供给量 S_t 与需求量 D_t 都是这一时期价格 P_t 的线性函数, 即 $S_t = -2 + 3P_t$, $D_t = 4 - 5P_t$, 且在 t 时期的价格 P_t 由 $t-1$ 时期的价格 P_{t-1} 与供给量及需求量之差 $S_{t-1} - D_{t-1}$ 按如下关系

$$P_t = P_{t-1} - \frac{1}{16}(S_{t-1} - D_{t-1})$$

确定, 试求商品的价格随时间变化的规律.

9. (2014年考研题) 设函数 $f(u)$ 具有二阶连续导数, $z = f(e^x \cos y)$ 满足 $\dfrac{\partial^2 z}{\partial x^2} + \dfrac{\partial^2 z}{\partial y^2} = (4z + e^x \cos y)e^{2x}$. 若 $f(0) = 0, f'(0) = 0$, 求 $f(u)$ 的表达式.

10. (2016年考研题) 设函数 $f(x)$ 连续, 且满足 $\int_0^x f(x-t)\,dt = \int_0^x (x-t)f(t)\,dt + e^{-x} - 1$, 求 $f(x)$.

第 11 章　Mathematica 10.4 简介(续)

给我一个支点,我就可以移动地球.

—— 阿基米德

第 6 章介绍了 Mathematica 10.4 在一元微积分中的应用,本章主要介绍 Mathematica 10.4 在定积分、多元函数微积分、无穷级数及微分方程中的应用.

11.1　Mathematica 在定积分中的应用

11.1.1　定积分的计算

利用 Mathematica 10.4 进行定积分的计算可以调用 Mathematica 10.4 内部函数 Integrate,其调用方式为:

Integrate[被积函数,{积分变量,积分下限,积分上限}]

例 1　求函数 $f(x)=3x^2+1$ 在 $[0,1]$ 上的定积分 $\int_0^1 f(x)\mathrm{d}x$.

解　在 Notebook 中输入

```
Clear[f,x]
f[x_]:= 3* x^2+ 1;
Integrate[f[x],{x,0,1}]
```

按"Shift + Enter"发出运行指令后输出 2.

例 2　计算 $\int_0^{2\pi}|\sin x|\mathrm{d}x$.

解　在 Notebook 中输入

```
Integrate[Abs[Sin[x]],{x,0,2* Pi}]
```

按"Shift + Enter"发出运行指令后输出 4.

例 3　计算 $\int_0^{+\infty}\dfrac{x}{1+x^3}\mathrm{d}x$.

解 在 Notebook 中输入

```
Clear[f,x]
f[x_]:= x/(1+ x^3);
Integrate[f[x],{x,0,Infinity}]
```

按"Shift + Enter"发出运行指令后输出 $2\sqrt{3}\pi/9$.

例 4 计算 $\int_0^1 \dfrac{1}{\sqrt{x^2-3x+2}}\mathrm{d}x$.

解 在 Notebook 中输入

```
Clear[f,x]
f[x_]:= (x^2- 3* x+ 2)^(- 1/2);
Integrate[f[x],{x,0,1}]
```

按"Shift + Enter"发出运行指令后输出 $\ln(3+\sqrt{2})$.

11.1.2 曲边梯形的面积

1. 曲线 $y=f(x)(a\leqslant x\leqslant b)$ 和 x 轴之间的曲边梯形(见图 11-1)的面积

$$A=\int_a^b |f(x)|\mathrm{d}x$$

例 5 求曲线 $f(x)=x-x^3$ 与 x 轴所围成的图形的面积,并作图.

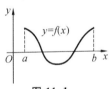

图 11-1

解 在 Notebook 中输入

```
Clear[f,x]
f[x_]:= x- x^3;
Plot[f[x],{x,- 1.5,1.5},Axeslabel-> {"x","y"},
    PlotStyle-> Red,Filling-> Axis,Ticks-> None,
    AxesStyle-> Arrowheads[{0.0,0.03}],
    Epilog-> {Text["o",{0.05,- 0.05}]}]
Solve[f[x]== 0,x]
```

其图像如图 11-2 所示,与 x 轴的交点坐标为 $(-1,0),(0,0)$ 和 $(1,0)$,所求图形的面积为 $A=\int_{-1}^1 |f(x)|\mathrm{d}x$,在 Notebook 中输入

```
A= Integrate[Abs[f[x]],{x,- 1,1}]
```

输出 1/2.

2. 曲线 $y = f(x)$ 和 $y = g(x)$ $(a \leqslant x \leqslant b)$ 之间的图形(见图 11-3)的面积

$$A = \int_a^b | f(x) - g(x) | \, dx$$

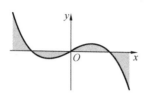

图 11-2

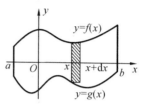

图 11-3

例 6 求由曲线 $y = 3 - x^2$ 与直线 $y = 2x$ 所围成图形的面积.

解 在 Notebook 中输入

```
Clear[f,g,x]
f[x_]:= 3- x^2;
g[x_]:= 2* x;
Plot[{f[x],g[x]},{x,- 3.5,2.5},
    AxesLabel- > {"x","y"},Plotstyle- > {Red,Blue},
    Ticks- > None,AxesStyle- > Arrowheads[{0.0,0.03}],
    Epilog- > {Text["o",{0.1,- 0.5}]}]
Solve[f[x] = = g[x],x]
```

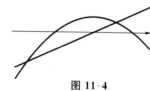

图 11-4

其图像如图 11-4 所示,交点坐标为 $(-3, -6)$ 和 $(1, 2)$.

在 Notebook 中输入

```
A= Integrate[Abs[f[x]- g[x]],{x,- 3,1]
```

输出 32/3,即所求图形的面积为 32/3.

例 7 在区间 $[0, \pi]$ 上,求曲线 $y = \sin x$ 与曲线 $y = \cos x$ 所围成图形的面积.

解 在 Notebook 中输入

```
Clear[f,g,x]
f[x_]:= Sin[x];
g[x_]:= Cos[x];
Plot[{f[x],g[x]},{x,0,Pi},AxesLabel- > {"x","y"},
    PlotStyle- > {Red,Blue},
    Ticks- > None,Filling- > {1},
    AxesStyle- > Arrowheads[{0.0,0.03}],
    Epilog- > {Text["o",{0.05,- 0.05}]}]
```

其图像如图 11-5 所示.

在 Notebook 中输入

A= Integrate[Abs[f[x]- g[x]],{x,0,Pi}]

输出 $2\sqrt{2}$，即所求图形的面积为 $2\sqrt{2}$.

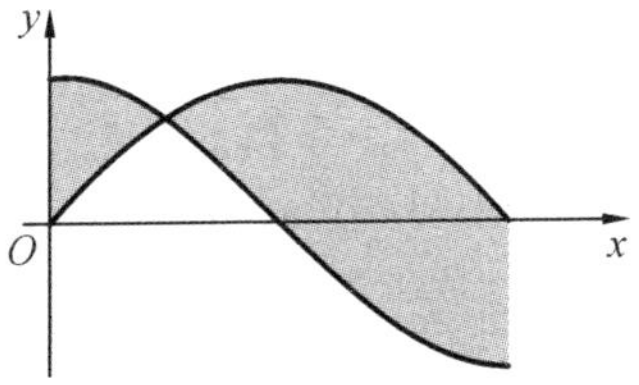

图 11-5

11.1.3 旋转体的体积

曲线 $y=f(x)(a\leqslant x\leqslant b)$ 和 x 轴之间的图形绕 x 轴旋转而成的旋转体(见图 11-6) 的体积为 $V=\int_a^b\pi[f(x)]^2\mathrm{d}x$(圆片法).

例 8 求曲线 $y=x^2(0\leqslant x\leqslant 1)$ 与 x 轴所围成的图形绕 x 轴旋转所得的旋转体体积,并作图.

解 在 Notebook 中输入

```
Clear[f,x]
f[x_]:= x^2
r1= Plot[f[x],{x,0,1},PlotStyle-> Red,
        Filling-> Axis];
r2= Plot[- f[x],{x,0,1},PlotStyle-> Red,
        Filling-> Axisl];
r3= ParametricPlot[{1+ 0.1Cos[t],Sin[t]},{t,0,2Pi},
                PlotStyle-> Red];
Show[r1,r2,r3,PlotRange-> All,AspectRatio-> 1,
    AxesStyle-> Arrowheads[{0.0,0.03}],
    Epilog-> {Text["o",{0.05,- 0.05}]},
    AxesLabel-> {"x","y"}]
V= Pi Integrate[f[x]^2,{x,0,1}]
```

输出所求旋转体的体积为 $\pi/5$,图像如图 11-7 所示.

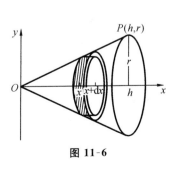

图 11-6

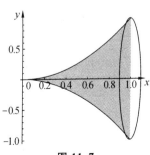

图 11-7

习题 11.1

1. 利用 Mathematica 7.0 计算下列定积分：

   (1) $\int_0^3 \dfrac{dx}{(1+x)\sqrt{x}}$； (2) $\int_{\frac{1}{e}}^{e} |\ln x|\, dx$；

   (3) $\int_{-\infty}^{+\infty} \dfrac{1}{x^2+4x+5}\, dx$； (4) $\int_0^1 \dfrac{x}{\sqrt{1-x}}\, dx$.

2. 求曲线 $f(x) = x^4 - 4x^2$ 与 x 轴所围成的图形的面积并作图.

3. 求曲线 $y = x^2$ 与直线 $y = \sqrt{x}$ 所围成图形的面积并作图.

4. 求曲线 $y = \sqrt{x}(1 \leqslant x \leqslant 4)$ 与 x 轴所围成的图形绕 x 轴旋转所得的旋转体体积，并作图.

11.2 Mathematica 在多元函数微积分中的应用

本节主要介绍利用 Mathematica 10.4 进行偏导数、极值和重积分的运算.

11.2.1 偏导数与全微分

例 1 已知三元函数 $f(x,y,z) = \sqrt{x^2+y^2+z^2}$，求 $f'_x(x,y,z), f'_y(x,y,z), f'_z(0,0,1)$.

解 在 Notebook 中输入

```
Clear[f,x,y,z]
f[x_,y_,z_]:= (x^2+ y^2+ z^2)^(1/2);
D[f[x,y,z],x]
D[f[x,y,z],y]
D[f[x,y,z],z]/.{x-> 0,y-> 0,z-> 1}
```

输出 $\dfrac{x}{\sqrt{x^2+y^2+z^2}}, \dfrac{y}{\sqrt{x^2+y^2+z^2}}$ 和 1.

例 2 已知二元函数 $f(x,y) = \cos(2x+y^2)$，求偏导数 $f''_{xx}(x,y), f''_{yx}(x,y)$ 和 $f''_{xy}(1,2)$.

解 在 Notebook 中输入

```
Clear[f,x,y]
f[x_,y_]:= Cos[2* x+ y^2];
D[f[x,y],x,x]
D[f[x,y],y,x]
D[f[x,y],x,y]/.{x-> 1,y-> 2}
```

输出 $-4\cos(2x+y^2)$, $-4y\cos(2x+y^2)$ 和 $-8\cos(5)$.

例 3 已知二元函数 $z=x^y$, 求全微分 dz.

解 在 Notebook 中输入

        Clear[f,x,y]
        f[x_,y_]:= x^y;
        dz == D[f[x,y],x]dx+ D[f[x,y],y]dy

输出   dz == dx x^{-1+y} y+ dy x^y Log[x].

11.2.2 二元函数的极值

例 4 求函数 $f(x,y)=x^3-y^3+3x^2+3y^2-9x$ 的驻点和极值, 并作图.

解 在 Notebook 中输入

        Clear[f,x,y]
        f[x_,y_]:= x^3- y^3+ 3x^2+ 3y^2- 9x;
        fx = D[f[x,y],x]
        fy = D[f[x,y],y]
        Solve[{fx == 0,fy == 0}]   (求驻点)

输出

    - 9+ 6x+ 3x²

    6y- 3y²

    {{x-> - 3,y-> 0},{x-> - 3,y-> 2},{x-> 1,y-> 0},
    {x-> 1,y-> 2}}   (驻点)

在 Notebook 中输入

        fxx = D[f[x,y],x,x];
        fyy = D[f[x,y],y,y];
        fxy = D[f[x,y],x,y];
        delta = fxx fyy- fxy^2;   (极值点的判别式)
        {delta,fxx,f[x,y]}/.{x-> - 3,y-> 0}
        {delta,fxx,f[x,y]}/.{x-> - 3,y-> 2}
        {delta,fxx,f[x,y]}/.{x-> 1,y-> 0}
        {delta,fxx,f[x,y]}/.{x-> 1,y-> 2}

输出

{-72,-12,27}   (判别式 <0, 在 $(-3,0)$ 处无极值)

{72,-12,31}   (判别式 $>0,A<0$, 故在 $(-3,2)$ 有极大值:31)

{72,12,-5}   (判别式 $>0,A>0$, 故在 $(1,0)$ 有极小值:-5)

{-72,12,-1}　　（判别式＜0，在(1,2)处无极值）

绘制图形的命令：

f[x_,y_]:= x^3- y^3+ 3x^2+ 3y^2- 9x;

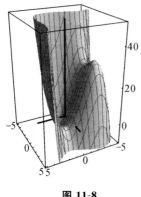

图 11-8

```
qumian = Plot3D[f[x,y],{x,- 5,5},{y,- 5,5}];
x = ParametricPlot3D[{x,0,0}, {x,- 4,4},PlotStyle
    -> AbsoluteThickness[3]];
y = ParametricPlot3D[{0,y,0}, {y,- 4,4},PlotStyle
    -> AbsoluteThickness[3]];
z = ParametricPlot3D[{0,0,z}, {z,- 2,50},PlotStyle
    -> AbsoluteThickness[3]];
xyz = Show[x,y,z];
Show[qumian,xyz,BoxRatios    ->    {1,1,1.5},
    ViewPoint-> {1,2,1},PlotRange-> {- 10,50}]
```

输出函数的图形如图 11-8 所示.

11.2.3　重积分

根据积分区域的类型，可以将重积分转化为累次积分进行计算．

例 5　计算二重积分 $\iint\limits_{D} xy\,d\sigma$，其中 D 是由直线 $y=1, x=2$ 及 $y=x$ 所围成的闭区域．

解　在 Notebook 中输入

```
a = 1;b = 2;
g[x_]:= 1;h[x_]:= x;
Quyu = ParametricPlot3D[{x,y,0},{x,a,b},
    {y,g[x],h[x]},PlotStyle-> Red,Mesh-> False];
Show[Quyu,PlotRange-> {{0,3},{0,3},{0,0.01}},
    Axes-> Automatic,AspectRatio-> 1.4,
    Ticks-> {{0,1,2,3},{0,1,2,3,4,5},{}},
    ViewPoint-> {0,0,1},Boxed-> False]
```

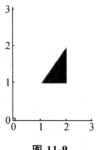

图 11-9

输出积分区域 D 在直角坐标系下如图 11-9 所示.

解法一　积分区域为 X- 型区域：$D=\{(x,y)\mid 1\leqslant x\leqslant 2, 1\leqslant y\leqslant x\}$，即

$$\iint_D xy\,\mathrm{d}\sigma = \int_1^2 \mathrm{d}x \int_1^x xy\,\mathrm{d}y.$$

在 Notebook 中输入
```
Clear[f,x]
f[x_,y_]:= x* y;
y1[x_]:= 1;
y2[x_]:= x;
Integrate[f[x,y],{x,1,2},{y,y1[x],y2[x]}]
```
输出 $\dfrac{9}{8}$.

解法二 积分区域为 $Y-$型区域: $D = \{(x,y) \mid 1 \leqslant y \leqslant 2, y \leqslant x \leqslant 2\}$, 即

$$\iint_D xy\,\mathrm{d}\sigma = \int_1^2 \mathrm{d}y \int_y^2 xy\,\mathrm{d}x.$$

在 Notebook 中输入
```
Clear[f,x]
f[x_,y_]:= x* y;
x1[y_]:= y;
x2[y_]:= 2;
Integrate[f[x,y],{y,1,2},{x,x1[y],x2[y]}]
```
输出 $\dfrac{9}{8}$.

例 6 计算三重积分 $\iiint_\Omega z\,\mathrm{d}v$, 其中 $\Omega : x^2 + y^2 \leqslant z \leqslant 1$.

解 积分区域 $\Omega = \{(x,y,z) \mid -1 \leqslant x \leqslant 1, -\sqrt{1-x^2} \leqslant y \leqslant \sqrt{1-x^2}, x^2 + y^2 \leqslant z \leqslant 1\}$.

在 Notebook 中输入
```
f[x_,y_,z_]:= z
x1 = - 1;x2 = 1;
y1[x_]:= - Sqrt[1- x^2];y2[x_]:= Sqrt[1- x^2];
z1[x_,y_]:= x^2+ y^2;z2[x_,y_]:= 1;
Integrate[f[x,y,z],{x,x1,x2},{y,y1[x],y2[x]},{z,z1[x,y],z2[x,y]}]
```
输出 $\dfrac{\pi}{3}$.

习题 11.2

1. 已知函数 $f'(x,y) = \dfrac{x}{\sqrt{x^2+y^2}}$,求偏导数 $f'_x(x,y)$, $f''_{yy}(x,y)$ 和 $f''_{xy}(1,2)$.

2. 已知函数 $u = x^{yz}$,求全微分 du.

3. 求函数 $f(x,y) = x^3 - y^3 - 3xy$ 的驻点和极值,并作图.

4. 计算二重积分 $\iint\limits_{D} xy\,d\sigma$,其中 D 是由直线 $y = x$, $x = 2$ 及双曲线 $xy = 1$ 所围成的闭区域.

11.3 Mathematica 在无穷级数中的应用

11.3.1 常数项级数

例1 用 Mathematica 分别求下列常数项级数的和:

(1) $\sum\limits_{n=1}^{\infty} \dfrac{1}{n^2}$; (2) $\sum\limits_{n=1}^{\infty} \dfrac{1}{n}$; (3) $\sum\limits_{n=1}^{\infty} \dfrac{(-1)^n}{n}$; (4) $\sum\limits_{n=1}^{\infty} \dfrac{1}{1+n^2}$.

解 在 Notebook 中输入

$$f1[n\_] := 1/n\wedge 2;$$
$$f2[n\_] := 1/n;$$
$$f3[n\_] := (-1)\wedge n/n;$$
$$f4[n\_] := 1/(1+ n\wedge 2);$$
$$\text{Sum}[f1[n],\{n,1,\text{Infinity}\}]$$
$$\text{Sum}[f2[n],\{n,1,\text{Infinity}\}]$$
$$\text{Sum}[f3[n],\{n,1,\text{Infinity}\}]$$
$$\text{Sum}[f4[n],\{n,1,\text{Infinity}\}]$$

输出 $\dfrac{\pi^2}{6}$, Sum does not converge(级数发散), $-\ln 2$, $\dfrac{1}{2}(\pi\coth\pi - 1)$.

11.3.2 幂级数的收敛域及其和函数

例2 求幂级数 $\sum\limits_{n=1}^{\infty} n(-x)^{n-1}$ 的收敛域与和函数.

解 先求收敛半径:

```
a[n_]:= (-1)^(n-1)n
f[x_,n_];= a[n]x^n;
r = Limit[Abs[a[n+1]/a[n]],n-> Infinity];
R = 1/r
```
输出 1(收敛半径).

Sum[f[-1,n],{n,1,Infinity}](左端点)

Sum[f[1,n],{n,1,Infinity}](右端点)

均输出 Sum does not converge(在两个端点均发散),即收敛域为 $(-1,1)$.

求和函数:Sum[f[x,n],{n,1,Infinity}]

输出 $\dfrac{x}{1+x^2}$.

例3 求幂级数 $\sum\limits_{n=1}^{\infty}\dfrac{x^{2n-1}}{2n-1}$ 的收敛域与和函数.

解 先求收敛半径:

```
a[n_]:= 1/(2n-1)
f[x_,n_];= a[n]x^(2n-1);
r = Limit[Abs[a[n+1]/a[n]],n-> Infinity];
R = 1/Sqrt[r]
```

输出 1(收敛半径).

Sum[f[-1,n],{n,1,Infinity}]

Sum[f[1,n],{n,1,Infinity}]

输出

Sum::div:Sum does not converge. >>

Sum::div:Sum does not converge. >>

求和函数,输入

Sum[f[x,n],{n,1,Infinity}]

输出 ArcTanh[x](和函数).

11.3.3 泰勒级数

例4 给出函数 $f(x)=x\sin x$ 的 5 阶麦克劳林公式.

解 在 Notebook 中输入

```
Clear[f,x]
f[x_]:= xSin[x];
x0 = 0;
Series[f[x],{x,x0,5}]
```

输出 $x^2 - x^4/6 + o[x]^6$.

例5 给出函数 $f(x) = e^x$ 在 $x_0 = 1$ 处的 5 阶泰勒公式.

解 在 Notebook 中输入

```
Clear[f,x]
f[x_]:= Exp[x];
x0 = 1;
Series[f[x],{x,x0,5}]
```

输出 $e\left[1 + (x-1) + \dfrac{(x-1)^2}{2} + \dfrac{(x-1)^3}{6} + \dfrac{(x-1)^4}{24} + \dfrac{(x-1)^5}{120} + o((x-1)^6)\right]$.

习题 11.3

1. 计算常数项级数的和：

(1) $\sum\limits_{n=1}^{\infty} \dfrac{(-1)^n}{n^2}$；   (2) $\sum\limits_{n=1}^{\infty} \dfrac{1}{n^3}$.

2. 求幂级数 $\sum\limits_{n=1}^{\infty} \dfrac{x^n}{n(n+1)}$ 的收敛域与和函数.

3. 给出函数 $f(x) = e^{-x^2}$ 的 6 阶麦克劳林公式.

4. 将函数 $f(x) = \dfrac{1}{1+x}$ 展开成 $x-3$ 的幂级数.

11.4 Mathematica 在微分方程中的应用

11.4.1 一阶微分方程

例1 求一阶微分方程 $y' + 2xy = 4x$ 的通解.

解 在 Notebook 中输入

```
DSolve[y'[x]- 2* x* y[x] == 4* x,y[x],x]
```

输出 $\{\{y[x] \to -2 + e^{x^2} C[1]\}\}$

例2 求一阶微分方程 $y' - \tan x \cdot y = \sec x$ 满足条件 $y(0) = 0$ 的特解.

解 在 Notebook 中输入

```
DSolve[{y'[x]- Tan[x]y[x] == Sec[x],y[0] == 0},y[x],x]
```

输出特解 $\{\{y[x] \to x\operatorname{Sec}[x]\}\}$

11.4.2 高阶微分方程

例3 求三阶微分方程 $y''' = e^{2x} - \cos x$ 的通解.

解 在 Notebook 中输入
$$DSolve[y'''[x] == Exp[2x] - Cos[x], y[x], x]$$
输出 $\dfrac{e^{2x}}{8} + C_1 x^2 + C_2 x + C_1 + \sin x$.

例 4 求二阶微分方程 $(1+x^2)y'' = 2xy'$ 满足条件 $y(0)=1, y'(0)=3$ 的特解.

解 在 Notebook 中输入
$$DSolve[\{(1+x^{\wedge}2)y''[x] == 2xy'[x], y[0] == 1, y'[0] == 3\}, y[x], x]$$
输出 $1 + 3x + x^3$（特解）.

习题 11.4

1. 求一阶微分方程 $(y^2 - 6x)y' + 2y = 0$ 的通解.
2. 求一阶微分方程 $y' + 3y = 8$ 满足条件 $y(0) = 2$ 的特解.
3. 求二阶微分方程 $y'' + y = x^2 e^x$ 的通解.
4. 求二阶微分方程 $y'' - 3y' + 2y = 5$ 满足条件 $y(0)=1, y'(0)=2$ 的特解.

数学家约翰·冯·诺依曼简介

约翰·冯·诺依曼

约翰·冯·诺依曼（John Von Neumann,1903—1957 年）,美籍匈牙利人,1903

年12月28日生于匈牙利的布达佩斯,父亲是一个银行家,家境富裕,十分注意对孩子的教育.冯•诺依曼从小聪颖过人,兴趣广泛,读书过目不忘.据说他6岁时就能用古希腊语同父亲闲谈,一生掌握了七种语言.最擅德语,在他用德语思考种种设想时,又能以阅读的速度译成英语.对读过的书籍和论文,他能很快地一句不差地将内容复述出来,而且若干年之后,仍可如此.

1911—1921年,冯•诺依曼在布达佩斯的卢瑟伦中学读书期间,就崭露头角而深受老师的器重.在费克特老师的指导下,与其合作发表了第一篇数学论文,此时冯•诺依曼还不到18岁.1921—1923年在苏黎世联邦工业大学学习.很快又在1926年以优异的成绩获得了布达佩斯大学数学博士学位,此时冯•诺依曼年仅22岁.1927—1929年冯•诺依曼相继在柏林大学和汉堡大学担任数学讲师.1930年接受了普林斯顿大学客座教授的职位,西渡美国.1931年他成为美国普林斯顿大学的第一批终身教授,那时,他还不到30岁.1933年转到该校的高级研究所,成为最初六位教授之一,并在那里工作了一生.冯•诺依曼是普林斯顿大学、宾夕法尼亚大学、哈佛大学、伊斯坦堡大学、马里兰大学、哥伦比亚大学和慕尼黑高等技术学院等校的荣誉博士.他是美国国家科学院、秘鲁国立自然科学院和意大利国立林且学院等院的院士.1954年他任美国原子能委员会委员;1951年至1953年任美国数学会主席.1954年夏,冯•诺依曼被发现患有癌症,1957年2月8日,在华盛顿去世,终年54岁.

部分参考答案

习题 7.1

(B)

1. (1) $\frac{1}{2}(b^2-a^2)$; (2) $e-1$.
2. $\int_0^1 \sin\pi x \, dx$.
3. $\frac{1}{3}$.

习题 7.2

(A)

1. (1) $\int_1^2 x^2 \, dx < \int_1^2 x^3 \, dx$; (2) $\int_e^2 \ln x \, dx < \int_e^2 (\ln x)^2 \, dx$;
   (3) $\int_{-\frac{\pi}{2}}^0 \sin x \, dx < \int_0^{\frac{\pi}{2}} \sin x \, dx$; (4) $\int_0^2 3x \, dx < \int_0^3 3x \, dx$.
2. (1) $2 \leqslant \int_1^2 (x^2+1) \, dx \leqslant 5$; (2) $2e^{-4} \leqslant \int_0^2 e^{-x^2} \, dx \leqslant 2$;
   (3) $\pi \leqslant \int_{\frac{\pi}{4}}^{\frac{5\pi}{4}} (1+\sin^2 x) \, dx \leqslant 2\pi$; (4) $\frac{\pi}{9} \leqslant \int_{\frac{1}{\sqrt{3}}}^{\sqrt{3}} x \arctan x \, dx \leqslant \frac{2\pi}{3}$.
3. $16q+24p+9(b-a)$.

习题 7.3

(A)

2. $\left.\frac{dy}{dx}\right|_{x=0}=0, \left.\frac{dy}{dx}\right|_{x=\frac{\pi}{4}}=\frac{\sqrt{2}}{2}$.

3. (1) e^{x^2-x}; (2) $\frac{2\sin x^2}{x}-\frac{\sin\sqrt{x}}{2x}$;

(3) $\cos(\pi\cos^2 x)(-\sin x) - \cos(\pi\sin^2 x)\cos x$;

(4) $\dfrac{3x^2}{\sqrt{1+x^{12}}} - \dfrac{2x}{\sqrt{1+x^8}}$.

4. $1 - \dfrac{\pi}{4}$.

5. (1) 4; (2) $\dfrac{21}{8}$; (3) $\dfrac{\pi}{2} - 1$; (4) $\dfrac{271}{6}$; (5) $\dfrac{\pi}{3}$; (6) $\dfrac{(e-1)^2}{2e}$; (7) $\sqrt{3} - \dfrac{\pi}{3}$; (8) $1 + \dfrac{\pi}{4}$;

(9) $2\sqrt{2}$; (10) 4; (11) $\dfrac{\pi}{2} - 1$; (12) $\dfrac{8}{3}$.

(B)

1. $\displaystyle\int_0^1 \dfrac{1}{1+x}dx = \ln 2$.

2. $\dfrac{dy}{dx} = \dfrac{\cos x}{\sin x - 1}$.

3. (1) 1; (2) $\dfrac{1}{2}$; (3) e; (4) 2.

5. $\Phi(x) = \begin{cases} \dfrac{1}{3}x^3, & x \in [0,1), \\ \dfrac{1}{2}x^2 - \dfrac{1}{6}, & x \in [1,2]. \end{cases}$ $\Phi(x)$ 在 $[0,2]$ 内连续.

6. 当 $x = 0$ 时,函数 $I(x)$ 取得极值.

习题 7.4

(A)

1. $\dfrac{1}{2}(B^2 - A^2)$.

2. $-\dfrac{1}{e}$.

3. 2.

4. (1) 0; (2) $-\dfrac{1}{648}$; (3) $\pi - \dfrac{4}{3}$; (4) $\dfrac{1}{2}(25 - \ln 26)$; (5) $\sqrt{2} - \dfrac{2\sqrt{3}}{3}$; (6) $2(\sqrt{3} - 1)$; (7) $2 + 2\ln\dfrac{2}{3}$; (8) $(\sqrt{3} - 1)a$; (9) $1 - e^{-\frac{1}{2}}$; (10) $8\ln 2 - 5$; (11) $-\dfrac{4}{3}$; (12) $\dfrac{44}{3}$; (13) $\dfrac{\pi}{6}$;

(14) $-\dfrac{5}{2}$.

5. (1) $1 - \dfrac{2}{e}$; (2) $\dfrac{1}{4}(e^2 + 1)$; (3) $\dfrac{\pi}{4} - \dfrac{1}{2}$; (4) $2 - \dfrac{3}{4\ln 2}$; (5) $4(2\ln 2 - 1)$; (6) $2 - \dfrac{2}{e}$;

(7) $\frac{1}{5}(e^{\pi}-2)$.

(B)

1. (1) $\frac{3}{32}\pi$;   (2) $\sqrt{2}(\pi+2)$;   (3) $\frac{\sqrt{2}}{2}$;

   (4) $\frac{\pi}{4}$;   (5) $\frac{2}{3}$.

2. (1) $\frac{1}{2}(e\sin 1 - e\cos 1 + 1)$;   (2) $\left(\frac{1}{4}-\frac{\sqrt{3}}{9}\right)\pi+\frac{1}{2}\ln\frac{3}{2}$;

   (3) $\frac{\pi}{4}-\frac{1}{2}\ln 2$.

4. (1) $4\arctan\pi$; (2) $\frac{\pi^3}{324}$; (3) $\frac{4}{3}$; (4) 2.

习题 7.5

(A)

1. (1) 错,$x=0$ 为被积函数的无穷间断点;

   (2) 错,$\int_{-\infty}^{0}\frac{x}{\sqrt{1+x^2}}dx$ 与 $\int_{0}^{+\infty}\frac{x}{\sqrt{1+x^2}}dx$ 均发散.

2. (1) $\frac{1}{3}$; (2) $\frac{1}{a}$; (3) 1; (4) 发散; (5) $\frac{1}{2}$; (6) 6; (7) 发散; (8) $\frac{8}{3}$; (9) $\frac{\pi}{2}$; (10) $\frac{\pi^2}{8}$.

(B)

1. 当 $k>1$ 时,收敛于 $\frac{1}{(k-1)(\ln 2)^{k-1}}$;当 $k\leqslant 1$ 时,发散.

2. (1) 30; (2) $\frac{16}{105}$.

习题 7.6

(A)

1. $\frac{4}{3}$.

2. $e+e^{-1}-2$.

3. $\frac{\pi}{2}$.

4. $\frac{\pi}{2}(e^2-1)$.

5. $\dfrac{14}{3}$.

(B)

1. 18.

2. $3\pi a^2$.

3. (1) $\dfrac{\pi}{3}$；(2) $V_x = \dfrac{8\pi}{5}, V_y = 2\pi$；(3) $\dfrac{\pi^2}{2}$；(4) $\dfrac{\pi}{2}$.

4. $\dfrac{8}{3}\sqrt{3}$.

5. $\ln 3 - \dfrac{1}{2}$.

6. $\dfrac{1}{2}a$.

7. (1) $C(Q) = 3Q + \dfrac{1}{6}Q^2 + 1, R(Q) = 7Q - \dfrac{1}{2}Q^2, L(Q) = -1 + 4Q - \dfrac{2}{3}Q^2$；

 (2) $Q = 3$ 时,最大利润为 5 万元.

第 7 章总习题

1. (1)C；(2)C；(3)C；(4)A；(5)B；(6)C；(7)A.

2. (1) 必要,充分；(2) 充分必要；(3) 7；(4) 0；(5) $\ln 2$；(6) $a = \dfrac{1}{2}$；(7) 2；(8) $\sin 1 - \cos 1$(利用定积分的定义).

3. (1) $af(a)$；(2) $\dfrac{\pi^2}{4}$；(3) 1.

4. (1) $\dfrac{1}{2} \leqslant \displaystyle\int_{\frac{\pi}{4}}^{\frac{\pi}{2}} \dfrac{\sin x}{x} dx \leqslant \dfrac{\sqrt{2}}{2}$；(2) $\dfrac{1}{2} \leqslant \displaystyle\int_0^1 \dfrac{1}{\sqrt{4-x^2+x^3}} dx \leqslant \sqrt{\dfrac{27}{104}}$.

5. (1) $\dfrac{\pi}{2}$；(2) $\dfrac{\pi}{4}$；(3) 1；(4) $\dfrac{\sqrt{2}}{4}\pi$；

 (5) $2\ln(2+\sqrt{5}) - \sqrt{5} + 1$；

 (6) $2\sqrt{5} + \ln(\sqrt{5}+2) - 4$.

6. $\ln(1+e)$.

7. (1) $\dfrac{\pi}{4}e^{-2}$；(2) $\dfrac{\pi}{4}$.

10. $\dfrac{20}{3}$.

11. $\dfrac{32}{5}\pi$.

12. $V_x = \pi(e-2), V_y = \dfrac{\pi}{2}(e^2+1)$.

13. $\sqrt{2}(e^{\frac{\pi}{2}}-1)$.

14. (1) 9 987.5; (2) 19 850.

15. $\dfrac{1}{2}$.

16. $a = 7\sqrt{7}$.

习题 8.1

(A)

1. (1) ×; (2) √; (3) ×; (4) ×; (5) √.

2. (1) $\dfrac{1}{2},\dfrac{3}{8},\dfrac{5}{16}$; (2) $(-1)^{n+1}\dfrac{n+1}{n}$; (3) 0.

3. (1) C; (2) A; (3) A; (4) C.

4. (1) 发散; (2) 收敛,和为 $\dfrac{1}{2}$; (3) 收敛,和为 2; (4) 收敛,和为 $\dfrac{2}{3}$.

(B)

1. (1) 发散; (2) 收敛,和为 $1-\sqrt{2}$; (3) 发散.

2. 例如: $u_n = 1, v_n = -1$.

习题 8.2

(A)

1. (1) $p > 1$; (2) 数列 $\{S_n\}$ 有界.

2. (1) D; (2) D.

3. (1) 发散; (2) 收敛; (3) 发散; (4) 收敛.

4. (1) 发散; (2) 收敛; (3) 发散; (4) 收敛.

5. (1) 发散; (2) 收敛.

(B)

1. (1) 收敛; (2) 发散; (3) 收敛; (4) 收敛;
   (5) 收敛; (6) $a > 1$ 时收敛, $0 < a \leqslant 1$ 时发散.

习题 8.3

(A)

1. (1) √； (2) ×.
2. (1) 收敛； (2) 收敛； (3) 发散.
3. (1) 绝对收敛； (2) 发散； (3) 条件收敛； (4) 绝对收敛.

(B)

1. (1) $|a|>1$ 时发散，$|a|<1$ 时绝对收敛，$a=1$ 时条件收敛，$a=-1$ 时发散.
   (2) 当 $\alpha<1$ 时，级数绝对收敛；当 $\alpha>1$ 时，级数发散；
   当 $\alpha=1$ 时，此时当 $s>1$ 时级数绝对收敛，当 $s\leqslant 1$ 时级数条件收敛.

习题 8.4

(A)

1. (1) $\left(-\dfrac{1}{2},\dfrac{1}{2}\right)$； (2) $(-1,5)$； (3) $[-3,3]$.
2. (1) $(-1,1)$； (2) $[-3,3]$； (3) $(-\infty,+\infty)$；
   (4) $[1,3)$； (5) $[-1,1]$； (6) $\left(-\dfrac{\sqrt{2}}{2},\dfrac{\sqrt{2}}{2}\right)$.
3. (1) $s(x)=-\ln(1-x), x\in[-1,1)$；
   (2) $s(x)=\dfrac{1}{2}\ln\left(\dfrac{1+x}{1-x}\right), x\in(-1,1)$.

(B)

1. (1) $\left[-\dfrac{1}{5},\dfrac{1}{5}\right)$； (2) $(-\max\{a,b\},\max\{a,b\})$.
2. (1) $s(x)=\dfrac{x-1}{(2-x)^2}, x\in(0,2)$； (2) $s(x)=\dfrac{3x-x^2}{(1-x)^2}, x\in(-1,1)$；
   (3) $s(x)=\dfrac{2x}{(1-x)^3}, x\in(-1,1)$.

习题 8.5

(A)

1. (1) $\displaystyle\sum_{n=0}^{\infty}\dfrac{2^n}{n!}x^n\ (-\infty<x<+\infty)$；

(2) $\sum_{n=1}^{\infty} \frac{(-1)^{n-1}}{(2n)!} 2^{2n-1} x^{2n} \ (-\infty < x < +\infty)$;

(3) $\sum_{n=0}^{\infty} \frac{(-1)^n}{2n+1} x^{2n+1} \ (-1 \leqslant x \leqslant 1)$;

(4) $\sum_{n=0}^{\infty} \frac{(-1)^n}{n!} x^{n+3} \ (-\infty < x < +\infty)$;

(5) $\sum_{n=0}^{\infty} \frac{x^n}{3^{n+1}} \ (-3 < x < 3)$;

(6) $\frac{1}{4} \sum_{n=1}^{\infty} \left[(-1)^n - \frac{1}{3^n} \right] x^n \ (-1 < x < 1)$.

2.(1) $\sum_{n=0}^{\infty} (-1)^n \frac{(x-2)^n}{4^{n+1}} \ (-2 < x < 6)$;

(2) $\ln 2 + \sum_{n=1}^{\infty} (-1)^{n-1} \frac{(x-2)^n}{n \cdot 2^n} \ (0 < x \leqslant 4)$;

(3) $\sum_{n=0}^{\infty} \frac{e^2}{n!} (x-2)^n \ (-\infty < x < +\infty)$;

(4) $\sum_{n=0}^{\infty} \frac{(-1)^n}{3^{n+1}} (x-3)^n \ (0 < x < 6)$.

(B)

1. $-\frac{101!}{50}$.

习题 8.6

(A)

1.(1)1.648; (2)0.156 43; (3)0.746 8.

(B)

1.(1)3.450 1; (2)3.141 6.

第8章总习题

1.(1) 必要非充分; (2) 充分必要; (3) $\frac{2}{n(n+1)}$,2;

(4) $p > 2, 1 < p \leqslant 2, p \leqslant 1$; (5) $[-1,1)$; (6) $2R$.

2.(1)D; (2)B; (3)B; (4)A; (5)D;

(6)D； (7)D； (8)D； (9)C； (10)A.

3.(1)发散； (2)发散； (3)收敛； (4)发散； (5)发散.

4.(1)绝对收敛； (2)条件收敛； (3)条件收敛； (4)发散.

5.(1)$R=2$,收敛区间为$(-2,2)$,收敛域为$[-2,2)$；

(2)$R=+\infty$,收敛区间和收敛域为$(-\infty,+\infty)$；

(3)$R=\dfrac{1}{|a|}$,收敛区间为$\left(-\dfrac{1}{|a|},\dfrac{1}{|a|}\right)$,收敛域为$\left[-\dfrac{1}{|a|},\dfrac{1}{|a|}\right]$.

6.(1)$s(x)=\dfrac{x^2}{2}\arctan x+\dfrac{1}{2}(\arctan x-x),x\in[-1,1]$；

(2)$s(x)=\dfrac{x^2}{4}\ln\dfrac{1+x^2}{1-x^2},(-1,1)$.

7.(1)$\dfrac{\pi}{4}$； (2)$-\dfrac{5}{27}$.

8.(1)$f(x)=\dfrac{1}{2}\left[\sqrt{3}\sum\limits_{n=1}^{\infty}(-1)^n\dfrac{\left(x-\dfrac{\pi}{6}\right)^{2n+1}}{(2n+1)!}+\sum\limits_{n=1}^{\infty}(-1)^n\dfrac{\left(x-\dfrac{\pi}{6}\right)^{2n}}{(2n)!}\right],x\in(-\infty,+\infty)$；

(2)$f(x)=\sum\limits_{n=1}^{\infty}\dfrac{(-1)^n}{2^{n+1}}(x-2)^n,x\in(0,4)$.

10.$\sum\limits_{n=1}^{\infty}\max\{u_n,v_n\}$发散,但$\sum\limits_{n=1}^{\infty}\min\{u_n,v_n\}$未必发散.

11.$\sum\limits_{n=1}^{\infty}\dfrac{n^2}{n!}x^n=x(1+x)\mathrm{e}^x,\sum\limits_{n=1}^{\infty}\dfrac{n^2}{n!}=2\mathrm{e}$.

12.$S(x)=\dfrac{3-x}{(1-x)^3},x\in(-1,1)$.

13.$S(x)=(1+x)\ln(1+x)+(1-x)\ln(1-x),x\in[-1,1]$.

习题 9.1

(A)

1.A,B,C,D依次在第 Ⅳ,Ⅴ,Ⅷ,Ⅲ 卦限.

2.$(-3,7,0)$.

3.$4x+4y+10z-63=0$.

4.$(x-1)^2+(y-2)^2+(z+2)^2=9$.

5.(1)球心在点$M_0(1,-2,0)$,半径为$\sqrt{5}$的球面方程；

(2)平面；

(3)圆柱面；

(4) 旋转抛物面；

(5) 圆锥面；

(6) 双曲抛物面（马鞍面）.

(B)

1. $|AB|=|AC|=7$, $|BC|=7\sqrt{2}$.
2. 直线 $\begin{cases} x=-1, \\ y=4. \end{cases}$

习题 9.2

(A)

1. (1) 开集，无界集，边界：$\{(x,y) \mid x=0 \text{ 或 } y=0\}$.
   (2) 既非开集也非闭集，有界集，
   边界：$\{(x,y) \mid x^2+y^2=1\} \cup \{(x,y) \mid x^2+y^2=4\}$.
   (3) 开集，区域，无界集，边界：$\{(x,y) \mid y=x^2\}$.
   (4) 闭集，有界集，
   边界：$\{(x,y) \mid x^2+(y-1)^2=1\} \cup \{(x,y) \mid x^2+(y-2)^2=4\}$.

2. (1) $D(f)=\{(x,y) \mid x>y\}$;
   (2) $D(g)=\{(x,y) \mid |y| \leqslant |x|, x \neq 0\}$;
   (3) $D(h)=\{(x,y) \mid x^2+y^2 \leqslant 4, y>x\}$;
   (4) $D(z)=\{(x,y) \mid x^2 \geqslant y, x \geqslant 0, y \geqslant 0\}$;
   (5) $D(z)=\{(x,y) \mid y>0\}$;
   (6) $D(z)=\{(x,y) \mid |x| \leqslant 1, |y| \geqslant 3\}$;
   (7) $D(z)=\{(x,y) \mid (x,y) \neq (0,0)\}$;
   (8) $D(z)=\left\{(x,y) \mid 0 \leqslant \dfrac{y}{x} \leqslant 2\right\}$;
   (9) $D(z)=\{(x,y) \mid y^2 \leqslant 4x, 0<x^2+y^2<1\}$.

3. $f(x,y)=x^2-2y$.

(B)

1. $f(2,1)=\dfrac{2}{3}$, $f\left(1,\dfrac{y}{x}\right)=\dfrac{xy}{x^2-y^2}$.

2. $f(x,y)=\dfrac{x^2(1-y)}{1+y}$ $(y \neq -1)$.

习题 9.3

(A)

1. (1) $-\dfrac{1}{4}$; (2) 2; (3) $\ln 2$; (4) 0; (5) 1.

2. (1) 连续; (2) 间断.

(B)

1. (1) $y^2 = x$;

   (2) $\{(x,y) \mid x = k\pi, y \in \mathbf{R}\} \cup \left\{(x,y) \mid y = k\pi + \dfrac{\pi}{2}, x \in \mathbf{R}\right\}$ $(k \in \mathbf{Z})$.

2. (1) 0; (2) 不存在; (3) 0; (4) $\mathrm{e}^{-\frac{1}{2}}$; (5) 0.

习题 9.4

(A)

1. (1) $\dfrac{\partial z}{\partial x} = 3x^2 y - y^3,\ \dfrac{\partial z}{\partial y} = x^3 - 3xy^2$;

   (2) $\dfrac{\partial z}{\partial x} = y[\cos(xy) - \sin(2xy)],\ \dfrac{\partial z}{\partial y} = x[\cos(xy) - \sin(2xy)]$;

   (3) $\dfrac{\partial z}{\partial x} = \dfrac{1}{y} - \dfrac{y}{x^2},\quad \dfrac{\partial z}{\partial y} = \dfrac{1}{x} - \dfrac{x}{y^2}$;

   (4) $\dfrac{\partial z}{\partial x} = \dfrac{2}{y}\csc\dfrac{2x}{y},\ \dfrac{\partial z}{\partial y} = -\dfrac{2x}{y^2}\csc\dfrac{2x}{y}$;

   (5) $\dfrac{\partial u}{\partial x} = yz(xy)^{z-1},\ \dfrac{\partial u}{\partial y} = xz(xy)^{z-1},\ \dfrac{\partial u}{\partial z} = (xy)^z \ln(xy)$;

   (6) $\dfrac{\partial z}{\partial x} = \dfrac{1}{y}\cos\dfrac{x}{y}\cos\dfrac{y}{x} + \dfrac{y}{x^2}\sin\dfrac{x}{y}\sin\dfrac{y}{x},\ \dfrac{\partial z}{\partial y} = -\dfrac{x}{y^2}\cos\dfrac{x}{y}\cos\dfrac{y}{x} - \dfrac{1}{x}\sin\dfrac{x}{y}\sin\dfrac{y}{x}$.

2. (1) $z''_{xx} = 2\cos(x^2+y^2) - 4x^2\sin(x^2+y^2),\ z''_{xy} = z''_{yx} = -4xy\sin(x^2+y^2),\ z''_{yy} = 2\cos(x^2+y^2) - 4y^2\sin(x^2+y^2)$;

   (2) $z''_{xx} = \dfrac{y^2}{\sqrt{(1+x^2y^2)^3}},\ z''_{xy} = \dfrac{2xy + x^3y^3}{\sqrt{(1+x^2y^2)^3}} = z''_{yx},\ z''_{yy} = \dfrac{x^2}{\sqrt{(1+x^2y^2)^3}}$;

   (3) $z''_{xx} = \dfrac{y^4 + 2xy^2}{x^4}\mathrm{e}^{\frac{y^2}{x}},\ z''_{xy} = z''_{yx} = \dfrac{-2xy - 2y^3}{x^3}\mathrm{e}^{\frac{y^2}{x}},\ z''_{yy} = \dfrac{2}{x}\mathrm{e}^{\frac{y^2}{x}} + \dfrac{4y^2}{x^2}\mathrm{e}^{\frac{y^2}{x}}$;

   (4) $u''_{xx} = \dfrac{2x^2 - y^2 - z^2}{(x^2+y^2+z^2)^{\frac{5}{2}}},\ u''_{xy} = \dfrac{3xy}{(x^2+y^2+z^2)^{\frac{5}{2}}},\ u''_{xz} = \dfrac{3xz}{(x^2+y^2+z^2)^{\frac{5}{2}}}$(其他情况类似).

3. (1) $dz = -\dfrac{y}{x^2+y^2}dx + \dfrac{x}{x^2+y^2}dy = \dfrac{-ydx+xdy}{x^2+y^2}(x \neq 0)$;

(2) $du = 3(x^2 - yze^{xyz})dx + 3(y^2 - xze^{xyz})dy + 3(z^2 - xye^{xyz})dz$;

(3) $du|_{(1,1,1)} = dx - dy$.

(B)

2. $f(x,y) = y^2 + xy + 1$.

3. (1) $dz = \dfrac{xdy - ydx}{x^2+y^2}$; (2) $dz = \sqrt{\dfrac{x-2y}{x+2y}} \cdot \dfrac{-2ydx+2xdy}{(x-2y)^2}$;

(3) $dz = [(2x+y)dx + (2y-x)dy]e^{-\arctan\frac{y}{x}}$.

4. (1) 1.32; (2) 0.502 3; (3) 2.95.

习题 9.5

(A)

1. (1) $\dfrac{\partial z}{\partial s} = 4s, \dfrac{\partial z}{\partial t} = 4t$;

(2) $\dfrac{dz}{dx} = \dfrac{(1+x)e^x}{1+x^2 e^{2x}}$;

(3) $\dfrac{\partial z}{\partial x} = \left(1 + \dfrac{x^2+y^2}{xy}\right) \cdot \dfrac{x^2-y^2}{x^2 y} \cdot e^{\frac{x^2+y^2}{xy}}, \dfrac{\partial z}{\partial y} = \left(1 + \dfrac{x^2+y^2}{xy}\right) \cdot \dfrac{y^2-x^2}{xy^2} \cdot e^{\frac{x^2+y^2}{xy}}$;

(4) $\dfrac{dz}{dt} = 4t^3 + 3t^2 + 2t$;

(5) $\dfrac{\partial z}{\partial u} = \dfrac{u}{v^2}\left(2\ln(3u-2v) + \dfrac{3u}{3u-2v}\right), \dfrac{\partial z}{\partial v} = -\dfrac{u^2}{v^2}\left(\dfrac{2}{v}\ln(3u-2v) + \dfrac{2}{3u-2v}\right)$;

(6) $\dfrac{dz}{dt} = e^{\sin t - 2t^3}(\cos t - 6t^2)$;

(7) $\dfrac{dz}{dt} = \dfrac{3-8t}{\sqrt{1-(3t-4t^2)^2}}$.

(B)

1. $\dfrac{\partial u}{\partial x} = (y + 2x\varphi')f', \dfrac{\partial u}{\partial y} = (x + 2y\varphi')f'$.

2. (1) $\dfrac{\partial^2 z}{\partial x^2} = 2f' + 4x^2 f'', \dfrac{\partial^2 z}{\partial x \partial y} = 4xy f'', \dfrac{\partial^2 z}{\partial y^2} = 2f' + 4y^2 f'', \dfrac{\partial^2 z}{\partial y \partial x} = 4xy f''$;

(2) $\dfrac{\partial^2 z}{\partial x^2} = f''_{11} + \dfrac{2}{y}f''_{12} + \dfrac{1}{y^2}f''_{22}, \dfrac{\partial^2 z}{\partial x \partial y} = -\dfrac{x}{y^2}\left(f''_{12} + \dfrac{1}{y}f''_{22}\right) - \dfrac{1}{y^2}f'_2, \dfrac{\partial^2 z}{\partial y^2} =$

$\dfrac{2x}{y^3}f'_2 + \dfrac{x^2}{y^4}f''_{22}$;

(3) $\dfrac{\partial^2 z}{\partial x^2} = y^2 f''_{11}, \dfrac{\partial^2 z}{\partial x \partial y} = \dfrac{\partial^2 z}{\partial y \partial x} = f'_1 + y(xf''_{11} + f''_{12}), \dfrac{\partial^2 z}{\partial y^2} = x^2 f''_{11} + 2xf''_{12} + f''_{22}$;

(4) $\dfrac{\partial^2 z}{\partial x^2} = 2yf'_2 + y^4 f''_{11} + 4xy^3 f''_{12} + 4x^2 y^2 f''_{22}, \dfrac{\partial^2 z}{\partial x \partial y} = 2yf'_1 + 2xf'_2 + 2xy^3 f''_{11} + 2x^3 y f''_{22} + 5x^2 y^2 f''_{12}, \dfrac{\partial^2 z}{\partial y^2} = 2xf'_1 + 4x^2 y f''_{11} + 4x^3 y f''_{12} + x^4 f''_{22}$.

3. $\dfrac{\partial z}{\partial x} = f'_1 + yf'_2, \dfrac{\partial z}{\partial y} = f'_1 + xf'_2$.

4. $\dfrac{\partial u}{\partial x} = \dfrac{1}{y}f'_1, \dfrac{\partial u}{\partial y} = -\dfrac{x}{y^2}f'_1 + \dfrac{1}{z}f'_2, \dfrac{\partial u}{\partial z} = -\dfrac{y}{z^2}f'_2$.

习题 9.6

(A)

1. (1) $\dfrac{dy}{dx} = \dfrac{y - xy^2}{x + x^2 y}$;

   (2) $\dfrac{dy}{dx} = \dfrac{e^y}{1 - xe^y}$;

   (3) $\dfrac{dy}{dx} = \dfrac{y^x \ln y - yx^{y-1}}{x^y \ln x - xy^{x-1}}$;

   (4) $\dfrac{dy}{dx} = \dfrac{1 + 2xy^2 - y\cos xy}{1 - 2x^2 y + x\cos xy}$.

2. (1) $\dfrac{\partial z}{\partial x} = \dfrac{yz}{e^z - xy}, \dfrac{\partial z}{\partial y} = \dfrac{xz}{e^z - xy}$;

   (2) $\dfrac{\partial z}{\partial x} = \dfrac{yz - \sqrt{xyz}}{2\sqrt{xyz} - xy}, \dfrac{\partial z}{\partial y} = \dfrac{xz - 2\sqrt{xyz}}{2\sqrt{xyz} - xy}$.

3. (1) $dy = \dfrac{2xe^y - 3x^2}{\cos y - x^2 e^y}dx$;

   (2) $dz = \dfrac{1}{e^z + \cos(y+z)}\{y^2 dx + [2xy - \cos(y+z)]dy\}$;

   (3) $dz = \dfrac{z}{1 - 2z^2}\left(2xdx + \dfrac{1}{y}dy\right)$;

   (4) $dy = \dfrac{y + ye^{xy}(x^2 + y^2)}{x - xe^{xy}(x^2 + y^2)}dx$;

(5) $dz\Big|_{x=1,y=1} = -dx + dy$;

(6) $dz = \dfrac{xy}{xF'_u + yF'_v}\left[\left(\dfrac{z}{x^2}F'_v - F'_u\right)dx + \left(\dfrac{z}{y^2}F'_v - F'_u\right)dy\right]$.

(B)

2. $\dfrac{dy}{dx} = \dfrac{-6xz-x}{6yz+2y}, \dfrac{dz}{dx} = \dfrac{x}{3z+1}$.

3. $\dfrac{\partial u}{\partial x} = \dfrac{2v+yu}{4uv-xy}, \dfrac{\partial u}{\partial y} = \dfrac{2v^2+y}{xy-4uv}, \dfrac{\partial v}{\partial x} = \dfrac{x+2u^2}{xy-4uv}, \dfrac{\partial v}{\partial y} = \dfrac{2u+xv}{4uv-xy}$.

习题 9.7

(A)

1. (1) 极小值 $z(2,1) = -28$,极大值 $z(-2,-1) = 28$;

(2) 极大值 $z(1,1) = z(-1,-1) = 1$;

(3) 极小值 $z(1,1) = -1$;

(4) 极大值 $z(2,-2) = 8$;

(5) 极小值 $z\left(\dfrac{1}{2}, -1\right) = -\dfrac{e}{2}$;

(6) 极小值 $z(5,2) = 30$;

(7) 函数 z 无驻点,但有极大值 $z(0,0) = 5$;

(8) 极大值 $z(0,0) = 0$,极小值 $z(2,2) = -8$.

2. (1) 极小值 $z\left(\dfrac{1}{2}, \dfrac{1}{2}\right) = \dfrac{1}{4}$;

(2) 极大值 $u\left(\dfrac{1}{3}, -\dfrac{2}{3}, \dfrac{2}{3}\right) = 3$,极小值 $u\left(-\dfrac{1}{3}, \dfrac{2}{3}, -\dfrac{2}{3}\right) = -3$.

3. 最大值 $z(2,0) = z(-2,0) = 4$,最小值 $z(0,2) = z(0,-2) = -4$.

4. 最大值 $z(1,0) = z(-1,0) = z(0,1) = z(0,-1) = 1$,最小值 $z(0,0) = 0$.

5. 三个正数都为 $\dfrac{a}{3}$.

6. 长、宽、高都为 3 m 时用料最省.

(B)

1. 极大值 $z(1,-1) = 6$,极小值 $z(1,-1) = -2$.

习题 9.8

(A)

1. (1) e^{-1}; (2) $\ln\dfrac{4}{3}$; (3) $\dfrac{20}{3}$; (4) $\dfrac{1}{21}$; (5) $\dfrac{49}{8}$; (6) $\dfrac{6}{55}$; (7) $\dfrac{243}{20}$.

2. (1) $\iint\limits_D f(x,y)\,dxdy = \int_0^4 dx \int_x^{2\sqrt{x}} f(x,y)\,dy = \int_0^4 dy \int_{\frac{y^2}{4}}^{y} f(x,y)\,dx$;

(2) $\iint\limits_D f(x,y)\,dxdy = \int_{-2}^2 dx \int_0^{\sqrt{4-x^2}} f(x,y)\,dy = \int_0^2 dy \int_{-\sqrt{4-y^2}}^{\sqrt{4-y^2}} f(x,y)\,dx$;

(3) $\iint\limits_D f(x,y)\,dxdy = \int_{-\sqrt{2}}^{\sqrt{2}} dx \int_{x^2}^{4-x^2} f(x,y)\,dy = \int_0^2 dy \int_{-\sqrt{y}}^{\sqrt{y}} f(x,y)\,dx + \int_2^4 dy \int_{-\sqrt{4-y}}^{\sqrt{4-y}} f(x,y)\,dx$;

(4) $\iint\limits_D f(x,y)\,dxdy = \int_1^3 dx \int_x^{3x} f(x,y)\,dy = \int_1^3 dy \int_1^{y} f(x,y)\,dx + \int_3^9 dy \int_{\frac{y}{3}}^{3} f(x,y)\,dx$.

3. (1) $I = \int_0^1 dx \int_{x^2}^{x} f(x,y)\,dy$;

(2) $I = \int_{-1}^1 dx \int_0^{\sqrt{1-x^2}} f(x,y)\,dy$;

(3) $I = \int_0^1 dy \int_{e^y}^{e} f(x,y)\,dx$;

(4) $I = \int_{-1}^0 dy \int_{-\sqrt{1-y^2}}^{\sqrt{1-y^2}} f(x,y)\,dx + \int_0^1 dy \int_{-\sqrt{1-y}}^{\sqrt{1-y}} f(x,y)\,dx$;

(5) $I = \int_0^1 dy \int_y^{2-y} f(x,y)\,dx$.

4. $1 - \sin 1$.

5. π.

6. $\dfrac{16}{3}$.

7. $\dfrac{1}{2}(1 - e^{-1})$.

8. (1) $\pi(e^4 - 1)$;

(2) $\dfrac{\pi}{4}(2\ln 2 - 1)$;

(3) $\dfrac{3}{64}\pi^2$.

(B)

1. (1) $\dfrac{16}{9}(3\pi - 2)$; (2) $\dfrac{3\pi}{2}$; (3) $\dfrac{\pi}{4} - \dfrac{1}{3}$.

2. $xy + \dfrac{1}{8}$.

3. (用极坐标计算) $\dfrac{4}{3}R^3\left(\dfrac{\pi}{2} - \dfrac{2}{3}\right)$.

第9章总习题

1. B(极坐标的二重积分计算).

2. B.

3. $\left.\dfrac{\partial z}{\partial x}\right|_{(1,2)} = 2 - 2\ln 2$.

4. $\dfrac{1}{2} + \ln 2$.

5. $\dfrac{1}{2}(e - 1)$.

6. $-\dfrac{1}{3}dx - \dfrac{2}{3}dy$.

7. (1) $D = \{(x,y) \mid |x| \leqslant 1, |y| > 1\}$;
   (2) $D = \{(x,y) \mid x^2 + y^2 > 0 \text{ 且 } x^2 + y^2 \neq 1\}$;
   (3) $D = \{(x,y) \mid 1 < x^2 + y^2 \leqslant 4\}$;
   (4) $D = \{(x,y) \mid y^2 > 2x\}$.

8. (1) 7; (2) 0; (3) 0; (4) -2.

10. (1) 充分, 必要; (2) 必要, 充分; (3) 充分; (4) 充分.

11. (1) $\dfrac{\partial z}{\partial y} = xe^{xy} + x^2$;

   (2) $\dfrac{\partial z}{\partial x} = \dfrac{1}{x}$;

   (3) $\dfrac{\partial z}{\partial y} = 2xy^2(1+x^2y)^{y-1}$, $\dfrac{\partial z}{\partial y} = (1+x^2y)^y\left[\ln(1+x^2y) + \dfrac{x^2y}{1+x^2y}\right]$;

   (4) $f'_x(x,y) = 2xye^{x^2y}$;

   (5) 0;

   (6) $\dfrac{\partial z}{\partial y} = 3x^2\cos 3y$;

   (7) $\dfrac{\partial z}{\partial x} = -\dfrac{ye^{\frac{y}{x}}}{x^2}$, $\dfrac{\partial z}{\partial y} = \dfrac{e^{\frac{y}{x}}}{x}$;

   (8) $f'_y(1,0) = \dfrac{1}{2}$;

   (9) $\dfrac{\partial z}{\partial x} = y^2\cos(xy^2)$;

   (10) $\dfrac{\partial z}{\partial x} = y3^{xy}\ln 3$;

(11) $f'(t) = \dfrac{1}{2t}$;

(12) $f'_x(1,1) = 0$;

(13) $f'_y(x,y) = 2x + e^y$;

(14) $\dfrac{\partial z}{\partial x} = 6x(4x+2y)(3x^2+y^2)^{4x+2y-1} + 4(3x^2+y^2)^{4x+2y}\ln(3x^2+y^2)$,

$\dfrac{\partial z}{\partial y} = 2y(4x+2y)(3x^2+y^2)^{4x+2y-1} + 2(3x^2+y^2)^{4x+2y}\ln(3x^2+y^2)$;

(15) $\dfrac{\partial z}{\partial x} = \dfrac{x}{x^2+y^2}, \dfrac{\partial z}{\partial y} = \dfrac{y}{x^2+y^2}$;

(16) $f'_x(x,y) = ye^{xy} + 2xy, f'_y(x,y) = xe^{xy} + x^2$.

12. (1) $\dfrac{\partial z}{\partial x} = \dfrac{1}{\ln\dfrac{z}{y}+1}$;

(2) $\dfrac{\partial z}{\partial x}\bigg|_{(1,2)} = -1, \dfrac{\partial z}{\partial y}\bigg|_{(1,2)} = 0$;

(3) $\dfrac{\partial^2 u}{\partial x \partial y} = 3$;

(4) $\dfrac{\partial^2 z}{\partial x^2} = \dfrac{x+2y}{(x+y)^2}, \dfrac{\partial^2 z}{\partial x \partial y} = \dfrac{y}{(x+y)^2}$;

(5) $f'_x(1,2) = \dfrac{4}{7}, f'_y(1,2) = \dfrac{5}{7}, f''_{xy}(1,2) = -\dfrac{13}{49}, f''_{xx}(1,2) = -\dfrac{2}{49}, f''_{yy}(1,2) = -\dfrac{11}{49}$.

13. (1) $\mathrm{d}z = e^{xy}(1+xy)\mathrm{d}x + x^2 e^{xy}\mathrm{d}y$;

(2) $\mathrm{d}z = \dfrac{1}{x+y^2}\mathrm{d}x + \dfrac{2y}{x+y^2}\mathrm{d}y$;

(3) $\mathrm{d}z\big|_{(1,0)} = \mathrm{d}y$;

(4) $\mathrm{d}z\big|_{(1,-1)} = 4\mathrm{d}x + 4\mathrm{d}y$;

(5) $\mathrm{d}z\big|_{(2,2)} = 2\mathrm{d}x + 2\mathrm{d}y$;

(6) $\mathrm{d}z\big|_{(1,1)} = \dfrac{1}{2}\mathrm{d}x + \dfrac{1}{2}\mathrm{d}y$;

(7) $\mathrm{d}z = \dfrac{y^3 \mathrm{d}x + 3xy^2 \mathrm{d}y}{1 - e^z}$;

(8) $\mathrm{d}z = -\dfrac{2xyz}{ze^z+1}\mathrm{d}x - \dfrac{x^2 z}{ze^z+1}\mathrm{d}y$.

14. 极大值 8.

15. $\left(\frac{\sqrt{2}}{2},\frac{\sqrt{2}}{2}\right)$ 和 $\left(-\frac{\sqrt{2}}{2},-\frac{\sqrt{2}}{2}\right)$.

16. 边长和池高均为 $\frac{10}{3}\sqrt{3}$.

17. (1) $\int_0^1 \mathrm{d}x \int_{\sqrt{x}}^{1+\sqrt{1-x^2}} f(x,y)\mathrm{d}y$;

(2) $\int_0^1 \mathrm{d}x \int_x^1 f(x,y)\mathrm{d}y$;

(3) $\int_0^4 \mathrm{d}x \int_{\frac{x}{2}}^{\sqrt{x}} f(x,y)\mathrm{d}y$;

(4) $\int_{-1}^1 \mathrm{d}x \int_0^{\sqrt{1-x^2}} f(x,y)\mathrm{d}y$;

(5) $\int_{-1}^0 \mathrm{d}y \int_{-2\arcsin y}^{\pi} f(x,y)\mathrm{d}x + \int_0^1 \mathrm{d}y \int_{\arcsin y}^{\pi-\arcsin y} f(x,y)\mathrm{d}x$;

(6) $\int_0^1 \mathrm{d}y \int_{\sqrt{y}}^{2-y} f(x,y)\mathrm{d}x$;

(7) $\int_0^1 \mathrm{d}x \int_0^{x^2} f(x,y)\mathrm{d}y + \int_1^{\sqrt{2}} \mathrm{d}x \int_0^{\sqrt{2-x^2}} f(x,y)\mathrm{d}y$.

18. (1) 6π; (2) $\frac{76}{3}$; (3) $\frac{7}{20}$; (4) $e-2$; (5) $(e-1)^2$; (6) $\frac{7}{24}$; (7) $\frac{8}{3}$; (8) 0; (9) $\frac{2}{5}$; (10) $\frac{p^5}{21}$; (11) $\frac{4}{15}$; (12) $-\frac{11}{84}$.

19. (用极坐标计算) π.

20. $\pi\ln 2$.

21. (1) $\frac{5}{6}$; (2) $\frac{88}{105}$.

23. $\frac{\pi}{4}-\frac{2}{5}$.

习题 10.1

(A)

1. (1) 一阶; (2) 一阶; (3) 三阶; (4) 一阶; (5) 二阶; (6) 一阶.

2. (1) 是; (2) 不是; (3) 不是; (4) 是.

3. (1) 是; (2) 是.

4. (1) $C=-25$; (2) $C_1=0, C_2=1$; (3) $C_1=1, C_2=\frac{\pi}{2}$.

(B)

1. (1) $y' = x^2$; (2) $yy' + 2x = 0$.

2. (1) $x + P \cdot x' = 0$; (2) $\dfrac{Ex}{EP} = \dfrac{P}{x}\dfrac{dx}{dP} = -1$.

习题 10.2

(A)

1. (1) $y = e^{Cx}$;

   (2) $y = \dfrac{1}{5}x^3 + \dfrac{1}{2}x^2 + C$;

   (3) $y = \sin(\arcsin x + C)$;

   (4) $y = \dfrac{1}{C + a\ln|1-a-x|}$;

   (5) $\tan x \tan y = C$;

   (6) $y = -\lg(C - 10^x)$.

2. (1) $y = \ln\left(\dfrac{1}{2}e^{2x} + \dfrac{1}{2}\right)$;

   (2) $\sqrt{2}\cos y = \cos x$;

   (3) $y = e^{\tan\frac{x}{2}}$.

3. (1) $y + \text{sgn}(x)\sqrt{y^2 - x^2} = Cx^2$;

   (2) $y = xe^{Cx+1}$;

   (3) $y^2 = x^2(\ln x^2 + C)$;

   (4) $x^3 - 2y^3 = Cx$.

4. (1) $y^2 - x^2 = y^3$;

   (2) $y^2 = 2x^2(\ln|x| + 2)$.

5. (1) $y = e^{-x}(x + C)$;

   (2) $y = \dfrac{1}{3}x^2 + \dfrac{3}{2}x + 2 + \dfrac{C}{x}$;

   (3) $y = C\cos x - 2\cos^2 x$;

   (4) $y = \dfrac{1}{2}\ln y + \dfrac{C}{\ln y}$;

   (5) $y = (x-2)^3 + C(x-2)$;

   (6) $x = \dfrac{1}{2}y^2 + Cy^3$.

6. (1) $y = x\sec x$;

(2) $y = \dfrac{1}{x}(\pi - 1 - \cos x)$;

(3) $y = \dfrac{1}{\sin x}(-5e^{\cos x} + 1)$.

(B)

1. $f(x) = \dfrac{1}{2}(Ce^{2x} + 1)$.

2. $\dfrac{\mathrm{d}z}{\mathrm{d}x} + (1-n)P(x)z = (1-n)Q(x)\ (z = y^{1-n})$; $\dfrac{1}{y} = \dfrac{1}{8}x^2 + \dfrac{C}{x^6}$.

3. $y = 2(e^x - x - 1)$.

4. $y = -4x\ln x + x$.

习题 10.3

(A)

1. (1) $y = \dfrac{1}{6}x^3 - \sin x + C_1 x + C_2$;

(2) $y = xe^x - 3e^x + C_1 x^2 + C_2 x + C_3$;

(3) $y = -\ln|\cos(x + C_1)| + C_2$;

(4) $y = C_1 e^x - \dfrac{1}{2}x^2 - x + C_2$;

(5) $y = C_1 \ln x + C_2$;

(6) $C_1 y^2 = (C_1 x + C_2)^2$;

(7) $y = \arcsin e^{x+C_2} + C_1$.

2. (1) $y = \sqrt{2x - x^2}$;

(2) $y = -\dfrac{1}{a}\ln(ax + 1)$;

(3) $y = -\ln\cos x$;

(4) $y = \left(\dfrac{1}{2}x + 1\right)^4$.

(B)

1. $y = \dfrac{1}{3}x^3 - \dfrac{2}{3}x^2 + \dfrac{1}{3}$.

2. $y = \dfrac{5}{12}(1-x)^{\frac{6}{5}} - \dfrac{5}{8}(1-x)^{\frac{4}{5}} + \dfrac{5}{24}$.

习题 10.4

(A)

1. (1) 线性无关；(2) 线性相关；(3) 线性相关；(4) 线性无关；(5) 线性无关；(6) 线性无关；(7) 线性相关；(8) 线性无关；(9) 线性无关；(10) 线性无关.

2. $y = C_1 \cos\omega x + C_2 \sin\omega x$.

3. $y = C_1 e^{x^2} + C_2 2x e^{x^2}$.

4. (1) 是；(2) 是；(3) 是；(4) 是；(5) 是.

5. (1) $y = C_1 e^x + C_2 e^{3x}$;

   (2) $y = C_1 e^{-2x} + C_2 e^{3x}$;

   (3) $y = (C_1 e^{\sqrt[3]{2}x} + C_2 e^{-\sqrt[3]{2}x}) e^{3x}$;

   (4) $y = C_1 \cos 2x + C_2 \sin 2x$;

   (5) $y = 2e^x + e^{-2x}$;

   (6) $y = 2xe^{3x}$;

   (7) $y = 3e^{-x} - 2e^{-2x}$.

6. (1) $y = (C_1 \cos 2x + C_2 \sin 2x) e^{3x} + \dfrac{14}{13}$;

   (2) $y = C_1 e^{-x} + C_2 e^{3x} + \dfrac{1}{9}$;

   (3) $y = C_1 e^{-3x} + C_2 e^x + \dfrac{1}{5} e^{2x}$;

   (4) $y = C_1 e^{-x} + C_2 e^{2x} + \dfrac{x}{3} e^{2x}$;

   (5) $y = (C_1 - 2x) \cos 2x + C_2 \sin 2x$;

   (6) $y = e^{-2x} + e^{2x} - 1$;

   (7) $y = \sin 2x + 2x$;

   (8) $y = e^x$.

(B)

1. $p = -3, q = 2, C = -1, y = -\cos x - \dfrac{1}{3} \sin x + \dfrac{1}{3} \sin 2x$.

2. $g(x) = \dfrac{1}{2}(\cos x + \sin x + e^x)$.

3. $y'' + y = 0$.

习题 10.5

1. (1) 0; (2) 2; (3) $(a-1)^2 a^x$; (4) $\log_a\left[1-\dfrac{1}{(x+1)^2}\right]$; (5) $2\cos a\left(x+\dfrac{1}{2}\right)\sin\dfrac{a}{2}$; (6) 6.

3. (1) 2 阶; (2) 1 阶; (3) 2 阶; (4) 6 阶.

4. (1) -3; (2) $2\mathrm{e}-\mathrm{e}^2$.

习题 10.6

(A)

1. (1) $y_x = C\left(\dfrac{3}{4}\right)^x$;

   (2) $y_x = C(-1)^x$;

   (3) $y_x = C$;

   (4) $y_x = C2^x$;

   (5) $y_x = C(-2)^x$;

   (6) $y_x = 2\left(-\dfrac{2}{3}\right)^x$;

   (7) $y_t = 4\left(-\dfrac{3}{2}\right)^t$.

2. (1) $y_x = -\dfrac{3}{4} + A5^x$, $y_x = -\dfrac{3}{4} + \dfrac{37}{12}\cdot 5^x$;

   (2) $y_x = \dfrac{1}{3}\cdot 2^x + A(-1)^x$, $y_x = \dfrac{1}{3}\cdot 2^x + \dfrac{5}{3}\cdot(-1)^x$;

   (3) $y_x = -\dfrac{36}{125} + \dfrac{1}{25}x + \dfrac{2}{5}x^2 + A(-4)^x$,

   $y_x = -\dfrac{36}{125} + \dfrac{1}{25}x + \dfrac{2}{5}x^2 + \dfrac{161}{125}(-4)^x$.

第 10 章总习题

1. (1) 3;

   (2) $y' = f(x, y)$, $y|_{x=x_0} = 0$;

   (3) $y = C_1(x-1) + C_2(x^2-1) + 1$;

   (4) $y = (C_1 + C_2 x)\mathrm{e}^{\frac{x}{2}}$, 其中 C_1, C_2 为任意常数;

   (5) $y(x) = \mathrm{e}^{-2x} + 2\mathrm{e}^x$.

2. $y^2[1+(y')^2]=1$.

3. (1) $y = \dfrac{(x+C)^2}{x}$；

   (2) $y = ax + \dfrac{C}{\ln x}$；

   (3) $x = \ln y - \dfrac{1}{2} + \dfrac{C}{y^2}$；

   (4) $y^{-2} = Ce^{x^2} + x^2 + 1$；

   (5) $y = \dfrac{1}{C_1}\text{ch}(\pm x + C_2)$；

   (6) $y = e^{-x}(C_1\cos 2x + C_2\sin 2x) - \dfrac{4}{17}\cos 2x + \dfrac{1}{17}\sin 2x$；

   (7) $y = C_1 + C_2 e^x + C_3 e^{-2x} + \left(\dfrac{1}{6}x^2 - \dfrac{4}{9}x\right)e^x - x^2 - x$.

4. (1) $y = -\dfrac{1}{a}\ln(ax+1)$；

   (2) $x = \dfrac{1}{2}\ln\dfrac{1-\cos y}{1+\cos y}$；

   (3) $y = xe^{-x} + \dfrac{1}{2}\sin x$.

5. $y = x(1-\ln x)$.

6. $\varphi(x) = \sin x + \cos x$.

7. (1) $y_x = C3^x$；

   (2) $y_x = C + \left(\dfrac{3}{4} - \dfrac{x}{2}\right)3^{x-1} - \dfrac{x}{3}$.

8. $P_t = C\left(\dfrac{1}{2}\right)^t + \dfrac{3}{4}$.

9. $f(u) = \dfrac{1}{16}e^{2u} - \dfrac{1}{16}e^{-2u} - \dfrac{1}{4}u$（综合知识点：多元函数的偏导数与二阶常系数线性非齐次方程）.

10. $f(x) = -\dfrac{3}{2}e^x + \dfrac{e^{-x}}{2}$（综合知识点：积分上限函数求导与微分方程求解）.